Stefan Ernst

Rastertunnelspektroskopie an Schwere-Fermionen-Systemen

TUDpress

Stefan Ernst

Rastertunnelspektroskopie an Schwere-Fermionen-Systemen

TUDpress
2011

Die vorliegende Arbeit wurde unter dem Titel »Rastertunnelspektroskopie an Schwere-Fermionen-Systemen« von der Fakultät Mathematik und Naturwissenschaften der Technischen Universität Dresden zur Erlangung des akademischen Grades eines Doctor rerum naturalium (Dr. rer. nat.) als Dissertation angenommen.

Gutachter: Prof. Dr. Frank Steglich, Max-Planck-Institut für Chemische Physik fester Stoffe, Dresden
Prof. Dr. Hermann Suderow, Universidad Autónoma de Madrid, Spanien
Tag der Einreichung: 14. April 2011
Tag der mündlichen Prüfung: 24. Juni 2011

Bibliografische Information der Deutschen Nationalbibliothek
Die Deutsche Nationalbibliothek verzeichnet diese Publikation in der Deutschen Nationalbibliografie; detaillierte bibliografische Daten sind im Internet über http://dnb.d-nb.de abrufbar.

Bibliographic information published by the Deutsche Nationalbibliothek
The Deutsche Nationalbibliothek lists this publication in the Deutsche Nationalbibliografie; detailed bibliographic data are available in the Internet at http://dnb.d-nb.de.

ISBN 978-3-942710-34-3

Verlag der Wissenschaften GmbH
Bergstr. 70 | D-01069 Dresden
Tel.: 0351/47 96 97 20 | Fax: 0351/47 96 08 19
http://www.tudpress.de

Gesetzt vom Autor.
Umschlagabbildung: Rastertunnelmikroskopische Abbildung der Oberfläche eines gespaltenen $YbRh_2Si_2$-Einkristalls mit schematisch dargestellter Tunnelspitze. Im Hintergrund befindet sich ein Spektrum der differentiellen Tunnelleitfähigkeit, aufgenommen auf $YbRh_2Si_2$ bei 4.6 K (vgl. Abschnitt 6.3)
Printed in Germany.

Inhaltsverzeichnis

Abbildungsverzeichnis

Abkürzungsverzeichnis

Abb.	Abbildung
ARPES	Winkelaufgelöste Photoelektronen-Emissionsspektroskopie *(Angle-resolved Photoemission Spectroscopy)*
BCS-	Bardeen-Cooper-Schrieffer-Theorie der Supraleitung
bzw.	beziehungsweise
dHvA	de Haas-van Alphen-Effekt
DOS	Zustandsdichte *(Density of States)*
EDRS	Energiedispersive Röntgendiffraktions-Spektroskopie
ESR	Elektronenspinresonanz-Spektroskopie
INS	Inelastische Neutronenstreuung
IPS	Inverse Photoemissionsspektroskopie
KEF	Kristallelektrisches Feld
LDA	Local Density Approximation
LFF	Landau'sche Fermi-Flüssigkeit
μSR	Myonenspinresonanz-Spektroskopie
NMR	Nukleare Magnetresonanz-Spektroskopie,
NQR	Nuklear-Quadrupol-Resonanz-Spektroskopie
PES	Photoelektronen-Emissionsspektroskopie
PKS	Punktkontaktspektroskpie
QKP	Quantenkritischer Punkt
QPÜ	Quantenphasenübergang
Ref.	Referenz
RKKY	Ruderman–Kittel–Kasuya–Yosida-Wechselwirkung
REM	Rasterelektronenmikroskop(-ie)
RTM	Rastertunnelmikroskop(-ie)
RTS	Rastertunnelspektroskopie
TEM	Transmissionselektronenmikroskop(-ie)
u.a.	unter anderem
UHV	Ultrahochvakuum
v.a.	vor allem
vgl.	vergleiche zu
z.B.	zum Beispiel

1 Einleitung

Stark korrelierte Elektronensysteme bilden einen Schwerpunkt in der Erforschung der Physik kondensierter Materie. In solchen Materialien führt die starke elektrostatische Abstoßung zwischen den Ladungsträgern zu einer Vielzahl kollektiver elektronischer und magnetischer Eigenschaften, welche im klassischen Bild nicht-wechselwirkender Teilchen nicht erwartet werden. Prominentes Beispiel ist die Klasse der Kuprat-Hoch-T_c-Supraleiter. In den so genannten Schwere-Fermionen-Systemen führen starke elektronische Korrelationen zur Ausbildung einer besonderen Art von „schweren" Ladungsträgern. Grundlage ist der Kondoeffekt, eine Art magnetischer Streuung der Leitungselektronen an lokalen magnetischen Momenten [Hew97]. In Schwere-Fermionen-Systemen kommt es aufgrund der gitterperiodischen Anordnung solcher Momente zur Bildung von schmalen Leitungsbändern nahe der Fermienergie. Die Natur der zugrunde liegenden Quantenkorrelationen ist jedoch bislang nicht abschließend aufgeklärt.

Einer der faszinierendsten Aspekte der Physik der Schwere-Fermionen-Verbindungen ist das Auftreten von unkonventioneller Supraleitung in einigen dieser Materialien. Anders als in den „klassischen" Supraleitern basiert der supraleitende Zustand hier nicht auf der Wechselwirkung der Leitungselektronen mit quantisierten Schwingungsmoden des Kristallgitters. Vielmehr gibt es Hinweise, dass eine Art magnetischer Wechselwirkung die Schwere-Fermionen-Supraleitung hervorruft. Das Wechselspiel von Magnetismus und Supraleitung in diesen Materialien ist jedoch bislang nicht vollständig erforscht.

Von zentraler Bedeutung für das Verständnis der elektronischen Eigenschaften von Festkörpern ist die Kenntnis des Anregungsspektrums in der elektronischen Zustandsdichte. Ziel dieser Arbeit war die experimentelle Bestimmung der elektronischen Struktur verschiedener Schwere-Fermionen-Systeme mittels der so genannten Rastertunnel-Spektroskopie: In einem Rastertunnel-Mikroskop wird eine scharfe, elektrisch leitende Spitze so nahe an die Oberfläche eines zu untersuchenden Probenmaterials angenähert, dass Elektronen zwischen den beiden Elektroden tunneln können. Der dabei fließende Tunnelstrom enthält Informationen über die lokale Zustandsdichte der Probe. Neben der Energieauflösung bietet die Rastertunnel-Spektroskopie die Vorteile einer lokalen Sonde: Durch das hohe räumliche Auflösungsvermögen des Rastertunnel-Mikroskopes können die elektronischen Eigenschaften auf atomarer Skale untersucht werden.

Obwohl Rastertunnel-Mikroskopie und -Spektroskopie heute sehr weit verbreitete Methoden mit vielen Anwendungsgebieten sind, gibt es in der Literatur bislang kaum Resultate an Schwere-Fermionen-Systemen. Mögliche Gründe dafür sind die technischen Voraussetzungen für die Anwendung auf diese Art von Materialien, insbesondere die Anforderungen an das spektrale Auflosungsvermögen und, damit verbunden, die Notwondigkeit, Messungen bei tiefen Temperaturen durchführen zu können.

Eine weitere Schwierigkeit der Rastertunnel-Mikroskopie und -Spektroskopie liegt in der extremen Oberflächenempfindlichkeit der Methode. Die Herstellung einer sauberen, wohldefinierten Probenoberfläche ist demnach eine Grundvoraussetzung. Im Fall der Schwere-Fermionen-Materialien zeigt sich diese als besonders herausfordernd. Als vielversprechende Methode hat sich das Spalten der einkristallinen Proben unter Ultrahochvakuum-Bedingungen herauskristallisiert. Die Oberflächenbearbeitung von Schwere-Fermionen-Materialien wird ausführlich in Kapitel 4 dieser Arbeit diskutiert. In diesem Zusammenhang werden auch Resultate der topographischen Abbildung von Oberflächen mittels Rastertunnel-Mikroskopie dargestellt.

Der Einfluss der Beschaffenheit der Probenoberflächen auf die Tunnelspektroskopie zeigt sich deutlich in den Resultaten an Schwere-Fermionen-Supraleitern in Kapitel 5. Im Fall der Verbindung $CeCoIn_5$ ist es gelungen, die für einen Supraleiter typische Energielücke im Anregungsspektrum zu messen. Die Daten können über einen weiten Temperaturbereich mit theoretischen Voraussagen für die unkonventionelle Supraleitung in diesem Material verglichen werden. Allerdings gibt es, ähnlich wie in der Verbindung $CeCu_2Si_2$, Hinweise auf Inhomogenitäten entlang der Probenoberfläche. Im Fall von $CeIrIn_5$ konnte die Struktur der Probenoberfläche mit atomarer Genauigkeit abgebildet werden. Diese Resultate, zusammen mit dem Vergleich zu Befunden anderer experimenteller Methoden, lassen wichtige Rückschlüsse auf die Beschaffenheit der Oberfläche in Bezug auf das Probenmaterial zu.

Im Fall des Kondogitter-Systems $YbRh_2Si_2$ konnte durch Spalten von Einkristallen bei tiefen Temperaturen großflächig atomar geordnete Oberflächen erzeugt werden. Es zeigen sich starke Hinweise darauf, dass die Spektroskopie-Daten die Volumeneigenschaften des Materials reflektieren. Ein Vergleich mit theoretischen Rechnungen deutet darauf hin, dass der Kondoeffekt der magnetischen Yb^{3+}-Ionen sich in der Tunnelleitfähigkeit widerspiegelt – bis hin zum Einfluss der sich ausbildenden räumlichen Kohärenz des Kondogitters bei tiefen Temperaturen. Diese Ergebnisse gewähren wichtige Einblicke in die thermische Entwicklung der elektronischen Korrelationen in Kondogitter-Systemen, und demonstrieren somit das große Potential der Rastertunnel-Spektroskopie für die weitere Erforschung der Schwere-Fermionen-Systeme.

2 Grundlegende theoretische Aspekte von Schwere-Fermionen-Systemen

Das vorliegende Kapitel gibt einen Einblick in grundlegende Aspekte der Physik Schwerer-Fermionen-Systeme. In diesen intermetallischen Verbindungen kommt es aufgund starker elektronischer Korrelationen zu kollektiven Effekten in den thermodynamischen und Transporteigenschaften, welche in klassischen Metallen nicht zu beobachten sind. Grundlegend für das Auftreten der starken Korrelationen Schwere-Fermionen-Systemen ist der Kondo-Effekt, welcher die Wechselwirkung eines magnetischen Momentes mit einer Umgebung aus freien Elektronen beschreibt. Im Abschnitt 2.2 wird dieser Effekt für den Fall eines einzelnen magnetischen Ions eingeführt. Im darauffolgenden Abschnitt 2.3 wird diskutiert, welche Konsequenzen eine gitterperiodische Anordnung von magnetischen Ionen hat, wie man sie in Schwere-Fermionen-Systemen findet vorliegen hat. Als ein spezieller Aspekt wird das Auftreten von unkonventioneller Supraleitung in Schwere-Fermionen-Systemen in Abschnitt 2.4 behandelt. Nach einer Übersicht über die Phänomenologie das Supraleitung und einer Zusammenfassung der Standardtheorie für klassische Supraleiter, der sog. *BCS-Theorie*, werden die Grundlagen der so genannten unkonventionellen Supraleitung beschrieben, und schließlich einige Besonderheiten von Supraleitung in Schwere-Fermionen-Materialien aufgezeigt.

2.1 Schwere-Fermionen-Systeme

Schwere-Fermionen-Verhalten tritt in intermetallischen Verbindungen auf, welche Elemente der Seltenerd-Gruppe oder der Actininide enthalten. Da die in dieser Arbeit untersuchten Schwere-Fermionen-Systeme ausschließlich auf den Seltenerd-Elementen Ce und Yb basieren, werden im Folgenden vorrangig Eigenschaften der Ce- und Yb-Systeme diskutiert. Seltenerdverbindungen können Elektronenkonfigurationen mit unvollständig gefüllten $4f$-Schalen aufweisen. Aufgrund ihrer hohen Drehimpuls-Quantenzahl $l = 3$ sind die f-Wellenfunktionen weit weniger ausgedehnt als die der $5d$- und $6s$-Valenzelektronen. Abbildung 2.1 illustriert dies am Beispiel von Cer mit der Konfiguration $[\mathrm{Xe}]4f^1 5d^1 6s^2$. Die starke Lokalisierung der f-Elektronen innerhalb der Valenzzustände hat weitreichende Auswirkungen

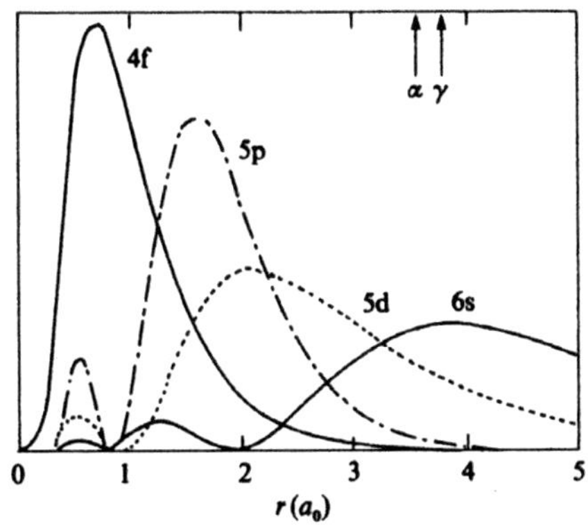

Abbildung 2.1: **Lokalisierung der $4f$-Elektronen.** Berechnete radiale Verteilung der elektronischen Wellenfunktion von elementarem Ce [Gun87, Hew97]. Die $4f$-Zustände sind fast vollständig innerhalb der Schalen der Valenzelektronen ($5p$, $6s$) lokalisiert, und haben daher nur eine geringe Ausgdehnung gegenüber dem typischen Abstand nächster Nachbarn (die Pfeile markieren die Wigner-Seitz-Radien von α- und γ-Ce). Abbildung übernommen aus Ref. [Hew97]

auf die physikalischen Eigenschaften de rSchwere-Fermionen-Verbindungen. Zwischen benachbarten Gitterplätzen kommt kein direkter Überlapp der f-Wellenfunktionen zustande, so dass die f-Elektronen nicht an chemischen Bindungen beteiligt sind. Die lokalen magnetischen Momente der unvollständig gefüllten f-Schalen bleiben daher auch in Verbindungen bestehen. Bei hohen Temperaturen ist die Wechselwirkung mit den Valenzelektronen vernachlässigbar, und die f-Momente verhalten sich wie freie lokale Momente. Das äußert sich in einem Curie-Weiss-Verhalten der magnetischen Suszeptibilität $\chi(T) \propto T^{-1}$. Die Anzahl der Elektronen in der f-Schale wird durch die Wertigkeit des Seltenerdelementes in der Verbindung bestimmt. Der Ce^{3+}-Zustand hat die Elektronenkonfiguration [Xe]$4f^1$. Aufgrund der starken Coulomb-Abstoßung U zwischen den lokalisierten f-Elektronen und der starken Spin-Bahn-Kopplung (hohe Ordnungszahl der Lanthaniden) berechnet sich der Gesamtdrehimpuls des Grundzustandes nach den Hund'schen Regeln zu $J = \frac{5}{2}$. Der Ce^{3+}-Zustand trägt also ein magnetisches Moment. Analog ergibt sich für Yb^{3+} mit der Elektronenkonfiguration [Xe]$4f^{13}$ eine Gesamtdrehimpuls von $J = \frac{7}{2}$. Dieser Zustand des Ytterbium entspricht dem eines einzelnen Loches in der $4f$-Schale, $4h^1$. In Verbindungen wird die $(2J+1)$-fache Entartung der Drehimpuls-Multipletts unter dem Einfluß des elektrostatischen Potentials der Liganden, dem sog. kristallelektrischen Feld (KEF), aufgehoben. Gemäß des Kramers-Theorems ergibt sich im Falle uniaxialer (d.h. tetragonaler oder hexagonaler) Kristallstruktur für eine ungerade Elektronenzahl (wie bei Ce^{3+} und Yb^{3+}) eine Aufspaltung in mindestens zweifach entartete Zustände (KEF-Dubletts). Die Kristallfeldaufspaltung ist klein (verglichen z.B. mit der Energie der Spin-Bahn-Kopplung), da die magnetische f-Schale gut durch die Valenzelektronen gegen den Einfluß der Liganden abgeschirmt ist. Beide Konfigurationen, Ce^{3+} und Yb^{3+}, weisen instabile $4f$-Schalen auf: Bei Ce^{3+} ist der Energieunterschied zur unmagnetischen Konfiguration Ce^{4+}: $4f^0$ sehr gering, weshalb man in Verbindungen Abweichungen von der ganzzahligen Valenz beobachtet, $3 < \nu < 4$). Yb^{3+} ist energetisch sehr nahe an der vollständig gefüllten $4f$-Schale, Yb^{2+}: $4f^{14}$, und man beobachtet in Verbindungen $2 < \nu < 3$.

Während sich das Hochtemperaturverhalten der Schwere-Fermionen-Verbindungen durch das Vorhandensein lokaler magnetischer Momente beschreiben läßt, treten bei tiefen Temperaturen eine Vielzahl von Effekten auf, welche Folge starker elektronischer Korrelationen sind. Trotz unterschiedlicher Grundzustände lassen sich einige gemeinsame Eigenschaften bei Schwere-Fermionen-Systemen feststellen, welche denen „klassischer“ Metalle ähneln. Herausstechend ist das Auftreten einer spezifischen Wärme proportional zur Temperatur $C(T) = \gamma T$, wobei jedoch der Sommerfeld-Koeffizient γ gegenüber dem eines normalen Metalles dramatisch erhöht ist: Im Fall von $CeAl_3$, der ersten entdeckten Schwere-Fermionen-Verbindung, nimmt γ einen Wert von $1600\,\mathrm{mJ/mol\,K^2}$ an [And75] (im Vergleich dazu findet man z.B. für elementares Cu $\gamma = 0.7\,\mathrm{mJ/mol\,K^2}$ [Kit88]). Die magnetische Suszeptibilität tendiert bei tiefen Temperaturen gegen eine konstante Pauli-Suszeptibilität χ_0, wobei auch deren Wert gegenüber normalen Metallen stark erhöht ist. Bemerkenswert ist, dass das sog. Wilson-Verhältnis χ_0/γ den gleichen Wert annimmt wie bei klassischen Metallen. Der elektrische Widerstand in Schwere-Fermionen-Metallen geht bei tiefer Temperatur quadratisch gegen einen Restwiderstand, $\rho(T) = \rho_0 + AT^2$. Diese charakteristischen Temperaturabhängigkeiten von C, χ und ρ werden im Rahmen der Theorie der Landau'schen Fermi-Flüssigkeit (LFF) erklärt. Die Grundidee dieser Beschreibung stark wechselwirkender Elektronensysteme besteht darin, zunächst ein wechselwirkungsfreies Elektronengas zu betrachten und die Wechselwirkung zwischen den Teilchen adiabatisch einzuschalten. Solange dabei kein Phasenübergang auftritt, lassen sich die stark wechselwirkenden Elektronen auf ein System schwach wechselwirkender kompositer Quasiteilchen abbilden. Deren Einteilchen-Anregungsspektrum entspricht dem der ursprünglichen, wechselwirkungsfreien Teilchen, jedoch mit angepassten Parametern, z.B. einer renormalisierten effektiven Masse m^*. In einer LFF sind die o.g. Parameter γ und χ_0 proportional zur elektronischen Zustandsdichte bei der Fermienergie $\rho(E_F) = \frac{m^* k_F}{\pi^2 \hbar^2}$. Die stark erhöhten Werte für γ und χ_0 bei unverändertem Wilson-Verhältnis implizieren also, dass in Schwere-Fermionen-Systemen starke elektronische Korrelationen zur Bildung von Quasiteilchen führen, deren effektive Masse m^* gegenüber der Elektronenmasse m_e um bis zu einem Faktor 1000 erhöht ist. Die Formierung kompositer Quasiteilchen aus Leitungselektronen und den magnetischen Momenten der f-Elektronen ist eine Folge der Kondo-Wechselwirkung, welche im folgenden Abschnitt diskutiert wird.

2.2 Der Einzelionen-Kondoeffekt

In der klassischen Beschreibung von Metallen erwartet man, dass der elektrische Widerstand zu tiefen Temperaturen monoton abfällt und für $T \to 0$ bei einem Restwiderstand sättigt. Im Gegensatz dazu wurde in den 1930er Jahren bei vielen Metallen experimentell ein *Ansteigen* des Widerstandes bei tiefsten Temperaturen beobachtet. Später zeigte sich, dass das Auftreten des damit entstehenden Minimums im Widerstand mit dem Vorhandensein magnetischer Verunreinigungen verknüpft ist (siehe z.B. Ref [Haa36]). Eine theoretische Erklärung dieses Effektes gelang J. Kondo 1964 im Rahmen des auf C. M. Zener zurückgehenden [Zen51] $s-d$-Modells, welches auch als Kondo-Modell bezeichnet wird. Phänomenologisch beschreibt dieses die Austauchwechselwirkung eines lokalen Momentes $\mathbf{S}$ mit einem freien Elektron mit Spin $\mathbf{s}$,

$$\mathcal{H}_{\mathrm{Kondo}} = \mathcal{J}\mathbf{s} \cdot \mathbf{S} \; . \tag{2.1}$$

Ist die effektive Austauschkopplung antiferromagnetisch ($\mathcal{J} > 0$), so ist der Singulett-Zustand $\frac{1}{\sqrt{2}}(|s_\uparrow S_\downarrow\rangle - |s_\downarrow S_\uparrow\rangle)$ energetisch bevorzugt. Anschaulich kommt es daher unterhalb einer charakteristischen Temperatur zur Abschirmung des lokalen Momentes durch die umgebenden Leitungselektronen, also zur Ausbildung eines unmagnetischen Zustandes. J. Kondo konnte störungstheoretisch zeigen [Kon64], dass die Streuung der Leitungselektronen an den lokalen Momenten in einem gewissen Temperaturintervall zu einem logarithmischen Ansteigen des elektrischen Widerstandes mit sinkender Temperatur führt, welches eine Erklärung für das Auftreten des oben angesprochenen Minimums liefert. Verbunden mit der resonanten Streuung der Leitungselektronen ist auch die Ausbildung einer resonanzartig erhöhten Zustandsdichte an der Fermi-Energie [Abr65b, Abr65a, Suh65]. Diese Abrikosov-Suhl-Resonanz (ASR) beeinflußt die thermodynamischen und Transporteigenschaften des Wirtsmetalls dramatisch.

Eine plausible Erklärung der effektiven Kopplung gemäß Gleichung (2.1) läßt sich im Rahmen des Anderson-Modells [And61] finden. Dieser Ansatz beschreibt die Wechselwirkung zwischen einem lokalisierten elektronischen Zustand der Energie E_d mit dem Fermi-See der umgebenden Leitungselektronen $E_{\mathbf{k}}$, beispielsweise bei einem einzelnen magnetischen Ion („d-Elektron") in einem unmagnetischen Metall.

$$\begin{aligned} \mathcal{H}_{\mathrm{AM}} &= \sum_{\mathbf{k},\sigma} E_{\mathbf{k}}\, c^\dagger_{\mathbf{k}\sigma} c_{\mathbf{k}\sigma} + \sum_{\sigma} E_d\, n_{d,\sigma} + U n_{d,\uparrow} n_{d,\downarrow} + \sum_{\mathbf{k},\sigma} \left(V_{\mathbf{k}}\, d^\dagger_\sigma c_{\mathbf{k}\sigma} + V^*_{\mathbf{k}}\, c^\dagger_{\mathbf{k}\sigma} d_\sigma \right) && (2.2) \\ &=: \mathcal{H}_c + \mathcal{H}_d + \mathcal{H}_U + \mathcal{H}_V \; . && (2.3) \end{aligned}$$

Hierbei sind $c^\dagger_{\mathbf{k}\sigma}$ und $c_{\mathbf{k}\sigma}$ die quantenfeldtheoretischen Erzeugungs- bzw Vernichtungsoperatoren für einen Leitungsbandzustand mit Impulsquantenzahl $\mathbf{k}$ und Spin σ. Entsprechend erzeugen bzw vernichten die Operatoren $d_\sigma^\dagger$ und d_σ einen lokalisierten d-Zustand mit Spin σ, und $n_{d,\sigma} = d_\sigma^\dagger d_\sigma$ ist der entsprechende Teilchenzahl-Operator. Zur Vereinfachung wurde angenommen, dass der lokalisierte Zustand Spin $\frac{1}{2}$ hat. Der Term $\mathcal{H}_U$ beschreibt die Coulomb-Abstoßung zwischen zwei d-Elektronen aufgrund des Pauli-Prinzips. Es gibt drei mögliche Besetzungen für die d-Zustände: unbesetzt (d^0, $E=0$), einfach besetzt (d^1, $E=E_d$) und doppelt besetzt (d^2, $E=2E_d+U$). Dabei ist der magnetische Zustand d^1 energetisch bevorzugt, d.h. es stellt sich ein magnetischer Grundzustand ein, wenn $|E_d+\frac{U}{2}| > \frac{U}{2}$. Der letzte Term $\mathcal{H}_V$ stellt eine direkte Hybridisierung zwischen Leitungs- und d-Elektronen dar, wobei $V_\mathbf{k}$ das Matrixelement des ionischen Potentials zwischen den Blochzuständen der Leitungselektronen und den d-Zuständen ist. Einerseits begründet die Hybridisierung $V_\mathbf{k}$ als Streuprozeß gemäß Fermi's Goldener Regel eine Verbreiterung der reinen Zustände d^1 und d^2 um $\Delta(E) = \pi\sum_\mathbf{k} |V_\mathbf{k}|^2 \delta(E-E_\mathbf{k})$, vgl. Abbildung 2.2. Des weiteren erzeugen kurzzeitige (virtuelle) Übergänge zwischen d- und Leitungselektronen zusätzliches spektrales Gewicht in einem schmalen Bereich um die Fermienergie – die ASR. Betrachtet man das System unter adiabatischer Änderung der Wechselwirkungsstärke U, so zeigt sich dass die Breite $\Delta^* = Z\cdot\Delta$ dieser Resonanz sehr klein sein muss: $Z \ll 1$.

Im Grenzfall kleiner Hybridisierung ($V_\mathbf{k} \ll U, E_d$) kann das Anderson-Modell (2.3) durch kanonische Transformation (Schrieffer-Wolff-Transformation [Sch66]) in das Kondo-Modell überführt werden. Dabei wird der Hilbertraum der Lösungen von $\mathcal{H}_\text{AM}$ in einen niederenergetischen (d^1) und einen hochenergetischen Teilraum (d^0, d^2) separiert. Die durch die Hybridisierung verursachten virtuellen Anregungen aus dem einfach besetzten Zustand werden als kleine Kopplung zwischen den Teilräumen störungstheoretisch behandelt:

$$\mathcal{H}_\text{AM} \rightarrow \mathcal{H}_1 + \lambda\mathcal{H}_V \tag{2.4}$$

$$\mathcal{H}_1 = \mathcal{H}_c + \mathcal{H}_d + \mathcal{H}_U = \begin{bmatrix} \mathcal{H}_L & 0 \\ 0 & \mathcal{H}_{H} \end{bmatrix} \tag{2.5}$$

$$\mathcal{H}_V = \begin{bmatrix} 0 & \mathcal{V}^\dagger \\ \mathcal{V} & 0 \end{bmatrix} . \tag{2.6}$$

$\mathcal{H}_c$, $\mathcal{H}_d$, $\mathcal{H}_U$ und $\mathcal{H}_V$ sind definiert durch Gleichung (2.3). $\mathcal{H}_L$ und $\mathcal{H}_H$ seien in den nieder- bzw. hochenergetischen Teilräumen jeweils diagonal. Durch kanonische Diagonalisierung und anschließende Entwicklung nach Potenzen bis zur zweiten Ordnung in λ ergibt sich ein effektiver Hamiltonoperator der folgenden Form:

$$\mathcal{H}_\text{AM} \rightarrow \mathcal{H}_c + \mathcal{H}_\text{WW} = \sum_{\mathbf{k},\sigma} E_\mathbf{k}\, c_{\mathbf{k}\sigma}^\dagger c_{\mathbf{k}\sigma} + \sum_{\mathbf{k},\mathbf{k}'\sigma,\sigma'} \mathcal{J}_{\mathbf{k},\mathbf{k}'}\, c_{\mathbf{k}'\alpha}^\dagger\, \hat{\sigma}_{\alpha\beta}\, c_{\mathbf{k}\beta} \cdot \mathbf{S}_d \tag{2.7}$$

mit den Kopplungskoeffizienten

$$\mathcal{J}_{\mathbf{k},\mathbf{k}'} = V_{\mathbf{k}'}^* V_\mathbf{k} \left[\frac{1}{E_d+U} + \frac{1}{-E_d}\right] . \tag{2.8}$$

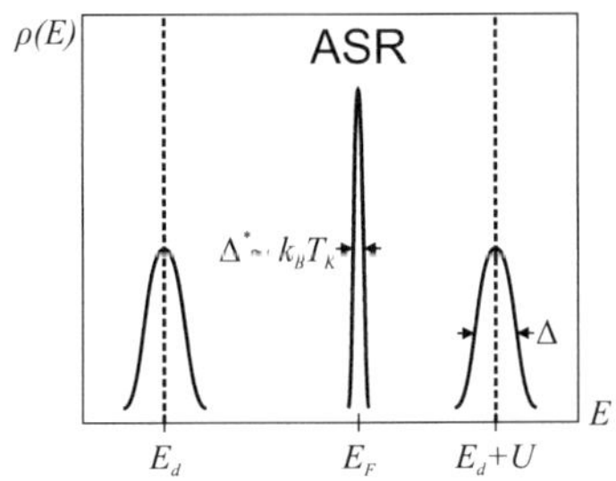

Abbildung 2.2: **Anderson-Modell.** Schematische Zustandsdichte des Anderson-Modells für eine einzelne magnetische Verunreinigung mit Moment $S = \frac{1}{2}$. Einfach- und doppeltbesetzte Zustände werden durch die Streuung mit den Leitungselektronen um Δ verbreitert. An der Fermienergie bildet sich die Abrikosov-Suhl-Resonanz (ASR), deren Breite die typische Energieskale der Hybridisierung, die Kondo-Temperatur T_K definiert

Für Leitungsbandzustände nahe der Fermienergie ($E_\mathbf{k} \approx E_F \doteq 0$) kann näherungsweise eine uniforme Hybridisierung $V_\mathbf{k} \approx V$ angenommen werden. Im Grenzfall $U \to \infty$ nimmt dann der Wechselwirkungsterm $\mathcal{H}_{\mathrm{WW}}$ die in Gleichung (2.1) angegebene Form des Kondo-Hamiltonoperators $\mathcal{H}_{\mathrm{Kondo}} = \mathcal{J}\mathbf{s} \cdot \mathbf{S}$ mit

$$\mathcal{J} = -\frac{|V|^2}{E_d} \,. \tag{2.9}$$

Da die einfach besetzten Zustände d^1 unterhalb der Fermienergie liegen, $E_d < E_\mathrm{F} = 0$, ist die effektive Austauschkopplung $\mathcal{J}$, wie bereits oben diskutiert, antiferromagnetisch. Der Energiegewinn durch die Ausbildung des Singulett-Zustandes stellt die Energieskale T_K des wechselwirkenden Systems dar

$$k_B T_K \approx W \exp\left(-\frac{1}{\mathcal{J}\rho(E_F)}\right) \,. \tag{2.10}$$

Dabei ist W die Breite des Leitungsbandes und $\rho(E_F)$ die Zustandsdichte an der Fermikante. Die so definierte Kondo-Temperatur T_K entspricht der Breite der ASR bei $T = 0$.

Der Hamiltonoperator (2.3) beschreibt den Fall eines lokalisierten Spin $S = \frac{1}{2}$. In diesem Fall ist der Entartungsgrad des Grundzustandes $N = 2$. Für Zustände mit höheren Momenten kann das Modell zu $N > 2$ erweitert werden (Coqblin-Schrieffer-Modell [Coq69]). Eine wichtige Konsequenz ist eine Verschiebung der ASR bzgl. der Fermi-Energie (vgl. Argumentation in Ref. [New80]). Für das magnetische Ce^{3+}-Ion mit einem Gesamtdrehimpuls $J = \frac{5}{2}$ ist $N = 6$. Da in der $4f^1$-Konfiguration jedoch nur ein f-Elektron vorhanden ist, welches virtuelle Anregungen erfahren kann, muss die ASR bei Erhaltung des spektralen Gewichtes der besetzten Zustände zu Energien oberhalb des Fermi-Niveaus verschoben werden. Ähnlich ist es im Fall von Yb^{3+} ($J = \frac{7}{2}$, $N = 8$), mit dem Unterschied, dass die $4f^{13}$-Konfiguration einem Loch in der $4f$-Schale entspricht, wodurch die ASR unterhalb der Fermikante liegen muss. In beiden Fällen ist die Verschiebung von der Größenordnung $\Delta E \approx k_B T_K$.

2.3 Kondo-Gitter

Im Gegensatz zu dem im vorherigen Kapitel diskutierten Einzelionen-Kondoeffekt enthalten Schwere-Fermionen-Verbindungen eine *gitterperiodische* Anordnung von magnetischen Seltenerdionen. Solche Systeme werden daher oft als Kondo-Gitter bezeichnet. Eine theoretische Beschreibung läßt sich durch Verallgemeinerung der im vorangegangenen Abschnitt eingeführten Modelle (2.1) und (2.3) auf das *periodische Anderson-Modell* [And61, Col84, Hew97] bzw. das *Kondo-Gitter-Modell* [Don77, Lav98] erreichen. Der Hamiltonoperatur des Kondo-Gitter-Modells ergibt sich durch Summation über alle „magnetischen“ Gitterplätze:

$$\mathcal{H}_{\mathrm{KG}} = \sum_{\mathbf{k},\sigma} E_{\mathbf{k}}\, c^{\dagger}_{\mathbf{k}\sigma} c_{\mathbf{k}\sigma} + \mathcal{J} \sum_{i} \mathbf{s}_i \cdot \mathbf{S}_i \,. \tag{2.11}$$

Dabei symbolisiert $\mathcal{J}$ die lokale Kondo-Kopplung der Leitungselektronen-Spins $\mathbf{s}_i$ am Gitterplatz i mit den lokalisierten Momenten $\mathbf{S}_i$. Obwohl der grundlegende Mechanismus der Kondo-Wechselwirkung der gleiche ist wie beim Einzelionen-Kondomodell, ergeben sich aufgrund der Gitteranordnung teilweise völlig andere physikalische Eigenschaften. Ein wesentliches Merkmal der Kondo-Gitter-Systeme ist, dass bei tiefen Temperaturen die kompositen Quasiteilchen aus f- und Leitungselektronen im periodischen Potential der Ionen räumlich ausgedehnte Zustände analog den Blochwellen im freien Elektronengas formen. Es bildet sich ein schmales, renormalisiertes Band $\tilde{E}_f(\mathbf{k})$ mit f-Charakter in der Nähe der Fermikante. Löst man das Kondo-Gitter-Modell in Molekularfeldnäherung [Aue86, Col87, Col02a], ergibt sich eine Quasiteilchen-Zustandsdichte, wie sie in Abbildung 2.3 skizziert ist. Ein oberes und ein unteres fermionisches Band sind durch eine Hybridisierungslücke $\Delta_g \sim k_B T_K$ getrennt. Liegt die Fermienergie außerhalb (aber in der Nähe) der Lücke (wie in Abb. 2.3 skizziert), spricht man aufgrund der stark renormalisierten Bandmasse und der damit verbundenen erhöhten Zustandsdichte von schweren Fermionen. Das Auftreten der Hybridisierungslücke ist eine Konsequenz [Mar82] aus der Luttinger‘schen Summenregel [Lut60b, Lut60a], welche das Fermi-Volumen einer Fermi-Flüssigkeit mit der Elektronendichte in Proportion setzt. In realen Kondo-Systemen kann die Lücke unvollständig ausgebildet sein [Mar82]: Zum einen sind sowohl die Hybridisierung als auch die Energien der lokalisierten Zustände $\mathbf{k}$-Abhängig, und zum anderen können mehrere Leitungbänder verschiedener Symmetrie an der Wechselwirkung beteiligt sein.

Die Streuung der Leitungselektronen an den gitterperiodisch angeordneten f-Momenten ist räumlich *kohärent.* Das hat Auswirkungen auf die thermodynamischen und Transporteigenschaften der Schwere-Fermionen-Systeme. So beobachtet man im elektrischen Wider-

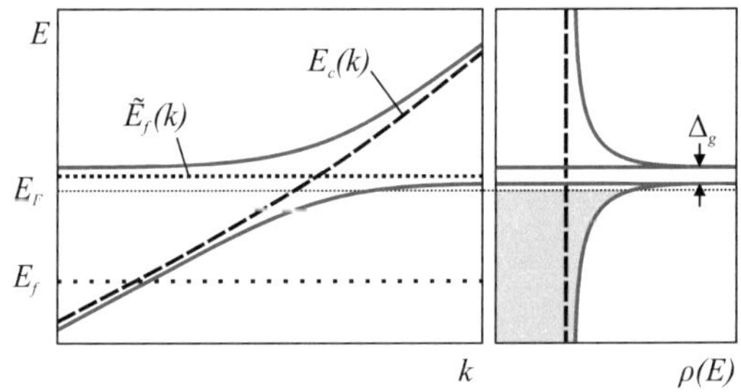

Abbildung 2.3: **Kondo-Gitter-Modell.** Links: Schematische Dispersion in Molekularfeldnäherung. $E(k)$ zeigt die Hybridisierung zwischen einem „leichten" Leitungsband $E_c(k)$ und einem renormalisierten („schweren") Band $\tilde{E}_f(k)$ nahe der Fermienergie E_F. Daraus resultiert eine Hybridisierungslücke $\Delta_g \sim k_B T_K$ in der renormalisierten Zustandsdichte (rechts). Nach Ref. [Col02a]

stand nur bei höheren Temperaturen das für den Einzelionen-Kondoeffekt typische logarithmische Ansteigen mit sinkender Temperatur. Die kohärente Streuung der Transportelektronen an den gitterperiodisch angeordneten f-Momenten liefert keinen Beitrag zum Widerstand. Daher durchläuft der Widerstand bei einer charakteristischen Temperatur $T_{\max}^{\rho(T)}$ ein breites Maximum und fällt mit sinkender Temperatur wie T^2 gegen einen Restwiderstand [Cox88].

Befinden sich die magnetischen Momente der Seltenerdionen auf einem regelmäßigen Gitter, kann es auch zu magnetischer Ordnung kommen. Ein direkter Heisenberg-Austausch ist aufgrund der geringen Ausdehnung der f-Wellenfunktionen im Vergleich mit den zwischenatomaren Abständen vernachlässigbar. Es kann jedoch zu einer indirekten Wechselwirkung kommen, welche durch eine Polarisation der Leitungselektronen vermittelt wird. In einem freien Elektronengas erzeugt ein magnetisches Moment $\mathbf{S}_i$ am Gitterplatz $\mathbf{R}_i$ eine Spinpolarisation am Ort $\mathbf{r}$, welche oszillatorischen Charakter als Funktion des Abstandes $\mathbf{r} - \mathbf{R}_i$ hat (sog. Friedel-Oszillationen) [Nol86]. An dieser Polarisation kann nun ein weiteres Moment am Ort $\mathbf{R}_j$ streuen. Folge ist ein indirekter Austausch der Form

$$\mathcal{H}_{\mathrm{RKKY}} = \sum_{ij} \mathcal{J}_{ij}^{\mathrm{RKKY}} \mathbf{S}_i \cdot \mathbf{S}_j \,. \tag{2.12}$$

Die Bezeichnung „RKKY-Wechselwirkung" geht zurück auf M. A. Ruderman, C. Kittel, T. Kasuya und K. Yoshida [Rud54, Kas56, Yos57]. Die Kopplungskonstante $\mathcal{J}_{ij}^{\mathrm{RKKY}}$ läßt sich schreiben als

$$\mathcal{J}_{ij}^{\mathrm{RKKY}} \sim -\mathcal{J}^2 \rho(E_F)\, F(2k_F|\mathbf{R}_i - \mathbf{R}_j|) \tag{2.13}$$

mit dem Fermi-Impuls k_F und der Austauschkopplung $\mathcal{J}$. Aufgrund der Funktion

$$F(x) = \frac{\sin x - x\cos x}{x^4}$$

beschreibt die RKKY-Wechselwirkung eine räumliche Oszillation, deren Amplitude etwa mit $|\mathbf{R}_i - \mathbf{R}_j|^{-3}$ abklingt. Insbesondere kann also die Kopplung als Funktion des Abstandes zweier Momente ferromagnetisch oder antiferromagnetisch sein. In Schwere-Fermionen-Metallen sind die typischen Gitterkonstanten derart, dass oft eine antiferromagnetische Kopplung zwischen benachbarten Gitterplätzen realisiert ist. Neben der Kondo-Temperatur T_K gibt die Größenordnung der RKKY-Wechselwirkung eine weitere charakteristische Energieskale des Kondogittes vor:

$$E_\mathrm{RKKY} \propto \mathcal{J}^2 \rho(E_F)\,. \tag{2.14}$$

Im Fall einzelner Kondoionen hängt T_K gemäß Gleichung (2.10) exponentiell von der Kopplungstärke, also von der Hybridisierung zwischen itineranten und lokalisierten Zuständen ab. Für ein Kondo-Gitter läßt sich eine analoge Abhängigkeit erwarten:

$$k_\mathrm{B} T_\mathrm{K} \sim \exp[-1/\rho(E_F)\mathcal{J}]\,. \tag{2.15}$$

In einer Arbeit aus dem Jahr 1977 behandelte S. Doniach das Wechselspiel der beiden Energieskalen $k_\mathrm{B}T_\mathrm{K}$ und E_RKKY. Im Grenzfall schwacher Kopplung ist $E_\mathrm{RKKY} > k_\mathrm{B}T_\mathrm{K}$, und es kann sich magnetische Ordnung einstellen. Für stärkere Kopplung dominiert T_K, und die Kondo-Abschirmung der lokalen Momente durch die Leitungselektronen führt zu Ausbildung eines unmagnetischen Grundzustandes (sog. Kondo-Singulett), dessen elementare Anregungen fermionische Quasiteilchen mit stark renormalisierter Masse m^* sind. Bei einem kritischen Wert der Kopplung $\mathcal{J}_c$ findet man einen Phasenübergang zwischen magnetisch geordnetem und unmagnetischem Grundzustand bei $T = 0$. Ist dieser Übergang kontinuierlich (Phasenübergang zweiter Ordnung), bezeichnet man ihn als Quantenphasenübergang (QPÜ) [Son97, Sac99, Ste01, Löh07, Geg08, Si10] (und den Phasenraumpunkt $(\mathcal{J}_c, T = 0)$ entsprechend als quantenkritischen Punkt, QKP), da er nicht wie ein klassischer Phasenübergang durch thermische Fluktuationen getrieben wird, sondern durch Quantenfluktuationen. Diese werden relevant, da sich RKKY- und Kondowechselwirkung am QKP gerade kompensieren. Bereits kleine Änderungen experimenteller Kontrollparameter – wie äußeres Magnetfeld, hydrostatischer Druck oder Dotierung – können die Hybridisierungsstärke beeinflussen und so das System von einem Grundzustand in einen anderen treiben. QPÜ sind von besonderem Interesse, da sie auch Auswirkungen auf einen Teil des Phasendiagramms bei *endlichen* Temperaturen haben. So beobachtet man beispielsweise in der Umgebung von QKP oft markante Abweichungen vom Fermi-Flüssigkeitsverhalten und das Auftreten neuer Phasen wie unkonventionelle Supraleitung, auf welche im nachfolgenden Abschnitt näher eingegangen wird. Aufgund der klaren experimentellen Evidenzen für das Auftreten von Quantenkritikalität bilden Schwere-Fermionen-Verbindungen Modellsysteme für die Untersuchung in diesem Zusammenhang auftretenden komplexen physikalischen Phänomene.

Dies hat u.U. auch Einfluß auf das Verständnis anderer Materialklassen, in denen über das Auftreten von QCP spekuliert wird, so z.B. die Kuprat-Hoch-T_c-Supraleiter [Bro08].

2.4 Supraleitung in Schwere-Fermionen-Systemen

Der folgende Abschnitt beginnt mit einer kurzen Übersicht über die Phänomenologie der Supraleitung und die Standardtheorie „klassischer“ Supraleiter. Danach werden einige Aspekte der „unkonventionellen“ Supraleitung diskutiert. Besonderes Augenmerk wird dabei auf die Ausbildung der sog. Energielücke im elektronischen Anregungsspektrum des Supraleiters gelegt, da diese in Tunnelexperimenten unmittelbar beobachtet werden kann. Abschließend werden einige Besonderheiten von Supraleitung in Schwere-Fermionen-Systemen, insbesondere deren Wechselspiel mit Magnetismus, näher betrachtet. Da eine allumfassende Darstellung aller Facetten der Supraleitung den Rahmen dieser Arbeit sprengen würde, wird für weitere Aspekte auf die einschlägige Literatur verwiesen, so z.B. die Monographien [Buc04] und [Tin96].

2.4.1 Phänomenologie der Supraleitung und BCS-Theorie

In einem Supraleiter befinden sich unteralb einer charakteristischen Sprungtemperatur T_c die Leitungselektronen in einem *makroskopischen* Quantenzustand, welcher durch eine einzige Wellenfunktion beschrieben werden kann. Da es sich um einen kohärenten Zustand handelt, erfahren die Ladungsträger keine Streuung, der elektrische Widerstand verschwindet [Kam11]. In Abwesenheit eines äußeren Magnetfeldes ist der Übergang in den supraleitenden Zustand kontinuierlich. Die Teilchendichte im supraleitenden Zustand kann dabei als Betragsquadrat eines komplexen Ordnungsparameters Ψ aufgefasst werden. Aus der phänomenologischen Ginzburg-Landau-Theorie der Phasenübergänge und fundamentalen Überlegungen aus der Elektrodynamik folgt unmittelbar, dass ein äußeres magnetisches Feld an der Oberfläche eines Supraleiters exponentiell abfällt und somit im Inneren verschwindet (Meissner-Ochsenfeld-Effekt [Mei33]). Die Abschirmung des Magnetfeldes vollzieht sich auf der Längenskale der Ginzburg-Landau-Eindringtiefe $\lambda = \lambda(T)$. Eine weitere charakteristische Längenskale wird definiert durch die Variation des Ordnungsparameters Ψ im Ortsraum, die supraleitende Kohärenzlänge $\xi = \xi(T)$. Vergleicht man beide Längenskalen, so ergibt sich aus einer Betrachtung der Grenzflächenenergie zwischen normalleitendem und supaleitendem Gebiet folgendes Bild: Für den Fall $\kappa = \lambda/\xi < \frac{1}{\sqrt{2}}$ ist das gesamte System für kleine Magnetfelder supraleitend und geht oberhalb eines kritischen Feldes $H_c(T)$ in den normalleitenden Zustand über. Materialien, welche dieses Verhalten zeigen, heißen Supraleiter erster Art. Empirisch hat das kritische Feld eine Temperaturabhängigkeit

$$H_c(T) = H_c(0)\left[1 - \left(\frac{T}{T_c}\right)^2\right] . \tag{2.16}$$

Für den Fall, dass die Kohärenzlänge klein gegen die Eindringtiefe ist, $\kappa > \frac{1}{\sqrt{2}}$, wird ein Magnetfeld nur bis zu einem unteren kritischen Feld H_{c1} vollständig abgeschirmt. Darüber gibt es im $H-T$-Phasendiagramm einen einen Bereich $H_{c1}(T) < H < H_{c2}(T)$ mit räumlicher Koexistenz von normalleitenden und supraleitenden Gebieten, die sog. Shubnikov-Phase. Die normalleitenden Gebiete bilden sich als zylinderförmige Flußschläuche (Vortices) parallel zur Richtung des äußeren Feldes aus, durch welche der Fluß des äußeren Feldes das Material durchdringen kann. Mit zunehmender Feldstärke wächst die Anzahl der Flußschläuche an, bis schließlich beim oberen kritischen Feld $H_{c2}(T)$ das gesamte Material normalleitend ist.

Der kohärente Zustand in einem Supraleiter kann durch eine Kondensation der Elektronen in so genannte *Cooperpaare* beschrieben werden. Wie durch L. N. Cooper 1956 gezeigt wurde [Coo56], kann eine (beliebig kleine) attraktive Wechselwirkung zwischen Elektronen in einem Feskörper zu einem gebundenen Paarzustand führen, welcher gegenüber dem Ferminiveau energetisch abgesekt ist. Bereits vorher hatten H. Fröhlich [Frö50] und J. Bardeen [Bar50] unabhängig voneinander aufgezeigt, dass eine indirekte Wechselwirkung zwischen Elektronen über quantisierte Gitterschwingungen (Phonenen) ein solches Paarpotential bilden kann. Bewegt sich nämlich ein freies Elektron durch ein Kristallgitter, so bewirkt dessen negative Ladung eine Auslenkung der positiv geladenen Atomrümpfe aus deren Gleichgewichtslagen. Da die Geschwindigkeit eines Elektrons (Fermigeschwindigkeit $v_\mathrm{F} \sim 10^6\, m/s$ [Kit88]) in Metallen vielfach höher ist als die Frequenz, mit welcher das Gitter relaxiert (Schallgeschwindigkeit $v_\mathrm{S} \sim 10^3\, m/s$), kann ein weiteres Elektron vermöge der retardierten Gitterauslenkung eine attraktive Wechselwirkung erfahren. Basierend auf diesen Überlegungen stellten J. Bardeen, L. Cooper und J. Schrieffer 1957 eine konsistente mikroskopische Theorie des supraleitenden Zustandes auf [Bar57]. Der BCS-Hamiltonoperator

$$\mathcal{H}_\mathrm{BCS} = \sum_{\mathbf{k},\sigma} \varepsilon_\mathbf{k} c^\dagger_{\mathbf{k}\sigma} c_{\mathbf{k}\sigma} + V \sum_{\mathbf{k},\mathbf{k}'} c^\dagger_{\mathbf{k}'\uparrow} c^\dagger_{-\mathbf{k}'\downarrow} c_{-\mathbf{k}\downarrow} c_{\mathbf{k}\downarrow} \tag{2.17}$$

enthält eine (durch Elektron-Phonon-Kopplung vermittelte) effektiv anziehende Wechselwirkung V zwischen zwei Elektronen mit entgegengesetzten Impulsen $\mathbf{k}$. Diese Einschränkung beruht auf der Erkenntnis, dass im Modell der Cooperpaarung Elektronen mit $\mathbf{k} + \mathbf{k}' = 0$ durch die Wechselwirkung stark bevorzugt sind. Der Grundzustand

$$|\Psi_\mathrm{BCS}\rangle = \prod_\mathbf{k} \{u_\mathbf{k} + v_\mathbf{k} c^\dagger_{\mathbf{k}\uparrow} c^\dagger_{-\mathbf{k}\downarrow}\} \,|0\rangle \tag{2.18}$$

ist ein kohärenter Vielteilchen-Zustand von Cooperpaaren ($|0\rangle$ beschreibt den Vakuumzustand, und $|u_\mathbf{k}|^2$ bzw. $|v_\mathbf{k}|^2$ sind die Wahrscheinlichkeiten für einen unbesetzten bzw. besetzten Paarzustand, so dass $|u_\mathbf{k}|^2 + |v_\mathbf{k}|^2 = 1$). Die Isotropie des Potentials V bedingt, dass die Paarwellenfunktion rotationssymmetrisch im Ortsraum ist, d.h. der Gesamtdrehimpuls des Paarzustandes muss $L = 0$ sein. Als Konsequenz des Pauliprinzipes wechselwirken in diesem Fall nur Elektronen mit entgegengesetzten Vorzeichen der Spinquantenzahl σ. Es entstehen also gebundene Paarzustände mit Gesamtspin $S = 0$ und Gesamtdrehimpuls $L = 0$. Somit besitzen die Cooperpaare einen ganzzahligen Spin und gehorchen daher, im Gegensatz zu den ungebundenen Elektronen, der Bose-Statistik. $\mathcal{H}_{\text{BCS}}$ kann durch die Einführung geeigneter Quasiteilchen diagonalisiert werden (sog. Bogoliubov-Transformation). Diese Quasiteilchen beschreiben die elementaren Anregungen des Cooperpaarkondensates. Sie besitzen eine Dispersion

$$E_{\mathbf{k}} = \sqrt{\varepsilon_{\mathbf{k}}^2 - \Delta^2}\,, \tag{2.19}$$

wobei $\varepsilon_{\mathbf{k}}$ die Energie eines ungestörten Elektrons relativ zur Fermi-Energie ist. Der Parameter Δ, welcher auch als Energielücke bezeichnet wird, bestimmt also die Energie, welche nötig ist, um ein einzelnes Elektron aus dem gebundenen Paarzustand zu lösen. Dies läßt sich anhand des Einteilchen-Anregungsspektrums veranschaulichen. Die elektronische Zustandsdichte im supraleitenden Zustand $\rho_{\text{SL}}(E)$ ist per Definition

$$\rho_{\text{SL}}(E) = 2\sum_{\mathbf{k}} \delta(E - E_{\mathbf{k}})\,. \tag{2.20}$$

Durch Einsetzen der Gleichung (2.19) und Übergang von der **k**-Summation zur Integration ergibt sich

$$\rho_{\text{SL}}(E) = \begin{cases} \rho_0 \frac{E}{\sqrt{E^2-\Delta^2}} & \text{für } |E| > \Delta \\ 0 & \text{für } |E| \leq \Delta \end{cases}\,. \tag{2.21}$$

Dabei ist ρ_0 die (hier als konstant angenommene) Zustandsdichte im normalleitenden Zustand. Abbildung 2.4 zeigt die totale Zustandsdichte im supraleitenden Zustand, normiert auf ρ_0. In einem Bereich $|E| \leq \Delta$ um die Fermienergie $E_{\text{F}} = 0$ sind die Elektronen in Cooperpaaren gebunden, die Zustandsdichte ist $\rho_{\text{SL}} = 0$. Für größere Energien existieren Zustände durch Quasiteilchen-Anregungen des supraleitenden Kondensates. Der funktionale Verlauf der entstehenden *Kohärenz-Maxima* entspricht Gleichung (2.21). Es erfolgt also eine *spektrale Umverteilung* aus dem Bereich der Energielücke zu Energien $|E| > \Delta$. Die so entstehenden Strukturen der elektronischen Zustandsdichte können unter anderem mittels Tunnelspektroskopie direkt gemessen werden, siehe Kapitel 3.2. Unter realen experimentellen Bedingungen ist natürlich keine Messung bei $T = 0$ möglich. Idealerweise bewirkt die endliche Messtemperatur im Spektrum der Tunnelleitfähigkeit eine thermische Unschärfe vermöge der Fermi-Funktion, siehe Abschnitt 3.2. Beispielhaft ist ein für $k_{\text{B}}T = 0.1\,\Delta$ simuliertes supraleitendes Tunnelspektrum in Abbildung 2.4 eingetragen.

Eine direkte Konsequenz der Energielücke ist eine exponentielle Abhängigkeit der spezifischen Wärme $C_{\text{SL}}(T)$ von der Temperatur im supraleitenden Zustand. Bei T_c beobachtet man eine sprunghafte Reduktion ΔC auf den normalleitenden Wert $C_n(T_c)$. Die BCS-Theorie liefert für die Sprunghöhe $\Delta C = 1.43\gamma T_c$, wobei γ der Sommerfeld-Koeffizient im normalleitenden Zustand ist, vgl. Abschnitt 2.1. Grund für die exponentielle Abhängigkeit $C_{\text{SL}}(T)$ ist die thermische Besetzung angeregter Quasiteilchenzustände bei endlichen Temperaturen $0 < T < T_c$. Dies führt gleichzeitig zu einer Reduktion der Cooperpaardichte und

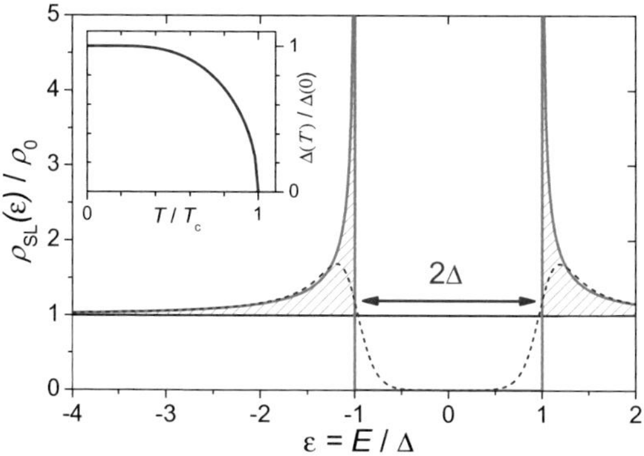

Abbildung 2.4: **BCS-Theorie.** Einteilchen-Zustandsdichte eines Supraleiters mit der Energielücke Δ, normiert auf die normalleitende Zustandsdichte ρ_0. Der schraffierte Bereich markiert die Einteilchen-Anregungen des supraleitenden Kondensates („Kohärenz-Maxima“). Die unterbrochene Linie veranschaulicht das entsprechende Spektrum der Tunnelleitfähigkeit gemäß gleichtung 3.8, wie es mittels RTS bei einer endlichen Temperatur T gemessen würde (für die Simulation wurde $k_{\mathrm{B}}T = 0.1\Delta$ gewählt). *Nebenbild:* Temperaturabhängigkeit der Energielücke $\Delta(T)$ in der BCS-Theorie [Müh59].

mithin auch zu einer Verkleinerung der Energielücke bis zu deren Verschwinden bei T_c. Die numerisch berechnete [Müh59] Temperaturabhängigkeit $\Delta(T)$ im Rahmen der BCS-Theorie ist im Nebenbild zu Abbildung 2.4 dargestellt. Nahe T_c gilt näherungsweise

$$\frac{\Delta(T)}{\Delta(0)} \approx 1.74 \left(1 - \frac{T}{T_c}\right)^{\frac{1}{2}} . \qquad (2.22)$$

Weiter ergibt sich im Grenzfall schwacher Kopplung ein Zusammenhang zwischen der kritischen Temperatur und der Lücke bei $T = 0$

$$\frac{2\Delta(T=0)}{k_B T_c} = 3.52 . \qquad (2.23)$$

Im Fall starker Kopplung ist das Verhältnis erhöht.

2.4.2 Unkonventionelle Supraleitung

Grundlage der im vorangegangenen Abschnitt diskutierten mikroskopischen BCS-Theorie der Supraleitung ist die Annahme, dass die den supraleitenden Zustand tragenden Elektronen zu Cooperpaaren kondensieren. Da Cooperpaare nur im supraleitenden Zustand existieren, kann die Paarwellenfunktion Ψ als Ordnungsparameter aufgefaßt werden[1]. Sie setzt

[1] Diese Definition ist konsistent mit der im vorangegangenen Abschnitt verwendeten Interpretation von $|\Psi|^2$ als Teilchendichte im supraleitenden Zustand.

sich aus orbitalem und Spinanteil zusammen [Sig05]:

$$\Psi_S^{ms}(\mathbf{k}) = \Phi(\mathbf{k})\chi_S^{ms} . \tag{2.24}$$

Der orbitale Anteil ist eine Funktion des Impulses der Einzelelektronen $\mathbf{k}$, wobei im BCS-Formalismus nur die Cooperpaarung von Elektronen entgegengesetzter Impulse betrachtet wird, $\mathbf{k}+\mathbf{k}' = 0$. Der Spinanteil χ_S^{ms} kann durch den Gesamtspin S und dessen magnetische Quantenzahl m_S klassifiziert werden. Zwei Elektronenspins können verschiedene gebundene Zustände bilden: Einerseits ein Singulett ($S = 0$)

$$\chi_0^0 = \frac{1}{\sqrt{2}}(|\uparrow\downarrow\rangle - |\downarrow\uparrow\rangle) , \tag{2.25}$$

und andererseits ein Triplett von Zuständen ($S = 1$)

$$\begin{aligned} \chi_1^1 &= |\uparrow\uparrow\rangle \\ \chi_1^0 &= \frac{1}{\sqrt{2}}(|\uparrow\downarrow\rangle + |\downarrow\uparrow\rangle) \\ \chi_1^{-1} &= |\downarrow\downarrow\rangle . \end{aligned} \tag{2.26}$$

Bedingt durch das Pauli-Prinzip muss die Gesamtwellenfunktion $\Psi_S^{ms}(\mathbf{k})$ antisymmetrisch unter Vertauschung der Elektronen sein. Bei antisymmetrischem Spinanteil, also im Spinsingulett-Zustand, muss daher die orbitale Wellenfunktion symmetrisch sein. Das ist gleichbedeutend mit Inversionssymmetrie im reziproken Raum, $\Phi(\mathbf{k}) = -\Phi(-\mathbf{k})$. Diese Bedingung ist erfüllt, wenn die Quantenzahl des Gesamtbahnmomentes geradzahlig ist. Ein Spinsingulett bedingt demnach ein geradzahliges Gesamtbahnmoment des Cooperpaares, $L = 0, 2, 4 \ldots$. Analog kann ein Spintriplett nur bei antisymmetrischem orbitalem Anteil mit $L = 1, 3, 5 \ldots$ bestehen. Die Paarzustände werden, analog der Klassifikation atomarer Wellenfunktionen, nach ihrem orbitalen Moment $L = 0, 1, 2 \ldots$ als *s*-, *p*-, *d*,...-wellenartig bezeichnet. Für festes L gibt es entsprechend $(2L + 1)$ mögliche Zustände. Beispielsweise werden diese für $L = 2$ als d_{xy}, d_{xz}, d_{yz}, $d_{x^2-y^2}$ und $d_{3z^2-r^2}$ bezeichnet. Die Symmetrie des orbitalen Anteils $\Phi(\mathbf{k})$ wird durch das Wechselwirkungspotential bestimmt. Bei isotroper Wechselwirkung, wie im Falle der Elektron-Phonon-Kopplung, besitzt auch Φ keine Richtungsabhängigkeit ($L = 0$, $S = 0$). Dieser Fall wird aus historischen Gründen als „konventionelle" Supraleitung bezeichnet. Genau genommen beinhaltet dieser Begriff auch durch anisotrope Wechselwirkung vermittelte Supraleitung, solange das Wechselwirkungspotential die Symmetrie des Kristallgitters hat. Beispielsweise kann in einer uniaxialen, d.h. tetragonalen oder hexagonalen Kristallstruktur die Elektron-Phonon-Wechselwirkung richtungsabhängig sein. Besitzt das paarbildende Potential eine gegenüber dem Kristallgitter reduzierte Symmetrie, spricht man von unkonventioneller Supraleiter. Dies setzt voraus, dass ein anderer Kopplungsmechanismus als Elektron-Phonon-Wechselwirkung zu Bildung des supraleitenden Zustandes führt.

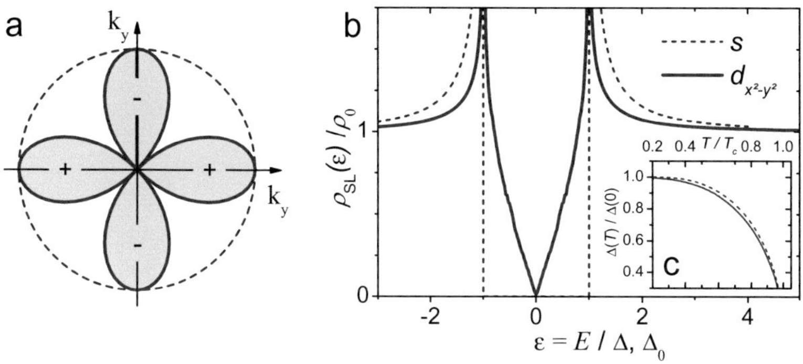

Abbildung 2.5: **Vergleich zwischen** s**- und** d**-Wellen-Supraleiter. a)** Realteil des orbitalen Anteils des Ordnungsparameters, $\hat{\Phi}(\mathbf{k})$, in der $k_x - k_y$-Ebene für $d_{x^2-y^2}$-Symmetrie (durchgezogene Linie) im Vergleich zum isotropen Fall (s-Welle, unterbrochene Linie). Die Symbole + und – kennzeichnen das Vorzeichen von $\hat{\Phi}$. **b)** Einteilchen-Anregungsspektren für o.g. Symmetrien. **c)** Numerisch berechnete Temperaturabhängigkeiten $\Delta(T)$ für s-Welle [Müh59] und $\Delta_0(T)$ für d-Welle [Mak96, Won05]. Aus Gründen der Übersichtlichkeit ist nur der Bereich dargestellt, in welchem die Abweichungen am stärksten ausgeprägt sind

Die Winkelabhängigkeit eines unkonventionellen Ordnungsparameters im reziproken Raum ist beispielhaft für einen $d_{x^2-y^2}$-Zustand in Abbildung 2.5a dargestellt. Abgebildet ist der Realteil der orbitalen Wellenfunktion, $\hat{\Phi}_{d_{x^2-y^2}}(k_x, k_y) = k_x^2 - k_y^2$. Dieser spezielle Zustand wird im Folgenden exemplarisch diskutiertist, da er möglicherweise in Schwere-Fermionen-Supraleitern wie $CeCoIn_5$ realisiert ist, siehe Kapitel 5.3. Wie aus Abbildung 2.5a ersichtlich ist, gibt es Richtungen in der $k_x - k_y$-Ebene des reziproken Raumes, in denen $\Psi(\mathbf{k}) = 0$ ist. Darüber hinaus wechselt der Ordnungsparameter sein Vorzeichen (symbolisiert durch „+" und „–" in der Abbildung). In diesem speziellen Fall gibt es keine Abhängigkeit von k_z. Für die Energielücke gilt $\Delta(\mathbf{k}) \propto |\Psi(\mathbf{k})|$, weshalb oft auch Δ als Ordnungsparameter bezeichnet wird. Somit weist im Fall anisotroper Wechselwirkung auch die Lücke eine Winkelabhängigkeit auf. Insbesondere kann $\Delta(\mathbf{k})$ an bestimmten Stellen auf der Fermifläche verschwinden (punkt- oder linienförmige Nullstellenmengen, sog. „Nodes"). Führt man den Azimutwinkel ϕ in der $k_x - k_y$ Ebene ein, ergibt sich für die Quasiteilchen-Zustandsdichte im Fall der $d_{x^2-y^2}$-Symmetrie

$$\Delta(k_x, k_y) = \Delta_0|(k_x^2 - k_y^2)| = \Delta_0|(\sin^2\phi - \cos^2\phi)| = \Delta_0|\cos(2\phi)| \,. \tag{2.27}$$

Die im vorangegangenen Abschnitt vorgestellte BCS-Theorie läßt sich auch auf anisotrope, nicht auf Elektron-Phonon-Kopplung basierende Supraleitung verallgemeinern [Sig05, Won05]. Die elementaren Anregungen des Kondensates folgen dann der Dispersion (vgl.

Gleichung (2.19))

$$E_{\mathbf{k}} = \sqrt{\varepsilon_{\mathbf{k}}^2 - |\Delta(\mathbf{k})|^2} \, . \tag{2.28}$$

Entsprechend gibt es nun auch eine **k**-Abhängigkeit im Quasiteilchen-Anregungsspekrum des Supraleiters. Integriert man über den Winkel[2], so folgt aus Gleichung (2.27) [Won94]

$$\rho_s(E) \propto \mathrm{Re} \int_0^{2\pi} \frac{d\phi}{2\pi} \frac{E}{\sqrt{E^2 - \Delta_0^2 \cos^2(2\phi)}} \, . \tag{2.29}$$

Diese Funktion ist in Abbildung 2.5b zusammen mit dem Fall der s-Welle (vgl. Gleichung (2.21)) dargestellt. Der wichtigste Unterschied zwischen beiden Spektren besteht darin, dass es im isotropen Fall keine Zustände für $|E| < \Delta$ gibt, während im anderen Fall aufgrund der Richtungsabhängigkeit der Energielücke schon bei $T = 0$ Zustände innerhalb des Bereiches $|E| < \Delta_0$ besetzt sind. Nahe der Fermienergie geht die Zustandsdichte linear gegen Null. Im Grenzfall schwacher Kopplung ergibt sich ein gegenüber der s-Welle erhöhtes Verhältnis aus Maximalwert der Energielücke und kritischer Temperatur [Dór01]

$$\frac{2\Delta_0}{k_B T_c} = 4.28 \, . \tag{2.30}$$

Die Temperaturabhängigkeit des Ordnungsparameters unterscheidet sich ebenfalls vom isotropen Fall. Insbesondere schließt sich die Energielücke etwas schneller mit ansteigender Temperatur. Dies ist in der vergleichenden Darstellung der numerisch berechneten Abhängigkeiten für s-Welle [Müh59] und d-Welle [Mak96, Won05] in Abbildung 2.5c) ersichtlich. Ein näherungsweiser analytischer Ausdruck für den Fall eines Ordnungsparameters mit Knoten im reziproken Raum ist [Won05, Dór01]

$$\Delta(T) = \Delta_0 \sqrt{1 - (T/T^*)^3} \, . \tag{2.31}$$

Da die Symmetrie des Ordnungsparameters unmittelbar mit dem Wechselwirkungspotential verknüpft ist, können durch die experimentelle Bestimmung der Quasiteilchen-Zustandsdichte sowie ihrer Temperaturabhängigkeiten wichtige Informationen über die Natur der die Supraleitung vermittelnden Wechselwirkung gewonnen werden.

Die erste experimentelle Beobachtung von Triplett-Cooperpaarung gelang 1972 mit der Entdeckung von Suprafluidität in ^{3}He [Osh72b]. Die Atome dieses Heliumisotopes bestehen aus einem Neutron und zwei Protonen. Die ungerade Anzahl von Baryonen resultiert in einem halbzahligen Spin, d.h. ^{3}He-Kerne gehorchen, im Gegensatz zu denen des ^{4}He, der Fermi-Statistik. Bei einer Temperatur von 2.5 mK kondensiert ^{3}He in einen suprafluiden Zustand, welcher dem der Supraleitung sehr ähnlich ist [Osh72a, Leg72]. Es zeigt sich,

[2] Genau genommen wird über den Halbraum $\sin\theta d\theta d\phi$, $0 \leq \theta \leq \pi, 0 \leq \phi \leq 2\pi$ integriert. Dies entspricht dann der in Tunnelexperimenten zugänglichen Zustandsdichte, unter der vereinfachenden [Beu81] Annahme, dass zum Tunnelprozess alle **k**-Zustände beitragen.

dass in diesem Zustand Spin-Triplett-Paarung realisiert ist. Offensichtlich wird die Paarbildung in flüssigem ^{3}He nicht durch Gitterschwingungen vermittelt, vielmehr sind andere Kopplungsmechanismen, basierend auf van der Waals- und (ferro-)magnetischen Fluktuationen relevant [Leg75, Vol90]. Die ersten Festkörper, in welchen unkonventionelle Supraleitung entdeckt wurde, waren Schwere-Fermionen-Systeme [Ste79] und organische Bechgaard-Salze [Jér80]. Erstere werden im Abschnitt 2.4.3 eingehender diskutiert.

Eine sehr prominente Klasse von unkonventionellen Supraleitern sind die Kuprat-Hoch-T_c-Supraleiter. Ausgehend von der Entdeckung von Supraleitung in einer Ba-La-Cu-O Verbindung durch J. G. Bednorz und K. A. Müller im Jahr 1986 [Bed86] umfasst diese Familie heute eine Vielzahl von Verbindungen, welche jedoch alle auf einer kubischen Perovskitstruktur basieren. Die supraleitenden Eigenschaften werden im Wesentlichen durch Elektronen in CuO_2-Ebenen bestimmt, welche durch stabilisierende Ebenen mit La, Ba, Sr oder anderen Ionen getrennt werden. Durch die schwache Kopplung der CuO_2-Ebenen untereinander können die Materialien als zweidimensional betrachtet werden. Durch starke Coulombabstoßung sind die Elktronen an den Cu^{2+}-Ionen lokalisiert. Die undotierten Ausgangsmaterialien der Kupratsupraleiter sind daher Mott-Isolatoren, und man beobachtet langreichweitige antiferromagnetische Ordnung. Durch Lochdotierung wird der magnetisch-isolierende Zustand unterdrückt, und der Grundzustand wird supraleitend. Bei optimaler Dotierung wurden Sprungtemperaturen bis zu 135 K unter Normaldruck erreicht [Gao93], unter äußerem Druck sogar bis etwa 150 K [Chu93]. Die Elektronen formen Cooperpaare im Spin-Singulett Zustand, und bei Kupraten mit tetragonaler Kristallstruktur besitzt die orbitale Paarfunktion $d_{x^2-y^2}$-Symmetrie (siehe z.B. Ref. [Tsu00]). Es gilt als etabliert, dass die Cooperpaarung nicht durch konventionelle Elektron-Phonon-Kopplung realisiert ist. Eine abschließende theoretische Beschreibung der zugrundeliegenden Mechanismen steht jedoch bisher noch aus. Einige Teilaspekte werden im Verlauf dieser Arbeit im Zusammenhang mit Tunnelspektroskopie an Supraleitern diskutiert, siehe Kapitel 5.1.

Eine besondere Stellung unter den bisher erforschten unkonventionellen Supraleitern nimmt Sr_2RuO_4 [Mae94, Mac03] ein, da es, abgesehen von ^{3}He, das einzige System ist[3], in welchem Triplett-Cooperpaarung als etabliert gilt [Ish98, Duf00]. Obwohl die Verbindung strukturelle Ähnlichkeiten zu den Kupraten aufweist, unterscheiden sich die physikalischen Eigenschaften erheblich. Anders als in den CuO_2 Ebenen der Kuprate sind in Sr_2RuO_4 die Leitungselektronen des Ru itinerant, der Grundzustand ist metallisch. Auch in Sr_2RuO_4 ist der Mechanismus der Cooperpaarung noch nicht abschließend geklärt, doch es wird vermutet, dass kurzreichweitige ferromagnetische Korrelationen aufgrund starker Coulombwechselwirkung an den Sauerstoff-Gitterplätzen essentiell für die Spin-Triplett-Supraleitng sind [Hos05b].

[3]Kürzlich wurden in einem weiteren System, dem Pnictid-Supraleiter LiFeAs, Hinweise auf Supraleitung im Triplett-Kanal gefunden [Bae, Bry11].

2.4.3 Schwere-Fermionen-Supraleitung

Lange Zeit galt es als etabliert, dass Magnetismus und Supraleitung zwei *konkurrierende* Grundzustände sind. Beispielsweise konnte gezeigt werden, dass bereits durch die Dotierung von 1% magnetischer Seltenerd-Ionen in (unmagnetisches) La dessen supraleitende Übergangstemperatur drastisch unterdrückt wird [Mat58]. Die Absenkung von T_c hängt dabei ausschließlich vom Spin der magnetischen Ionen ab. Eine vereinfachte Erklärung dafür ist, dass durch die Wechselwirkung zwischen dem Spin der Störstelle und den Leitungselektronen eine Spinrichtung bevorzugt wird, was die Paarbildung von Elektronen mit entgegengesetzten Spins nachteilig beeinflußt. Die Entdeckung von Supraleitung in $CeCu_2Si_2$ [Ste79] und später auch in anderen Schwere-Fermionen-Systemen stand zu diesem bis dahin gängigen Bild der Supraleitung in grundlegendem Gegensatz, da sich Supraleitung hier in Anwesenheit gitterperiodisch angeordneter, magnetischer Seltenerdionen ausbildet. Die unmagnetische Verbindung $LaCu_2Si_2$ ist nicht supraleitend, und es wurde gezeigt, dass in $CeCu_2Si_2$ bereits die Substitution von Ce durch La im Prozentbereich zu einer vollständigen Unterdrückung des supraleitenden Zustandes führt [Spi83]. Dies legt eine enge Verküpfung von Magnetismus und Supraleitung nahe. Die Höhe des Sprunges der Wärmekapazität $\Delta C \sim 1\,\mathrm{J/mol\,K^2}$ bei der kritischen Temperatur T_c ist vergleichbar mit der (durch die Korrelationen stark erhöhten) Wärmekapazität im normalleitenden Zustand bei tiefer Temperatur. Daraus läßt sich schließen, dass der supraleitende Zustand durch die schweren Fermionen getragen wird. Aufgrund der hohen Quasiteilchenmasse ist die (renormalisierte) Fermi-Geschwidigkeit nicht mehr groß gegenüber der Schallgeschwindigkeit, wie es bei konventionellen Supraleitern der Fall ist. Somit ist aufgrund der fehlenden Retardierung der Elektron-Phonon-Wechselwirkung eine durch Gitterschwingungen vermittelte Bildung von Cooperpaaren äußerst unwahrscheinlich. Die enge Verbindung zwischen Magnetismus und Supraleitung läßt eine Art magnetischer Kopplung als Ursache für die Schwere-Fermionen-Supraleitung plausibel erscheinen. Theoretisch wurde gezeigt, dass antiferromagnetische Fluktuationen zu einer attraktiven Wechselwirkung zwischen Elektronen führen kann [Miy86, Sca86]. Starke experimentelle Hinweise auf magnetisch vermittelte Supraleitung lieferten Messungen des elektrischen Widerstandes an $CePd_2Si_2$ und $CeIn_3$ [Mat98]: Beide Materialien weisen einen antiferromagnetischen Grundzustand auf. Durch den Einfluß von äußerem hydrostatischen Druck wird die magnetische Ordnung kontinuierlich unterdrückt, vgl Abbildung 2.6a. Supraleitung tritt in einem kleinen Bereich nahe des kritischen Druckes auf, bei dem die antiferromagnetische Ordnungstemperatur T_N verschwindet, also in unmittelbarer Nähe zu einer magnetischen Instabilität. Das legt die Vermutung nahe, dass Supraleitung in diesen Materialien „wegen“ und nicht „trotz“ Magnetismus entsteht.

Durch Kombination von Messungen von elastischer Neutronenstreuung, spezifischer Wärme und Magnetotransport konnte kürzlich sehr anschaulich demonstriert werden, dass Supraleitung und Magnetismus in Cd-dotierten $CeCoIn_5$ von identischen $4f$-Zuständen ge-

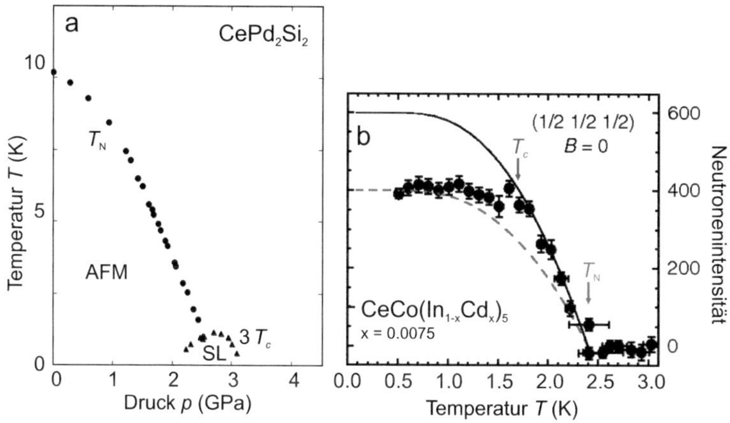

Abbildung 2.6: **Beispiele für das Wechselspiel von Magnetismus und Supraleitung in Schwere-Fermionen-Systemen. a)** Temperatur–Druck–Phasendiagramm von $CePd_2Si_2$, abgeleitet aus Messungen des elektrischen Widerstandes unter hydrostatischem Druck (Abbildung nach Ref. [Mat98]). Supraleitung (SL), angezeigt durch die kritische Temperatur T_c, entsteht in einem schmalen Druckbereich dort, wo die antiferromagnetische Ordnungstemperatur T_N gegen Null geht. **b)** Elastische Neutronenstreuung an Cd-dotiertem $CeCoIn_5$ (Abbildung nach Ref. [Nai10]). Temperaturabhängigkeit der magnetischen Intensität im Nullfeld bei $Q = \left(\frac{1}{2}\frac{1}{2}\frac{1}{2}\right)$. Die Pfeile markieren die Übergangstemperaturen T_c und T_N bei $B = 0$, die Linien sind Fits des in Molekularfeldnäherung erwarteten Verlaufes der magnetischen Intensität.

tragen werden [Nai10]. $CeCoIn_5$ ist ein Schwere-Fermionen-Supraleiter in der Nähe einer magnetischen Instabilität (siehe Kapitel 5.3). Substituiert man einen kleinen Teil der In-Atome durch Cd, wird die Supraleitung unterdrückt, und es stellt sich antiferromagnetische Ordnung ein [Pha06]. Die in Ref. [Nai10] untersuchten Einkristalle mit einer Dotierung von $x = 0,0075$ zeigen sowohl Supraleitung als auch Antiferromagnetismus. In Abbildung 2.6b ist die Neutronenintensität am Propagationswellenvektor der antiferromagnetischen Ordnung $Q = \left(\frac{1}{2}\frac{1}{2}\frac{1}{2}\right)$ im Nullfeld als Funktion der Temperatur dargestellt. Erwartungsgemäß steigt die Intensität unterhalb des Eintrittes in die magnetische Phase bei $T_N = 2.4\,\mathrm{K}$ an. Unterhalb der supraleitenden Sprungtemperatur $T_c = 1.7\,\mathrm{K}$ verschwindet die magnetische Intensität nicht, sondern bleibt nahezu konstant, was auf eine *mikroskopische* Koexistenz von Magnetismus und Supraleitung hindeutet. Extrapoliert man die Daten für $T_c < T < T_N$ gemäß des in Molekularfeldnäherung erwarteten Verlaufs, erhält man für $T = 0$ eine Intensität, welche um 40% höher ist als der experimentell beobachtete Sättigungswert. Das Einsetzen der Supraleitung verhindert also ein weiteres Ansteigen der magnetischen Intensität, ohne jedoch die antiferromagnetische Ordnung zu unterdrücken. Das bedeutet, dass Magnetismus und Supraleitung nicht nur koexistieren, sondern einander gegenseitig beeinflussen.

Vor kurzer Zeit durchgeführte Neutronenstreu-Experimente am bereits erwähnten $CeCu_2Si_2$ lieferten eine experimentelle Bestätigung dafür, dass die Supraleitung in diesem Material durch antiferromagnetische Fluktuationen vermittelt wird [Arn10, Sto11]: Im supraleitenden Zustand tritt in der Neutronenintensität eine Spinanregungslücke auf, welche mit der im Phasendiagramm unmittelbar angrenzenden antiferromagnetischen Ordnung identifiziert werden kann. Beim Eintritt in den normalleitenden Zustand verschwindet die Signatur. Überdies entsprechen Größenordnung und Temperaturabhängigkeit der Spinanregungslücke den Vorhersagen der BCS-Theorie für den supraleitenden Ordnungsparameter, woraus geschlossen werden kann, dass die Energieskalen von Supraleitung und Magnetismus unmittelbar miteinander verknüpft. Ein Vergleich von magnetischer Austauschenergie und supraleitender Kondensationsenergie belegt zweifelsfrei, dass die Supraleitung in $CeCu_2Si_2$ von magnetischen Fluktuationen getragen wird. In Abschnitt 5.2 werden diese experimentellen Befunde noch etwas näher diskutiert.

Der Austausch von Paramagnonen [Sca86] ist jedoch nicht der einzige Mechanismus, welcher zu unkonventioneller Supraleitung führen kann. Die Rsultate von Experimenten zur Tunnelspektroskopie [Jou99] und Neutronenstreuung [Sat01] am $5f$-System UPd_2Al_3 deuten beispielsweise darauf hin, dass in diesem Fall eine Wechselwirkung der f-Elektronen mit propagierenden KEF-Anregungen, sog. magnetische Exzitonen, für die Cooperpaarung verantwortlich sind [McH04, Tha06], siehe Abschnitt 5.1. Neben magnetischer Wechselwirkung können andere Effekte eine Rolle bei der Erklärung von Schwere-Fermionen-Supraleitung spielen. So können kritische Valenzfluktuationen ein attraktives Paarpotential hervorrufen [Oni00, Hol07]. Experimentelle Evidenz dafür findet sich u.a. in $CeCu_2Si_2$, in welchem die Existenz zweier voneinander unabhängiger supraleitender Phasen als Funktion des äußeren Druckes vermutet wird: eine Phase in unmittelbarer Nähe zu einer magnetischen Instabilität und eine weitere Phase nahe am Übergang in einen gemischt-valenten Zustand [Yua03, Hol04, Ste08].

Eine enge Verknüpfung von Supraleitung und Magnetismus ist bei vielen Schwere-Fermionen-Supraleitern zu beobachten. Die konkrete Natur des Wechselspiels ist jedoch noch nicht bis ins Detail verstanden. Eine bislang noch nicht vollständig geklärte Frage ist, warum in einigen Schwere-Fermionen-Systemen Supraleitung auftritt, und in anderen jedoch nicht. Es gibt Anzeichen dafür, dass verschiedene Arten von Quantenkritikalität eine Rolle spielen könnten [Ste10, Si10].

3 Experimentelle Grundlagen: Rastertunnelmikroskopie und -spektroskopie

Im vorliegenden Kapitel wird auf grundlegende theoretische und experimentelle Aspekte der Rastertunnelmikroskopie und -spektroskopie eingegangen. Nach einer Einführung der Messmethode werden im Abschnitt 3.2 die benötigten theoretischen Grundlagen übersichtsweise dargestellt. Danach werden wichtige experimentelle Voraussetzungen für die durchgeführten Experimente an Schwere-Fermionen-Systemen diskutiert sowie deren technische Umsetzung in den verwendeten Messapparaturen beschrieben.

3.1 Einführung

Das Funktionsprinzip des Rastertunnelmikroskopes (RTM; engl. *Scanning Tunneling Microscope*, STM) beruht auf der Anwendung des quantenmechanischen Tunneleffektes von Elektronen. In der klassischen Newton'schen Mechanik kann ein freies Teilchen der Masse m und der kinetischen Energie E eine Potentialbarriere $V > E$ nicht überwinden. Demgegenüber besteht im Schrödinger'schen Wellenbild der Materie eine endliche Aufenthaltswahrscheinlichkeit in der klassisch „verbotenen" Region der Potentialbarriere. Aus der Lösung der stationären Schrödingergleichung unter den Randbedingungen, dass die Wellenfunktion sowie deren Ableitungen stetig sind, folgt, dass die Wellenfunktion und damit die Aufenthaltswahrscheinlichkeit ins Innere der Potentialbarriere exponentiell abfällt. Bei endlicher Höhe und Ausdehnung der Barriere gibt es demnach eine endliche Transmissionswahrscheinlichkeit: Das Teilchen kann durch die Barriere tunneln. Unter Annahme eines räumlich konstanten Potentials V (Kastenpotential) gilt für den Teilchenstrom durch die Barriere

$$I = I_0 \exp(-2\kappa d). \tag{3.1}$$

Dabei ist d die Ausdehnung der Barriere, und κ hängt von deren effektiver Höhe ab: $\kappa^2 = 2m(V-E)/\hbar$. Historisch wird die Formulierung des Tunneleffektes oft G. Gamow zugeschrieben, der mit dessen Hilfe den α-Zerfall radioaktiver Nuklide erklären konnte [Gam28].

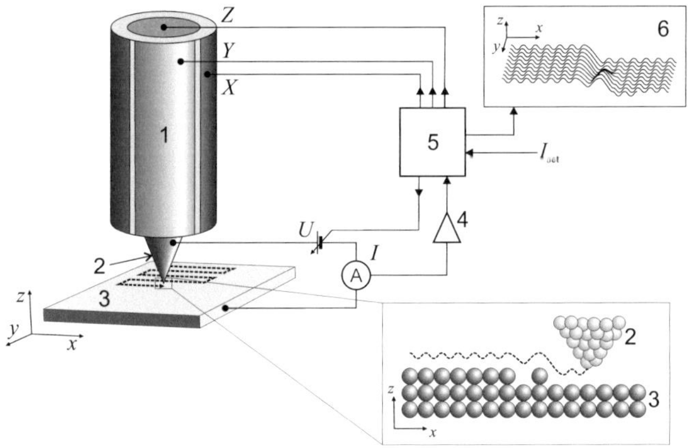

Abbildung 3.1: **Funktionsprinzip des Rastertunnelmikroskopes.** 1 – Piezo-Aktuatoren (Scanner), 2 – Tunnelspitze, 3 – Probe, 4 – Vorverstärker, 5 – Kontrolleinheit, 6 – RTM-Bild: Ebenen konstanter Zustandsdichte über der Probe.

R. H. Fowler und L. W. Nordheim benutzten das Konzept des Tunnelns, um die Feldemission von Elektronen aus metallischen Oberflächen ins Vakuum zu beschreiben [Fow28]. In den 1950er Jahren gelang die Herstellung definierter Festkörper-Tunnelkontakte, in denen zwei leitende Elektroden durch eine dünne isolierende Tunnelbarriere getrennt sind. Beispiele sind Tunneldioden, bestehend aus p–n–Kontakten von Halbleitern [Esa58], und Tunnelelemente mit supraleitenden Elektroden [Gia60b]. Dabei stellte sich heraus, dass mithilfe solcher Tunnelelemente spektroskopische Informationen über die elektronischen Eigenschaften der Grenzflächen von Festkörpern gewonnen werden können. Eine erste Erklärung dafür lieferte J. Bardeen im Jahr 1961 [Bar61], indem er zeigte, dass der Tunnelstrom unter Einfluß einer äußeren Spannung U über die isolierende Barriere eine Funktion der elektronischen Zustandsdichten (DOS = *Density of States*) beider Elektroden ist. Eine neue experimentelle Qualität von Tunnelexperimenten wurde erreicht durch die Entwicklung des RTM durch G. Binnig, H. Rohrer und Mitarbeiter im Jahr 1982 [Bin82a, Bin82b]. Am RTM sind die zwei Elektroden, eine zu untersuchende Probe und eine scharfe Spitze, durch eine Vakuumbarriere von wenigen Å Breite voneinander getrennt. Gemäß Gleichung (3.1) hängt der Tunnelstrom exponentiell von der Breite d der Barriere ab, wobei der Exponent κ für typische metallische Elektroden im Bereich von 1 Å^{-1} liegt. Wenn sich der Abstand d um nur 1 Å vergrößert, fällt der Strom bereits um einen Faktor e^2, also um fast eine Größenordnung ab. Kleinste Änderungen des Abstandes zwischen Probe und Spitze können so durch Messen des Tunnelstromes detektiert werden. Eine technische Herausforderung ist dabei, sehr kleine Ströme, üblicherweise im unteren nA- oder im pA-Bereich mit hoher Genauigkeit zu messen. Leistungsstarke elektronische Verstärker waren daher eine der Grundvoraussetzungen für die Entwicklung des RTM.

Die wesentliche Neuerung des RTM besteht darin, dass die relative Position der Spitze zur Probe und mittels piezoelektrischer Elemente beeinflußt werden kann, sowohl im Abstand d in z–Richtung, als auch in der lateralen Ausrichtung entlang x und y. Dies ist schematisch in Abbildung 3.1 dargestellt. Wird die Spitze bei festgehaltener äußerer Spannung U in einer Rasterbewegung über die Probenoberfläche geführt, kann dabei mithilfe einer Rückkopplungsschleife die z–Position der Spitze so geregelt werden, dass der Tunnelstrom auf einem gegebenen Niveau I_{set} kontant gehalten wird. Die so erhaltene Abhängigkeit $z(x,y)|_{I=I_{\text{set}}}$ kann von der Kontrolleinheit ausgegeben und mittels elektronischer Datenverarbeitung in einem sog. Konstantstrombild dargestellt werden. Die Interpretation solcher Abbildungen als reine Oberflächentopographie ist jedoch nur eingeschränkt möglich. Vielmehr zeigt sich (s.u.), dass die Konturen *Ebenen konstanter Zustandsdichte* über der Probenoberfläche entsprechen. Das exponentielle Abklingen des Tunnelstromes führt dazu, dass der Strom fast vollständig über das der Probe am nächsten liegende Spitzenatom fließt. Dies begründet die hohe räumliche Auflösung des RTM im Sub-Ångström Bereich.

Neben dieser Möglichkeit zur Abbildung von Oberflächen läßt sich das RTM auch zur Durchführung lokaler Spektroskopie verwenden, wie es der ursprünglichen Idee zur Konstruktion des RTM entspricht [Bin87]. Dabei wird an einem definierten (x,y)-Punkt die Rückkopplungsschleife geöffnet und bei konstantem Abstand die Abhängigkeit des Tunnelstromes I von der angelegten Spannung U gemessen. Die Messkurven $I(U;x,y,z)$ geben Aufschluß über die lokale elektronische Struktur der Elektroden. Der entscheidende Vorteil der Tunnelspektroskopie mit dem RTM gegenüber Festkörpertunneln besteht in der einzigartigen Möglichkeit zur ortsaufgelösten Messung, der sogenannten Rastertunnelspektroskopie (RTS). Die kleine stromtragende Fläche von typischerweise $\ll 1\,\text{nm}^2$ begündet dabei, dass Unterschiede in den lokalen elektronischen Eigenschaften auf atomarer Skale aufgelöst werden können. Durch Aufnehmen der $I(U)$-Kennlinien auf einem (x,y)-Gitter können so „Karten“ der elektronischen Eigenschaften der Oberfläche erstellt werden. Beispiele dafür sind die Abbildung des Flußliniengitters in Supraleitern 2. Art [Hes89], vgl. Abschnitt 2.4.1, oder der räumlichen Inhomogenität der supraleitenden Energielücke in Kuprat-Hoch-T_c-Supraleitern [How01, Lan02]. Die Möglichkeit ortsaufgelöster Messungen hebt die RTS auch gegenüber anderen Messmethoden ab, welche sensitiv auf die elektronische Struktur sind. Solche Methoden sind die Photoelektronen-Emissionsspektroskopie (PES) bzw. die Inverse Photoemissionsspektroskopie (IPS). Die PES biete bei winkelaufgelöster Messung (ARPES = Angle Resolved PES) eine Auflösung im reziproken Raum, was in gewissem Sinne als komplementär zur RTS aufgefasst werden kann. Ein Vorteil gegenüber PES ist, dass in der RTS durch Wechseln der Polarität der äußeren Spannung die Struktur besetzter und unbesetzter Zustände innerhalb einer Messung bestimmt werden kann, s.u. Für bestimmte Fragestellungen kann es vonnöten sein, PES-Experimente mittels Synchrotronstrahlung durchzuführen, was mit einem hohen apparativen Aufwand verbunden ist. Die Energieauflösung wird bei der PES u.a. durch die Wellenlänge und die Monochromasie der verwendeten Strahlung bestimmt und liegt, je nach Messgerät, im mV-Bereich (in der IPS ist die Energieauflösung deutlich geringer, typischerweise im 100 mV-Bereich). Unter entsprechend günstigen Bedingungen (insbesondere einer niedrigen Messtemperatur, s.u.) kann mittels RTS eine höhere Auflösung erzielt werden.

Als gewissermaßen zur RTS „verwandte" Messtechniken seien an dieser Stelle die bereits erwähnte Tunnelspektroskopie an Schichtsystemen und die sog. Punktkontakt-Spektroskopie (PKS) aufgeführt. Bei ersterer Methode wird durch Methoden der Dünnschichtabscheidung eine Abfolge von Schichten hergestellt, welche aus dem zu untersuchenden Material, einer dünnen isolierenden Tunnelbarriere sowie eine Gegenelektrode besteht. Die Herstellung des Tunnelelementes setzt oft hochentwickelte Ultrachochvakuum- (UHV-) Technologie voraus. Unter Umständen kann bei Verbindungen das Abscheiden homogener stöchiometrischer Schichten schwierig sein. Im Fall der PKS (für eine Einführung siehe z.B. Ref. [Nai04]) wird eine Spitze mit dem Probenmaterial in mechanischen Kontakt gebracht. Dadurch entstehen Kopplungseffekte, aus welchen zusätzliche Informationen über das Probenmaterial gewonnen werden können. Eine gängige Beschreibung liefert das sog. BTK-Modell [Blo82], in welchem der Übergang zwischen ohmschem Kontakt und Tunnelbarriere durch einen dimensionslosen Parameter Z beschrieben wird. Problematisch in der PKS ist die kontrollierte und reproduzierbare Herstellung eines wohldefinierten Kontaktes, nach Möglichkeit im ballistischen Regime, wodurch ein weiterer Freiheitsgrad bei der Auswertung der Spektren auftritt. Neben der Möglichkeit zur ortsaufgelösten Messung bietet die Tunnelspektroskopie im RTM Vorteil gegenüber planaren Tunnelelementen und PKS, dass der Tunnelstrom über eine wohldefinierte *Vakuumbarriere* fließt. Dies stellt im Gegenzug hohe Anforderungen an die Präparation sauberer Oberflächen, welche im Kapitel 4 diskutiert wird.

Aufgrund des hohen räumlichen und spektralen Auflösungsvermögens ist ein RTM sehr empfindlich gegenüber äußeren Störungen und erfordert einen hohen experimentellen Aufwand. Auf der anderen Seite ist das eigentliche *Messprinzip* sehr einfach, wodurch RTM und RTS unter verschiedensten experimentellen Bedingungen ausgeführt werden kann. Für die hier betrachteten Schwere-Fermionen-Materialien ist es von entscheidender Wichtigkeit, Messungen bei tiefen Temperaturen durchführen zu können. Aufgrund des kompakten Aufbaus kann ein RTM leicht in einen Kryostaten integriert werden. Dieser Punkt wird ausführlich im Abschnitt 3.3 diskutiert. Da Schwere-Fermionen-Verbindungen „magnetische" Systeme sind, spielen externe Magnetfelder als experimentelle Parameter eine Rolle. Ein weiterer Punkt ist, dass RTS unter UHV-Bedingungen durchführbar ist. Dies ist wichtig im Zusammenhang mit der Herstellung und Erhaltung einer sauberen, wohldefinierten Probenoberfläche. Es zeigt sich (siehe Kapitel 4), dass die *in situ* Oberflächenbearbeitung ausschlaggebend für RTS an Schwere-Fermionen-Verbindungen ist. Die prinzipielle experimentelle Realisierbarkeit auf der einen Seite sowie die Aussicht, fundamentale quantenphysikalische

Phänomene zu beobachten auf der anderen Seite, machen RTS zu einer vielversprechenden experimentellen Methode, um neue Einblicke in die Physik Schwerer Fermionen zu erlangen.

3.2 Theoretische Grundlagen der Rastertunnelmikroskopie und -spektroskopie

In diesem Abschnitt werden einige grundlegende theoretische Aspekte der RTM und RTS erläutert, soweit diese für die Interpretation der in dieser Arbeit erlangten experimentellen Ergebnisse relevant sind. Das Tunneln von Elektronen ist ein sehr vielschichtiges Phänomen, und entsprechend hat sich in den vergangenen Jahrzehnten ein sehr breites Spektrum von Anwendungen der RTM und RTS herausgebildet. Daher ist eine vollständige Behandlung im Rahmen dieser Arbeit schwer möglich und auch wenig sinnvoll. Ein Einblick in weitergehende Aspekte kann z.B. den in Referenzen [Bon93b, Wie94, Wie95, Wie96, Bai95, Wol96] gewonnen werden.

Transfer–Hamiltonian–Modell

1961 behandelte J. Bardeen das Tunneln von Elektronen in planaren Tunnelkontakten innerhalb einer Vielteilchen-Störungstheorie (sog. *Transfer-Hamiltonian-Modell* [Bar61]). In dieser Darstellung werden die zwei Elektroden 1 und 2 des Tunnelkontaktes zunächst als separate, ungestörte Systeme angenommen, wobei die Vielteilchen–Eigenzustände $\psi_\nu^{(1,2)}$ der Hamilton-Operatoren $\mathcal{H}^{(1,2)}$ bekannt seien. Die schwache Kopplung zwischen den Elektroden wird nun als Störung $\mathcal{H}^T$ behandelt:

$$\mathcal{H} = \mathcal{H}^{(1)} + \mathcal{H}^{(2)} + \mathcal{H}^T \,. \tag{3.2}$$

Im Falle einer Potentialdifferenz U zwischen den beiden Elektroden kommt es zu einer relativen Verschiebung der Fermienergien. Gemäß Fermi's Goldener Regel folgt in Störungstheorie erster Ordnung für den resultierenden Tunnelstrom

$$I = \frac{2\pi e}{\hbar} \sum_{\mu\nu} |M_{\mu\nu}|^2 \left[f(T, E_\mu) - f(T, E_\nu)\right] \delta(E_\nu + eU - E_\mu) \,. \tag{3.3}$$

Dabei sind $f(T, E) = [1 + \exp(E/k_B T)]^{-1}$ die Fermifunktion und $M_{\mu\nu}$ das Übergangsmatrixelement von $\mathcal{H}^T$ zwischen einem besetzten Ausgangszustand $\psi_\mu^{(1)}$ mit Energie E_μ und einem unbesetzten Endzustand $\psi_\nu^{(2)}$ mit Energie E_ν. Die Dirac'sche δ-Funktion gewährleistet Energieerhaltung, es werden in diesem Formalismus also nur elastische Tunnelprozesse betrachtet. Für den Fall kleiner Spannungen U läßt sich zeigen, dass

$$M_{\mu\nu} = \frac{\hbar}{2m} \int_S d\mathbf{f} \left(\psi_\mu^{(1)^*} \nabla \psi_\nu^{(2)} - \psi_\nu^{(2)} \nabla \psi_\mu^{(1)^*} \right) \,. \tag{3.4}$$

Die Integration verläuft über eine Fläche S, welche sich vollständig zwischen den beiden Elektroden befindet.

Eine Anwendung des *Transfer-Hamiltonian-Modells* auf die Geometrie des RTM wurde von J. Tersoff und D. R. Hamann vorgeschlagen [Ter83, Ter85]. Für den idealisierten Fall einer punktförmigen Spitze läßt sich $M_{\mu\nu}$ explizit auswerten, und Gleichung (3.3) vereinfacht sich im Grenzfall $T = 0$ zu

$$I \propto \sum_{\nu} |\psi_\nu(\mathbf{r}_\mathrm{s})|^2 \delta(E_\nu - E_F) \equiv \tilde{\rho}_\mathrm{p}(\mathbf{r}_\mathrm{s}, E_F) \, , \tag{3.5}$$

wobei in die Summation nur die Vielteilchenzustände $\psi_\nu(\mathbf{r})$ der Probe eingehen. Gleichung (3.5) liefert das wichtige Ergebnis, dass der Tunnelstrom explizit von der lokalen elektronischen Zustandsdichte der Probe an der Fermikante $\tilde{\rho}_\mathrm{p}(\mathbf{r}_\mathrm{s}, E_F)$ am Ort der (als punktförmig angenommenen) Spitze $\mathbf{r}_\mathrm{s} = (x, y, d)$ abhängt[1]. Die Gleichung behält ihre Gültigkeit unter der Voraussetzung, dass die Spitze eine uniforme Zustandsdichte in der Nähe der Fermienergie besitzt und deren Wellenfunktionen asymptotisch sphärisch (s-wellenartig) sind. Eine Ausweitung auf Spitzen-Wellenfunktionen mit höheren orbitalen Momenten [Che90a, Che90b] führt zu Korrekturen, wobei die wesentlichen Aussagen der Tersoff-Hamann-Theorie jedoch bestehen bleiben.

Unter realen experimentellen Bedingungen sind die Voraussetzungen für die Gültigkeit der Gleichung (3.5) häufig verletzt. Insbesondere zeigt sich, dass für höhere Spannungen nicht nur Zustände unmittelbar an der Fermienergie am Tunnelprozess beteiligt sind, sondern vielmehr ein Energiebereich der Breite $\sim eU$ beiträgt. Eine Verallgemeinerung kann erreicht werden, indem man das Problem auf eine Dimension z reduziert. In semiklassischer WKB-Näherung [Bri26, Kra26, Wen26] für ein schwach variierendes Potential $U(z)$ läßt sich die Tunnelzustandsdichte in Anwesenheit des elektrischen Feldes in der Vakuumregion $\tilde{\rho}_\mathrm{p}(\mathbf{r}, E)$ formal zerlegen in die ungestörte lokale Oberflächen-Zustandsdichte $\rho_\mathrm{p}(\mathbf{r}_{||}, E)$ am Fußpunkt $\mathbf{r}_{||} = (x, y, 0)$ der Spitze und einen Transmissionskoeffizienten $\mathcal{T}(E, U, d)$, welcher nicht mehr explizit von z, sondern nurmehr vom Abstand d abhängt [Sel85]. Für beliebige Spitzen-Zustandsdichten $\rho_\mathrm{s}(E)$ und endliche Temperaturen läßt sich Gleichung (3.3) dann überführen in

$$I(U, \mathbf{r}) \propto \int_{-\infty}^{\infty} d\varepsilon \, \rho_\mathrm{p}(\varepsilon, \mathbf{r}_{||}) \rho_\mathrm{s}(\varepsilon - eU) \, \mathcal{T}(\varepsilon, U, d) \, [f(T, \varepsilon - eU) - f(T, \varepsilon)] \, . \tag{3.6}$$

Der Tunnelstrom beinhaltet also die *integrierten* Zustandsdichten von Probe und Spitze. Vermöge der Fermi-Funktionen in Gleichung (3.6) tragen im wesentlichen Zustände zwischen E_F und $E_F + eU$ zum Integral bei. Der Transmissionskoeffizient $\mathcal{T}(E, U, d)$ beschreibt den

[1] Im Folgenden bezeichnet der Index „p" stets die mit der Probe in Zusammenhang stehenden Größen, und „s" dementsprechend die Eigenschaften der Spitze.

Effekt des Spannungsabfalls über der Vakuumbarriere:

$$\mathcal{T}(E,U,d) = \exp\left\{-2d\frac{\sqrt{2m}}{\hbar}\sqrt{\frac{\Phi_\mathrm{p}+\Phi_\mathrm{s}}{2}+\frac{eU}{2}-E}\right\}. \tag{3.7}$$

Gleichung (3.7) impliziert die exponentielle Abhängigkeit des Stromes von der Breite der Tunnelbarriere, wie sie bereits im vorangegangenen Abschnitt diskutiert wurde, vgl. Gleichung (3.1). Da $\mathcal{T}$ nur vom Abstand d abhängt und keine weitern Ortsabhängigkeiten vorhanden sind, stellt der Tunnelstrom als Funktion der Spitzenposition ein Maß für die lokale Variation der Probenzustandsdichte $\rho_\mathrm{p}(E,\mathbf{r}_{||})$ dar. Ein im Konstantstrommodus erzeugtes RTM-Bild zeigt demnach eine Ebene konstanter Zustandsdichte über der Probe. Eine solche kann nur eingeschränkt als Oberflächentopographie interpretiert werden. Vielmehr sind die Eigenschaften des Elektronensystems der Probe wesentlich, welche natürlich nicht von der Topographie entkoppelt sind. So zeigen „atomar aufgelöste“ RTM-Bilder einer kristallinen Oberfläche die Verteilung der Elektronen im gitterperiodischen Kristallpotential. Oft zeigen Oberflächen jedoch lokale Variationen der Ladungsträgerdichte, die nicht oder nicht ausschliesslich durch topographische Höhenänderungen erklärt werden können. Beispiele dafür sind die anomal stark ausgeprägten und bezüglich der Gitterplätze asymmetrischen Korrugationen in atomar aufgelösten RTM-Bildern von Graphit (HOPG = Highly–Oriented Pyrolytic Graphite) [Bin86, Par86], spannungsabhängige Abbildung atomarer Fehlstellen [Ham89], und die Abbildung von Ladungsdichtewellen in Schichtmaterialien wie TaS_2 [Col85] oder $NbSe_2$ [Gia88]. Auf einer größeren Höhenskala überwiegt aufgrund der exponentiellen Abhängigkeit $I(d)$ der Einfluß der realen Topographie der Probe auf Konstantstrombilder, welche daher oft als „Topographie-Bilder“ bezeichnet werden.

Weiterhin zeigt Gleichung (3.7) die Abhängigkeit des Tunnelstromes von der chemischen Identität der Elektroden in Form der Austrittsarbeiten Φ_p und Φ_s von Probe und Spitze. Der Zusammenhang (3.6) begründet mithin die Möglichkeit, die effektive Höhe der Tunnelbarriere $\bar{\Phi} = (\Phi_\mathrm{p} + \Phi_\mathrm{s})/2$ zu bestimmen, indem man I als Funktion von d bei konstanter Spannung mißt. Für eine Vakuumbarriere zwischen zwei Metallen beträgt $\bar{\Phi}$ typischerweise einige eV. Eine Kontamination, beispielsweise eine Wasser- oder Oxidschicht, führt zu einer drasischen Reduktion [Coo86]. Somit kann die sog. $I(z)$-Spektroskopie zur Charakterisierung von Spitze und Probenoberfläche angewendet werden.

Rastertunnelspekroskopie und differentielle Leitfähigkeit

Der Zusammenhang des Tunnelstromes mit den Zustandsdichten von Probe und Spitze als integrale Größen gemäß Gleichung (3.6) wird in Abbildung 3.2 veranschaulicht. Bei $T = 0$ sind in beiden Elektroden alle elektronischen Zustände unterhalb der jeweiligen Fermi-Energie $E_F^{(\mathrm{s/p})}$ besetzt (schraffierte Bereiche in der Abbildung), und alle Zustände oberhalb sind unbesetzt. Ohne äußere Spannung zwischen Probe und Spitze sind im thermodynamischen Gleichgewicht die Fermienergien sind ausgeglichen, und es kann kein Tunnelstrom

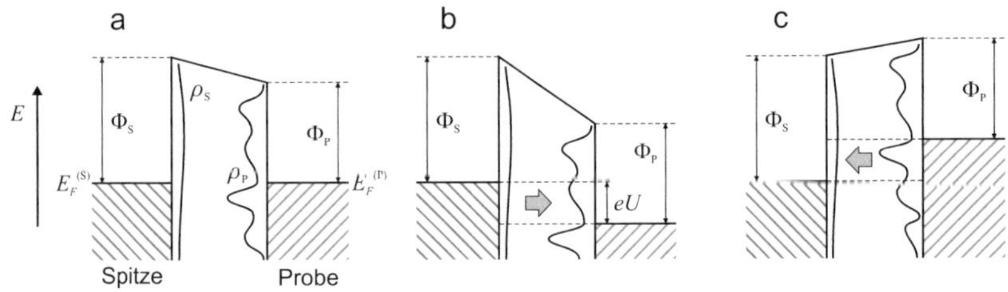

Abbildung 3.2: **Energieniveauschema von Tunnelspitze und Probe im STM a)** im thermodynamischen Gleichgewicht ohne äußere Spannung, **b)** mit positivem Probenpotential eU, und **c)** mit negativem Probenpotential. ρ_p und ρ_s symbolisieren die Zustandsdichten von Probe und Spitze. Die Pfeile in b) und c) zeigen jeweils die Richtung des Tunnelprozesses für Elektronen

fliessen[2]. Eine Potentialdifferenz[3] führt zu einer relativen Verschiebung der Ferminiveaus um $E_F^{(\mathrm{s})} - E_F^{(\mathrm{p})} = eU$. Liegt die Probe gegenüber der Spitze auf positivem Potential (Teilbild b), wird ein Nettostromfluß durch diejenigen Elektronen hervorgerufen, welche aus *besetzten* Zuständen der Spitze im Energieintervall $E_F^{(\mathrm{s})} - eU < E < E_F^{(\mathrm{s})}$ in *unbesetzte* Probenzustände der Energie $E_F^{(\mathrm{p})} < E < E_F^{(\mathrm{p})} + eU$ tunneln. Andersherum führt eine negative Probenspannung (Teilbild c) zu einem Tunnelstrom aus besetzten Probenzuständen in unbesetzte Zustände in der Spitze. Die größte Übergangswahrscheinlichkeit ergibt sich dabei für Elektronen an der Fermikante der negativen Elektrode, weil die Zustände höchster Energie am weitesten in die Vakuumregion ausgedehnt sind [Ham93].

In Abhängigkeit von der Polarität und dem Betrag der angelegten Spannung geht also die Zustandsdichte der besetzten oder der unbesetzten Probenzustände in einem Energieintervall der Breite eU in den Tunnelstrom ein. Diese Abhängigkeit kann man nutzen, um spektroskopische Informationen über die elektronische Struktur der Probe zu gewinnen. Oft wird dafür die *differentielle Leitfähigkeit* $g \equiv dI/dU$ ausgewertet. Differenziert man Gleichung (3.6) nach der Spannung U, sind im Allgemeinen alle U-Abhängigkeiten des Integranden zu beachten. Der Transmissionskoeffizient $\mathcal{T}$ kann jedoch in den meisten Fällen als glatte, monotone Funktion betrachtet werden. Für nicht zu große Spannungen $eU \ll \bar{\Phi}$ läßt sich Gleichung (3.7) nach U entwickeln, und es gilt in erster Näherung $\mathcal{T} \propto U$. Die Ableitung $d\mathcal{T}/dU$ trägt also lediglich einen näherungsweise konstanten Hintergrund ohne

[2]Bei endlichen Temperaturen gibt es thermisch angeregte Zustände überhalb der Fermienergie, und es kann zu Tunnelprozessen kommen. Ohne äußeres Potential ist jedoch die Übergangswahrscheinlichkeit für ein Elektron von der Probe in die Spitze genauso groß wie für die Gegenrichtung, und der Nettostrom ist ebenfalls Null, vorausgesetzt beide Elektroden haben die gleiche Temperatur.

[3]Für das Vorzeichen des Potentials gilt in dieser Arbeit die Konvention, dass $U > 0$ einer positiven Spannung an der *Probe* entspricht.

Singularitäten zur Leitfähigkeit bei, der im Folgenden vernachlässigt wird. Eine weitere Vereinfachung entsteht wenn man eine konstante Zustandsdichte der Spitze ansetzt, womit auch $d\rho_s(E-eU)/dU = 0$ gilt. Diese Annahme ist in guter Näherung erfüllt, wenn man mit metallischen Spitzen arbeitet, welche bei den betrachteten Temperaturen nicht supraleitend sind. Unter diesen Voraussetzungen folgt für die differentielle Leitfähigkeit

$$g(U) \equiv \frac{dI(U)}{dU} \propto \rho_s \int_{-\infty}^{\infty} d\varepsilon\, \rho_p(\varepsilon, \mathbf{r}_{||}) \mathcal{T}(\varepsilon, U, d) \left(-\frac{df(T, \varepsilon + eU)}{d\varepsilon} \right) . \tag{3.8}$$

Für $T = 0$ wird die Ableitung der Fermi-Funktion zur δ-Funktion, und es resultiert näherungsweise

$$\frac{dI(U)}{dU} \propto \rho_p(E_F + eU, \mathbf{r}_{||}) . \tag{3.9}$$

Obwohl dieses oft als „Semiconducting Band Model" bezeichnete Bild [Nic60] stark vereinfacht ist, läßt sich daraus gut die Verknüpung zwischen der differentiellen Leitfähigkeit und der Probenzustandsdichte erkennen. Hält man am RTM Temperatur und Abstand d konstant und mißt dI/dU an einer bestimmten Position $\mathbf{r}_{||}$ der Spitze als Funktion der Spannung, kann man daraus die *lokale* Zustandsdichte $\rho_p(E, \mathbf{r}_{||})$ direkt bestimmen. Außergewöhnlich ist dabei vor allem, dass diese lokale Spektroskopie sukzessiv an verschiedenen Positionen durchgeführt werden kann. Mittels dieser sog. Rastertunnelspektroskopie (RTS) lassen sich spektroskopische „Karten" der Probenoberfläche mit atomarer Ortsauflösung erstellen.

Einschränkungen des Transfer–Hamiltonian–Ansatzes

An dieser Stelle sollen die wesentlichen Annahmen und Einschränkungen der bis zu diesem Punkt dargestellten Theorie zusammengefaßt werden:

- Die störungstheoretische Behandlung im Rahmen des *Transfer-Hamiltonian*-Modelles setzt eine schwache Kopplung zwischen Probe und Spitze voraus. Dies ist gegeben, wenn die Breite der Vakuumbarriere d groß ist im Vergleich zur charakteristischen Länge κ^{-1}, mit welcher die Elektronenwellenfunktionen ins Vakuum abfallen [Nog96]. Ist die angelegte Spannung klein gegenüber der effektiven Barrierenhöhe, $eU \ll \bar{\Phi}$, so wird der Transmissionskoeffizient in Gleichung (3.7) näherungsweise energieunabhängig [Mor00], und es gilt

  $$I \propto \exp\left(-2d\frac{\sqrt{2m}}{\hbar}\sqrt{\bar{\Phi}} \right) \doteq \exp(-2\kappa d) . \tag{3.10}$$

  Für Metalle liegt die Austrittsarbeit typischerweise bei 3-5 eV, woraus sich eine Zerfallskonstante $\kappa \approx 1\,\text{Å}^{-1}$ ergibt. Die in dieser Arbeit diskutierten Tunnelexperimente wurden bei Spannungen zwischen etwa 10 mV und 100 mV und Tunnelströmen zwischen 100 pA und 1 nA durchgeführt. Aus den entsprechenden Tunnelwiderständen zwischen 10 MΩ und wenigen GΩ resultieren Spitze-Probe-Abstände von mehreren Å. Somit sind die Voraussetzungen schwacher Kopplung, $eU \ll \bar{\Phi}$ und $d \gg \kappa^{-1}$, erfüllt.

- Es werden nur elastische Tunnelprozesse betrachtet. Inelastische Prozesse treten seltener und mit geringerer Amplitude auf. Signaturen solcher Prozesse würden sich in $d^2I(V)/dV^2$ zeigen. Experimentelle Beispiele für Inelastische Tunnelspektroskopie (IETS) sind die Beobachtung von Phononenanregungen in Supraleitern [Gia62, McM65] und von Vibrationsmoden in Molekülen [Jak66] und Festkörpern [Gaw08].

- In der Tersoff-Hamann-Theorie wurden die Probenoberfläche durch eine unendlich ausgedehnte Ebene und die Spitze durch eine Kugeloberfläche modelliert. Die Wellenfunktionen der Spitze wurden als asymptotisch sphärisch angenommen (s-Welle). Eine weiterführende Theorie von C. J. Chen behandelt auch Zustände mit höheren Drehimpulsen [Che90a, Che90b]. Aufgrund der verschiedenen Verteilungsfunktionen der spezifischen Orbitale ergeben sich Korrekturen, welche von der Größenordnung der Ortsableitungen der Wellenfunktionen sind. Für genügend große Abstände $d \gg \kappa^{-1}$ klingen jedoch alle relevanten Wellenfunktionen näherungsweise exponentiell ab, weshalb die Symmetrie der Spitzenwellenfunktion qualitativ einen geringen Einfluß hat. Darüber hinaus ist der Stromfluß zwischen Spitze und Probe im Wesentlichen auf das der Probe am nächsten liegende Spitzenatom begrenzt. Aufgrund der kleinen stromtragenden Fläche und dem verglichen damit großen Abstand zwischen Probe und Spitze kann der Einfluß der Geometrie des Tunnelkontaktes (und damit auch der Symmetrie der Spitzenwellenfunktion) als vernachlässigbar angenommen werden. Dies rechtfertigt die Reduktion des Tunnelprozesses auf eine Dimension entsprechend Gleichungen (3.6ff).

- Es werden nur Tunnelprozesse durch einen einzigen Tunnelkanal betrachtet. In Abhängigkeit von der elektronischen Struktur der Elektroden kann es jedoch zum simultanen Tunneln über parallele Kanäle kommen, wodurch u.U. auch Quanteninterferenz-Effekte auftreten können. Ein Beispiel ist das sog. Kotunneln in Experimenten mit Kondo-Systemen [Mad98, Mad01, Mal09, Fig10]. Eine eingehendere Behandlung dieser Problematik findet sich im Kapitel 6 dieser Arbeit im Zusammenhang mit RTS am Kondogitter-System $YbRh_2Si_2$.

- Der Transmissionskoeffizient $\mathcal{T}$ wird als eine monotone, glatte Funktion des Potentials angenommen. Insbesondere ergibt sich für die differentielle Leitfähigkeit nur ein glatter Hintergrund, welcher für kleine Spannungen vernachlässigbar ist. Dies kann in Anwesenheit von Oberflächenzuständen oder anderen resonanten Zustände, z.B. in der Nähe von Defekten, verletzt sein [Nog96]. Außerdem sollen die Zustandsdichten durch den Einfluß des Spannungsabfalls über die Vakuumbarriere nicht beeiflußt werden. Davon abweichend wurden z.B. bei Tunnelexperimenten mit Halbleitern Einflüsse der Spitze auf die Energiebänder der Probe beobachtet (*Tip-induced Band Bending* [Fee87, McE93]). Des weiteren wurde $\mathcal{T}$ als ortsunabhängig vorausgesetzt. Ist dies nicht der Fall, ergeben sich an unterschiedlichen Orten verschiedene $I(z)$-Abhängigkeiten, was seinerseits zu Komplikationen führen kann, wenn $I(U)$-Kurven von verschiedenen Positionen quantitativ verglichen werden sollen.

- Das Transfer-Hamiltonian-Modell stellt eine Beziehung zwischen dem Tunnelstrom und der elektronischen Zustandsdichte in der Nähe der Fermienergie her. Dabei ist wichtig, dass es sich aufgrund der starken Abstandsabhänigigkeit der Übergangswahrscheinlichkeiten um die *Oberflächen*-Zustandsdichte handelt, welche sich u.U. erheblich von der Zustandsdichte des Volumens unterscheiden kann. Dieser Effekt ist, unabhängig von der theoretischen Beschreibung, eine inhärente Eigenschaft der Messmethode: Die Elektronen in einem Festkörper bewegen sich in einem Potential $U(\mathbf{r}_i, \mathbf{R}_j)$, welches nicht nur von den Positionen aller anderen Elektronen $\mathbf{r}_i$ abhängt, sondern auch von den Orten der Atomrümpfe $\mathbf{R}_j$ [Kit88, Ash76]. Eine Grenzfläche bedeutet eine Störung der Translationsinvarianz des Potentials in einer Raumdimension. Infolge dieser Symmetriebrechung befindet sich ein Elektron in der Nähe einer Oberfläche in einer gegenüber dem Volumen geänderten elektronischen Umgebung. Die Auswirkungen auf die Interpretation der Tunnelspektroskopie wird im Kapitel 4 diskutiert.

- Eine der Hauptschwierigkeiten des *Transfer-Hamiltonian*-Modells ist, dass Vielteilchen-Wechselwirkungseffekte nicht korrekt behandelt werden können [App69]. Die Ursache dafür ist, dass die beiden Elektroden des Tunnelkontaktes als *isolierte, ungestörte* Systeme betrachtet werden und der Übergang von Elektronen durch einen Transferterm im Hamiltonoperator beschrieben wird. Dieser Term wird näherungsweise als energieunabhängig betrachtet und störungstheoretisch behandelt. Eine Möglichkeit zur direkten Berechnung des Tunnelstromes besteht in der Auswertung der quantenmechanischen Greensfunktionen des *Gesamtsystems* [Car71]. Generell beschreibt eine Einteilchen-Greensfunktion $\mathcal{G}(\mathbf{r}, \mathbf{r}', t)$ die Zeitentwicklung eines Teilchens, welches zu einem Vielteilchensystem hinzugefügt wird [Kit87]. Kennt man die Wellenfunktion $\psi(\mathbf{r}, t_0 = 0)$ zum Zeitpunkt $t_0 = 0$, so ist der Zustand des Systems zur Zeit $t > 0$ eindeutig durch die retardierte Greensfunktion bestimmt:

$$\psi(\mathbf{r}', t) = \int d^3r \, \mathcal{G}(\mathbf{r}', \mathbf{r}, t) \, \psi(\mathbf{r}, 0) \; . \tag{3.11}$$

Das Einteilchen-Anregungsspektrum läßt sich aus dem Imaginärteil der retardierten Greensfunktion bestimmen

$$\rho(E) = -\frac{1}{\pi\hbar} \mathrm{Im} \left\{ \mathrm{Sp}_{\mathbf{r}} \, \mathcal{G}(\mathbf{r}, \mathbf{r}, E) \right\} \; . \tag{3.12}$$

Dabei entsteht $\mathcal{G}(E) = \frac{1}{2\pi}\int dt\, \mathcal{G}(t)e^{iEt}$ durch Fouriertransformation. Zur Berechnung des Tunnelstromes zwischen zwei Elektroden M und M' betrachten die Autoren von Ref. [Car71] den Hamiltonoperator

$$\mathcal{H} = \sum_{n,l;\,n',l'} T_{ll'}^{nn'} c_l^{(n)\dagger} c_{l'}^{(n')} . \tag{3.13}$$

Dabei sind $c_l^{(n)\dagger}$ und $c_l^{(n)}$ Erzeugungs- und Vernichtungsoperatoren für am Gitterplatz l der Elektrode M lokalisierte Elektronenzustände $\psi_l^{(n)}$ aus dem n-ten Band (indizierte Größen analog in M'). $T_{ll'}^{nn'}$ sind die entsprechenden Übergangs-Matrixelemente. Der Nichtgleichgewichtszustand der Tunnelbarriere wird als Störung behandelt [Kel65]. Der Tunnelstrom kann durch die Auswertung der Greensfunktion des *Gesamtsystems* unter Berücksichtigung des Tunnelanteils in Gleichung (3.13) berechnet werden. Der Vorteil dieser Methode ist, dass Vielteilcheneffekte explizit mitbehandelt werden können, beispielsweise magnetische Streuung beim oben angesprochenen Kotunnel-Prozess in Kondogittersystemen. Die Berechnung des Tunnelstromes im Greensfunktionen-Formalismus bildet damit die Grundlage der theoretischen Auswertung der RTS-Resultate an $YbRh_2Si_2$, vgl. Kapitel 6.

Messung der differentiellen Leitfähigkeit mittels Lockin-Verstärker

Wie im vorhergehenden Abschnitt erläutert, wird während einer tunnelspektroskopischen Messung die Spannung U über der Tunnelbarriere im gewünschten Intervall variiert und der Stromfluß $I(U)$ gemessen. Um die lokale Probenzustandsdichte $\rho_\mathrm{p}(E)$ zu bestimmen, wird die differentielle Leitfähigkeit $g(U) = dI(U)/dU$ ausgewertet. Durch numerisches Ableiten läßt sich $g(U)$ nachträglich aus den $I(U)$-Kennlinien berechnen. Eine Möglichkeit der *direkten* Messung, welche im Verlauf dieser Arbeit fast ausschließlich benutzt wurde, ist die Verwendung eines Lockin-Verstärkers. Hierbei wird die angelegte Spannung U durch eine kleine Wechselspannung $U_\mathrm{mod}\sin(\omega t),\ \ U_\mathrm{mod} \ll U$, moduliert. Für den Tunnelstrom gilt dann näherungsweise

$$\begin{aligned} I(U + U_\mathrm{mod}\cos(\omega t)) = I(U) + \left.\frac{dI}{dU}\right|_U \cdot U_\mathrm{mod}\cos(\omega t) \\ + \left.\frac{1}{4}\frac{d^2I}{dU^2}\right|_U U_\mathrm{mod}^2\cos^2(\omega t) + \ldots \end{aligned} \tag{3.14}$$

Am Lockin-Verstärker liegt das vorverstärkte Messsignal des Tunnelstromes als Eingangssignal U_ein an. Dieses Signal hat dementsprechend die Form

$$U_\mathrm{ein}(t) = U_0 + U_1\cos(\omega t) + U_2\cos^2(\omega t) + \ldots\ , \tag{3.15}$$

wobei $U_0 \propto I(U)$, $U_1 \propto dI/dU$ usw. Im Lockin-Verstärker wird das Eingangssignal intern mit einem Referenzsignal multipliziert. Hat die Referenz die gleiche Frequenz wie die

Modulationsspannung, so ergibt sich

$$\begin{aligned} U_{\text{ein}}(t)\cdot\cos(\omega t) &= U_0\cos(\omega t) + U_1\cos^2(\omega t) + U_2\cos^3(\omega t) + \ldots \\ &= \frac{1}{2}U_1 + (U_0 + \frac{3}{4}U_2)\cos(\omega t) + \frac{1}{2}U_1\cos(2\omega t) + \frac{1}{4}U_2\cos(3\omega t) + \ldots \end{aligned} \tag{3.16}$$

Das resultierende Signal enthält einen Gleichspannungsanteil, der lediglich zu U_1, also zur ersten Ableitung dI/dU bei der Spannung U proportional ist. Dieser läßt sich als Ausgangssignal am Lockin-Verstärker abgreifen. Äquivalent lassen sich auch Ableitungen höherer Ordnung messen. Der Vorteil der direkten Messung von $g(U)$ mittels Lockin-Verstärker liegt in erster Linie in der besseren Auflösbarkeit kleiner spektroskopischer Signaturen bei ungünstigem Signal-Rausch-Verhältnis. Entscheidender Nachteil ist, dass der Lockin-Verstärker lediglich ein zu $g(U)$ proportionales Signal ausgibt. Um den tatsächlichen *Betrag* der Leitfähigkeit zu bestimmen, kann das Lockin-Ausgangssignal mit der numerischen Ableitung dI/dU verglichen werden.

3.3 Experimentelle Voraussetzungen

In diesem Abschnitt werden einige experimentelle Voraussetzungen für RTS-Messungen an Schwere-Fermionen-Systemen diskutiert. Von zentraler Bedeutung ist dabei das spektrale Auflösungsvermögen des RTM. Eng damit verbunden ist die Notwendigkeit für Messungen bei kryogenen Temperaturen. Daher wird die Kryotechnik der verwendeten RTM-Systeme beschrieben. Ein weiterer Einflußfaktor der Energieauflösung ist elektronisches Rauschen in der Messapparatur. In diesem Zusammenhang wird auch die Abschirmung äußerer *mechanischer* Störungen diskutiert. Die Problematik der Herstellung und Erhaltung einer sauberen und wohldefinierten Probenoberfläche wird im Kapitel 4 gesondert behandelt.

Energieauflösung

Die Energieauflösung einer spektroskopischen Methode beschreibt den minimalen Energieabstand, mit welchem zwei spektroskopische Signaturen noch getrennt aufgelöst werden können. Die für ein Experiment erforderliche Energieauflösung richtet sich nach der verfolgten Aufgabenstellung, also letztlich vor allem nach dem zu untersuchenden Probenmaterial. Die relevanten Energieskalen der in dieser Arbeit untersuchten Schwere-Fermionen-Systeme liegen teilweise im Bereich weniger mV oder gar darunter: So tritt Supraleitung solchen Materialien typischerweise bei Temperaturen $< 1\,\mathrm{K}$ auf, was grob einer Energieskale von $100\,\mu\mathrm{V}$ entspricht. Diese Tatsache stellt hohe Anforderungen an das spektrale Auflösungsvermögen eines RTM. Die Auflösungsgrenze wird durch eine Vielzahl von Faktoren bestimmt, welche u.U. nicht genau quantitativ erfasst bzw. auch nicht verändert werden können. Grob können die limitierenden Faktoren unterteilt werden in

- der Mess*methode* inhärente Einflüsse,
- durch die Mess*technik* induzierte Faktoren, und
- durch äußere Einflüsse bedingte Störungen.

Eine unvermeidliche Begrenzung der Energieauflösung resultiert aus der thermischen Verbreiterung der Tunnelspektren. Abbildung 3.2 auf Seite 30 veranschaulicht, dass am Nullpunkt der absoluten Temperatur Tunnelprozesse von Elektronen aus einem Energieintervall $[E_F, E_F + eU]$ zum Tunnelstrom beitragen würden. Bei endlichen Temperaturen führt die thermische Besetzung von angeregten Zuständen dazu, dass die Grenzen dieses Intervalls verschmiert werden. Daraus folgt, dass die Zustandsdichte nur mit einer endlichen Energieauflösung bestimmt werden kann, vgl. Gleichung (3.8). Empirisch zeigt sich, dass eine Signatur in der DOS in Form einer δ-Funktion in $g(U)$ näherungsweise als gaußförmiges Maximum der Halbwertsbreite $(\Delta E)_T \approx 3k_bT$ abgebildet wird [Wac03, Mor03]. Bei Raumtemperatur ergäbe sich demnach eine thermische Grenze der Energieauflösung von $(\Delta E)_T = 75\,\mathrm{meV}$. Um die thermische Auflösung in den für Schwere-Fermionen-Systeme relevanten Bereich von

$\lesssim 1\,\text{meV}$ zu bringen, ist es daher notwendig, die Tunnelexperimente bei tiefen (kryogenen) Temperaturen durchzuführen. Ein zusätzliches Argument für tiefe Temperaturen betrifft die physikalischen Eigenschaften des Probenmaterials: Um Quanteneffekte (wie Kondoeffekt und Supraleitung) beobachten zu können, müssen thermische Fluktuationen soweit unterdrückt werden, dass die entsprechenden charakteristischen Temperaturen (Kondotemperatur oder supraleitende Sprungtemperatur) unterschritten werden.

Wird die differentielle Leitfähigkeit mittels eines Lockin-Verstärkers gemessen, führt dies aufgrund der Modulationsspannung U_{mod} zu einer Verringerung der Energieauflösung um $(\Delta E)_{\text{mod}} \approx 2.5eU_{\text{mod}}$ [Hau01]. Die gesamte Energieauflösung unter Berücksichtigung von $(\Delta E)_T$ und $(\Delta E)_{\text{mod}}$ ist [Wie03]

$$\Delta E \approx \sqrt{(3k_BT)^2 + (2.5eU_{\text{mod}})^2}\,. \tag{3.17}$$

Ein weiterer Faktor, welcher zur Verringerung der Energieauflösung führt, ist elektronisches Rauschen [Sud01]. Rauschbedingte Störungen der am Tunnelkontakt angelegten Spannung führen direkt zu einer Unschärfe der Anregungsenergie der am Tunnelprozess beteiligten Elektronen. Rauschen im Messsignal, dem Tunnelstrom, kann zu einer Verschmierung der Messkurven führen, so dass kleine Signaturen in der Zustandsdichte nicht detektiert werden können. Elektronisches Rauschen entsteht in allen Komponenten, welche an der elektrischen Leitung beteiligt sind, also am Tunnelkontakt selbst, in der Messelektronik oder in der Verkabelung. Dabei wird das Rauschen entweder durch die jeweilige Komponente selbst erzeugt (z.B. thermisches Rauschen, Schrotrauschen, Kontaktrauschen) oder durch von außen in die Messapparatur eingetragene Störungen verursacht. Das durch die Tunnelbarriere selbst verursachte Rauschen kann teilweise durch sorgfältige Präparation von Tunnelspitze und Probenoberfläche minimiert werden, siehe Abschnitt 4.1. Wichtig ist auch das Design des eigentlichen RTM: Durch eine kompakte Bauweise kann eine hohe mechanische Stabilität gewährleistet und so die Einkopplung mechanischer Schwingungen auf den Tunnelstrom über die Tunnelbarriere reduziert werden. Das in der Messelektronik induzierte Rauschen kann durch die Verwendung rauscharmer Komponenten minimiert werden, beispielsweise solcher, die bei tiefen Temperaturen arbeiten. Beim Einsatz von Filtern muss gewährleistet sein, dass das eigentliche Messsignal möglichst wenig beeinflußt wird. Besonderes Augenmerk muss bei der Verkabelung auf die Vermeidung von Masseschleifen gelegt werden. Zusätzlich sollten alle elektronischen Komponenten (inkl. der Verkabelung) gegenüber der Umgebung elektromagnetisch abgeschirmt werden. Aber auch externe mechanische Störungen können durch induktive Kopplung in der Messapparatur elektronisches Rauschen verursachen und müssen daher abgeschirmt werden.

Im Folgenden werden die drei im Verlauf dieser Arbeit verwendeten Tieftemperatur-RTM-Anlagen im Bezug auf die oben angesprochenen Aspekte Kryotechnik, RTM-Design, Elektronik und Entkopplung von externen Störungen beschrieben. Die Messapparaturen werden im Weiteren wie folgt bezeichnet:

Abbildung 3.3: **Das TT–RTM. a)** Gesamtansicht des Gerätes. 1 – Kryostat, 2 – RTM-Kammer: Sichtfenster zum RTM, 3 – Präparationskammer, 4 – Tieftemperatur-Spaltwerkzeug, 5 – aktive Schwingungsdämpfung. **b)** Detailansicht des eigentlichen RTM. 1 – Tunnelspitze, 2 – Scanner, 3 – Probenplatte, 4 – Kupferplatten der Wirbelstromdämpfung.

1. **TT–RTM:** Tieftemperatur–RTM bzw. *Low Temperature STM* der Firma Omicron NanoTechnology GmbH [Omi07],

2. **Kryogenes RTM:** das *Cryogenic STM* von Omicron [Omi02, Omi03], und

3. **MK–RTM:** ein RTM im ^{3}He/^{4}He–Mischungskryostaten, welches ein Eigenaufbau des *Laboratorio de Bajas Temperaturas, Universidad Autónoma de Madrid*, Spanien ist. Im frühen Stadium dieser Arbeit wurden während eines dreimonatigen Gastaufenthaltes in der Gruppe von Dr. H. Suderow Experimente am MK–RTM durchgeführt.

Das TT-RTM

Das TT-RTM verfügt über einen sog. Badkryostaten (Markierung 1 in Abb. 3.3a) mit zwei konzentrisch angeordneten Kryoflüssigkeitsbehältern. Der innere der beiden Behälter kann mit flüssigem Stickstoff (LN_2) oder flüssigem Helium (LHe) befüllt werden, wodurch sich am

RTM Basistemperaturen von $\sim 80\,\mathrm{K}$ bzw. $4.6\,\mathrm{K}$ erzielen lassen[4]. Der äußere Kryostat wird mit LN_2 befüllt und dient als Strahlungsschild. Der dadurch verringerte Verbrauch von Kryoflüssigkeiten im inneren Kryostaten ermöglicht eine Standzeit von über 40 Stunden, während derer Messungen bei $4.6\,\mathrm{K}$ durchgeführt werden können. Mittels eines Heizelementes an der Basisplattform des RTM können Experimente bei gegenüber der Basistemperatur angehobenen Temperaturen durchgeführt werden. Die Temperaturmessung erfolgt über eine Siliziumdiode[5]. Das Erwärmen des gesamten RTM während der Messung birgt jedoch folgende Nachteile: Zum einen verringert sich durch die große zu heizende Masse und die damit verbundene Trägheit der Temperatursteuerung die Stabilität des Tunnelkontaktes. So kann sich durch thermische Drift der Abstand zwischen Probe und Spitze während einer Spektroskopiemessung ändern, was die Datenauswertung erschwert und für Temperaturen $T \gtrsim 40\,\mathrm{K}$ die mögliche Messzeit pro Spektroskopiekurve stark begrenzt. Zudem steigt der LHe-Verbrauch durch das Heizen an, was die Standzeit des Kryostaten signifikant verkürzt. Dieses Problem konnte durch einen modifizierten Probenträger gelöst werden, welcher durch die Firma Omicron als Prototyp zur Verfügung gestellt wurde. In diesen speziellen Probenträger sind ein Heizelement und Temperatursensor integriert, welche durch vier zusätzliche Kontakte am RTM angesteuert werden können. Das Design und die spezielle Wahl der Materialien gewährleisten dabei, dass nur minimaler thermischer Kontakt zum RTM besteht. Damit war es möglich, Messungen mit Probentemperaturen bis zu $120\,\mathrm{K}$ bei einer Stabilität von $0.1\,\mathrm{K}$ durchzuführen, wobei die Temperatur der STM unterhalb von $11\,\mathrm{K}$ blieb (siehe Messungen an $YbRh_2Si_2$, Kapitel 6).

Das eigentliche RTM befindet sich auf einer separaten Plattform im Inneren einer UHV–Kammer, umgeben von konzentrisch angeordneten und an den Kryostaten angekoppelten Strahlungsschilden. Zur Schwingungsentkopplung ist diese Messplattform mit drei Federn niedriger Eigenfrequanz (etwa $2\,\mathrm{Hz}$) unterhalb des Kühlfingers des Kryostaten aufgehängt und mittels einer Litze thermisch angekoppelt. Um Schwingungen der RTM-Plattform zu vermeiden, ist die Aufhängung mit einer nahezu aperiodisch eingestellten Wirbelstromdämpfung ausgestattet (Markierung 4 in Abb. 3.3). Zusätzlich befindet sich die gesamte Messapparatur auf einem aktiven Schwingungsdämpfungssystem (Stacis® 2100, Technical Manufacturing Corp. [TMC08], siehe Markierung 5 in Abb. 3.3). Vom Untergrund übertragene mechanische Schwingungen werden durch Beschleunigungsmesser detektiert und mittels piezoelektrischer Aktuatoren kompensiert. Das benutzte System besitzt eine aktive Bandbreite von $0.6\,\mathrm{Hz}$ bis $250\,\mathrm{Hz}$. Die Dämpfung beträgt bei $2\,\mathrm{Hz}$ bereits 90% und erhöht sich bei größeren Frequenzen [TMC08]. Diese Stufe der Schwingungsentkopplung ist von großer Bedeutung, da das RTM im ersten Obergeschoß des Institutsgebäudes aufgestellt ist, wodurch Gebäudeschwingungen signifikant einkoppeln (vgl. auch Ref. [Bon93a]. Der Effekt

[4]Durch Pumpen am LHe-Bad können auch Temperaturen $< 4.6\,\mathrm{K}$ erreicht werden. Dies verursacht jedoch zusätzliche mechanische Störungen und verkürzt die Standzeit des Kryostaten.

[5]Im Laufe dieser Arbeit wurde der Sensor kalibriert

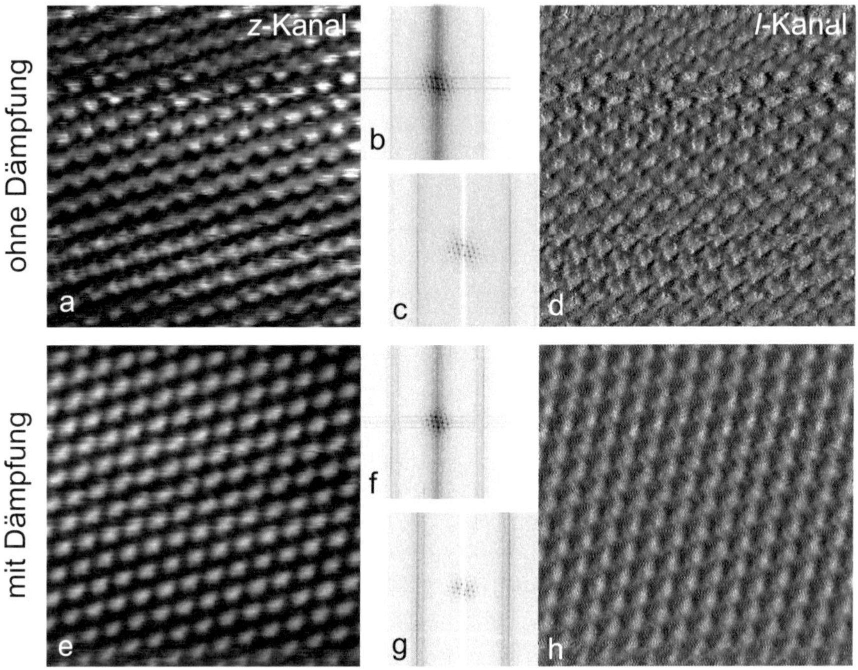

Abbildung 3.4: **Einfluß der aktiven Schwingungsdämpfung am TT-RTM.** Direkter Vergleich von Messungen an HOPG bei **a)-d)** abgeschaltener und **e)-h)** eingeschaltener aktiver Dämpfungsstufe unter sonst identischen Bedingungen ($T = 4.6\,\mathrm{K}$, $U = 0.4\,\mathrm{V}$, $I_{\mathrm{set}} = 0.3\,\mathrm{nA}$, Scangeschwindigkeit $3.75\,\mathrm{nm/s}$). a) und e) zeigen die jeweiligen Topographie ($3 \times 3\,\mathrm{nm}^2$, z-Bereich $0.1\,\mathrm{nm}$); b) und f) sind die Fouriertransformierten (FFT) der Topographien a) bzw. e) (Frequenzbereich $66.5\,\mathrm{nm}^{-1} \equiv 250\,\mathrm{Hz}$); c) und g) sind jeweils die FFT von d) und h), welche die simultan zur Topographie aufgenommene Abweichung des Tunnelstromes I vom Sollwert I_{set} darstellen (I-Skale $55\,\mathrm{pA}$).

der aktiven Dämpfung wird verdeutlicht durch eine vergleichende RTM-Messung an HOPG *(Highly-Oriented Pyrolytic Graphite)* mit und ohne die Dämpfungsstufe, siehe Abbildung 3.4. Die Messungen wurden unmittelbar nacheinander (an der gleichen Probenposition mit der selben Spitze) unter sonst identischen Bedingungen durchgeführt. Die Daten wurden, abgesehen von der Korrektur einer geringen Neigungsebene, keiner Bearbeitung unterzogen. Bereits die Topographien lassen einen deutlichen Qualitätsunterschied erkennen: Bei eingeschaltener Dämpfung treten weniger Störungen auf, und die atomaren Korrugationen sind regelmäßiger und deutlicher ausgeprägt. Ein ähnliches Bild ergeben die mit der Topographie aufgenommenen Bilder des Stromkanals, d.h. der Abweichung des Tunnelstromes I vom Sollwert I_{set}. Der Qualitätsunterschied wird auch durch die jeweiligen Fouriertransformierten Bilder (FFT) bestätigt. Zum einen treten bei den Daten mit Dämpfung schärfere Gitterreflexe auf, und Reflexe von Fourierkomponenten höherer Ordnung (Reflexe, welche bei Vielfachen der einfachen Gitterreflexe auftreten und höhere harmonische Oszillationen anzeigen) sind geringer ausgeprägt. Zum anderen ist der Hintergrund durch störende Oszillationen (Rauschen) mit Dämpfung geringer ausgeprägt, vorrangig für niedrige Freqenzen. Eine quantitative Analyse der FFT-Amplituden ergab, dass vor allem im Frequenzbereich von etwa 7 bis 100 Hz eine deutliche Absenkung des Schwingungspegels in I- und z-Kanal zu beobachten ist (um einen Faktor zwei bis drei, für einzelne Frequenzen bis zu fünf). Dieser Bereich ist u.U. für Topographiemessungen relevant (periodische Strukturen des atomaren Gitters treten bei den üblichen Rastergeschwindigkeiten in diesem Frequenzbereich auf). Niederfrequente Störungen über einen so breiten Bereich können aber durchaus auch die Spektroskopie beeinflussen[6]. Auf der anderen Seite fällt jedoch auch auf, dass bestimmte Fourierkomponenten mit Dämpfung in der Topographie verstärkt hervortreten. Besonders deutlich ist das im Bereich von etwa 150 Hz. Möglicherweise liegt hier eine Eigenfrequenz des Messgerätes selbst [Bet09]. Derart scharfe Frequenzbänder (sichtbar als schmale vertikale „Streifen“ in den FFT-Bildern) lassen sich jedoch unkompliziert durch selektives Filtern aus den Daten entfernen.

Abbildung 3.3b zeigt das eigentliche Mikroskop des TT-RTM. Unterhalb der Probenplatte befinden sich die nach oben gerichtete Tunnelspitze sowie der Scanner. Letzterer besteht aus vier in Form einer Röhre zusammengesetzten piezoelektrischen Elementen *(„Tube Scanner“)*. Mit einer maximal anzulegenden Hochspannung von 140 V hat der Scanner eine laterale Reichweite von 10 μm bei 300 K bzw 1,8 μm bei 5 K. Die Spitze wird magnetisch auf dem Scanner gehalten. Für die laterale Ausrichtung und Grobannäherung der Spitze relativ zur Probe steht ein dreidimensionaler piezoelektrischer Aktuator zur Verfügung. Da dieser nach dem sogenannten "Slip-Stick"-Prinzip arbeitet, können größere Distanzen von einigen Millimetern überwunden werden. Die Grobpositionierung wird dadurch erleichtert, dass über Sichtfenster in den Strahlungsschilden optischer Zugang zum RTM besteht (Mar-

[6] wenngleich typischerweise die Modulationsfrequenz des Lockin-Verstärkers höher gewählt wird ($\gtrsim$ 400 Hz)

kierung 2 in Abb. 3.3). Die Ansteuerung des Piezoaktuators für die Grobausrichtung sowie des Scanners erfolgen über eine digitale Omicron *MATRIX* [Omi06] Kontrolleinheit.

Die über die Vakuumbarriere abfallende Spannung wird im TT-RTM an die Spitze angelegt, während sich die Probe auf dem Potential der isolierten Gerätemasse befindet. Die Kontrolleinheit liefert Spannungen im Bereich von $\pm 10\,V$. Mittels eines Spannungsteilers kann der Bereich auf $\pm 1\,V$ reduziert werden. Das Signal des Tunnelstromes wird durch einen Omicron *SPM PRE 4E* Vorverstärker gewandelt, bevor es in der Kontrolleinheit verarbeitet wird. Die Verstärkung kann durch ein Relais zwischen $3 \cdot 10^7\,V/A$ und $3 \cdot 10^9\,V/A$ gewechselt werden. Die korrespondierenden Messbereiche des Tunnelstromes (Bandbreiten) sind 333 nA (40 kHz) bzw. 3,3 nA (800 Hz). Die Auflösung der Analog-Digital-Wandler für das Messsignal bzw der Digital-Analog-Wandler für die Tunnelspannung in der KE beträgt 16 bit. Die damit verbundene Energieauflösung im 1 V-Spannungsbereich von $1\,V/2^{16} = 15\,\mu V$ ist klein gegenüber der thermischen Energieauflösung von $(\Delta E)_T \approx 1.4\,mV$ bei der Basistemperatur von 4.6 K. Durch Messungen der supraleitenden Energielücke von Nb wurde verifiziert, dass in der beschriebenen Konfiguration die Energieauflösung des TT-RTM bei 5 K nicht durch die Messelektronik, sondern durch die Temperatur und die Modulationsspannung des Lockinverstärkers gemäß Gleichung (3.17) begrenzt wird [Omia]. Zur Messung der differentiellen Leitfähigkeit $g(U)$ wurde während dieser Arbeit ein Stanford Research *SR830 DSP* Lockin-Verstärker verwendet. Die Modulationsamplitude U_{mod} wurde dabei im Bereich der thermischen Energieauflösung gewählt (d.h. $\lesssim 1\,mV$). Bei so kleinen Modulationsamplituden kann es dazu kommen, dass das Ausgangssignal des digitalen Funktionengenerators am Lockin-Verstärker von der Kosinusfunktion abweicht, wodurch Artefakte in den resultierenden $g(U)$-Messkurven auftreten können. Um dies zu vermeiden, wurden im Lockin-Verstärker um einen Faktor 100 höhere Amplituden erzeugt, und diese nachträglich mittels eines 100:1 Spannungsteilers reduziert.

Das Kryogene RTM

Für bestimmte Fragestellungen ist es erforderlich, Tunnelexperimente bei wesentlich niedrigeren Temperaturen als den im TT–RTM erreichten 4.6 K durchzuführen. Beispielsweise liegen die supraleitenden Sprungtemperaturen von Schwere-Fermionen-Supraleitern typischerweise im Bereich von 1 K oder weniger. Eine aufwendigere Kryotechnik ist daher erforderlich. Das Kryogene RTM ist mit einem *Heliox*^{UHV} ^{3}He-Kryostaten [Oxf02] der Firma Oxford Instruments Ltd. ausgestattet. Eine detailierte Beschreibung der Arbeitsweise von ^{3}He-Kryostaten kann in Ref. [Pob96] gefunden werden. Das Funktionsprinzip beruht darauf, den Dampfdruck über einem Bad von flüssigem ^{3}He zu verringern, wodurch dessen Siedetemperatur sinkt, siehe Dampfdruckkurve von ^{3}He in Abbildung 3.5. Die tiefste mit einem ^{3}He-Kryostaten erreichbare Temperatur hängt neben der eingetragenen Wärmelast vor allem von der aufgebrachten Pumpleistung ab. Die Abbildung macht auch deutlich, dass mit

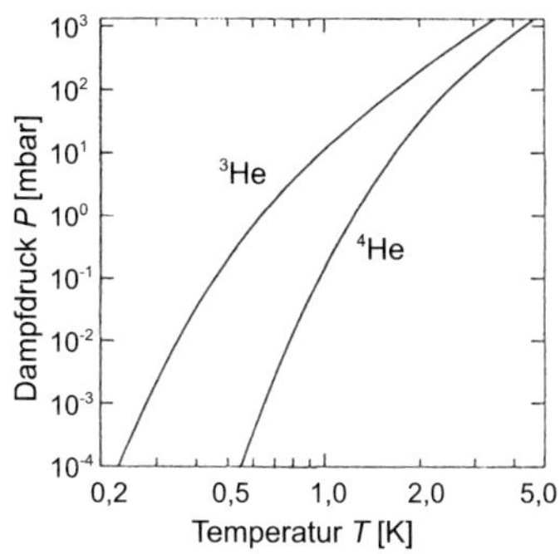

Abbildung 3.5: Dampfdruckkurven von ^{3}He und ^{4}He. Abbildung nach Ref. [Pob96]

^{3}He wesentlich niedrigere Temperaturen erreicht werden können als mit ^{4}He. Im Kryostaten des Kryogenen RTM gibt es zwei getrennte He-Kreisläufe, siehe Abbildung 3.6a: Den eigentlichen ^{3}He-Kreislauf für das Erreichen der Basistemperatur *(in der Skizze grün dargestellt)*, sowie den ^{4}He-Kreislauf *(blau)*, welcher einerseits über thermisch angekoppelte Wärmeschilde den Wärmeeintrag aus der Umgebung mindert und andererseits die tiefen Temperaturen erzeugt, die für die Verflüssigung des ^{3}He nötig sind. Der geschlossene ^{3}He-Kreislauf besteht im Wesentlichen aus dem sog. ^{3}He-Topf, welcher das flüssige ^{3}He enthält, einer Aktivkohle-Sorptionspumpe sowie einem externen Auffangbehälter. Die ^{4}He–gekühlte Sorptionspumpe absorbiert unterhalb von 40 K ^{3}He-Gas, wodurch am ^{3}He-Topf gepumpt wird und dessen Temperatur bis auf etwa 320 mK sinkt. Der Vorteil einer Sorptionspumpe liegt darin, dass im Gegensatz zu mechanischen Pumpen keine störenden Vibrationen entstehen. Der Pumpvorgang ist jedoch nicht kontinuierlich: Ist die gesamte Flüssigkeit aus dem ^{3}He-Topf verdampft, muss das ^{3}He wieder einkondensiert werden. Dazu wird die Sorptionspumpe bis auf 45 K geheizt, um das gebundene Gas zu desorbieren. Die Temperatur des ^{3}He-Topfes wird dabei durch die sog. 1 K-Stufe des ^{4}He-Kreislaufes auf einer Temperatur von etwa 1.8 K gehalten. Diese Temperatur liegt unterhalb der Siedetemperatur von ^{3}He bei Normaldruck (vgl Abb. 3.5), sodass Gas im ^{3}He-Topf kondensiert. Ist dieser Kondensationsprozess beendet, kann der Kühlprozess wieder eingeleitet werden, indem die Heizung an der Sorptionspumpe abgeschaltet wird. Die maximale Standzeit des Kryostaten bei Basistemperatur beträgt beim Kryogenen RTM etwa 30 Stunden. Der RTM-Messkopf ist thermisch an den ^{3}He-Topf angekoppelt und erreicht eine Temperatur von etwa 320 mK. Durch kontrolliertes Heizen an Sorptionspumpe und ^{3}He-Topf können Messungen bei erhöhten Temperaturen ausgeführt werden. Als geeigneten Bereich haben sich Temperaturen bis zu 2 K herausgestellt (dies entspricht etwa der Temperatur der 1 K-Stufe). Für höhere Temperaturen und damit verbundene höhere Heizleistungen nimmt das induzierte Rauschen im Tunnelstrom signifikant

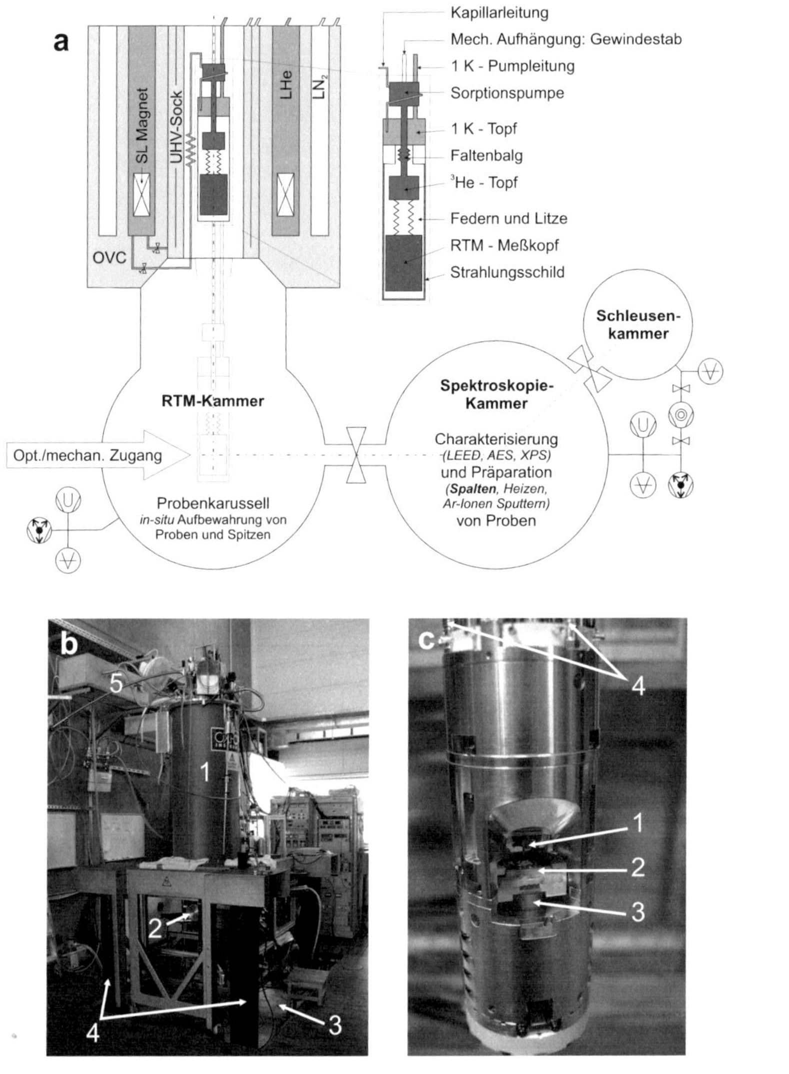

Abbildung 3.6: **Das Kryogene RTM.** **a)** Vereinfachte schematische Darstellung des Kryostaten und des UHV-Rezipienten. Einige Komponenten wurden aus Gründen der Übersichtlichkeit weggelassen, z.B. Gaszu- und -ableitungen, Manipulatoren etc. **b)** Gesamtansicht des Gerätes vor Errichtung der Schallschutzkabine. 1 – Kryostat, 2 – UHV-Kammer, 3 – Grube mit separatem Fundament, 4 – pneumatische Vibrationsisolatoren, und 5 – Betonblock zur Schwingungsdämpfung der Gasleitungen. **c)** RTM-Messkopf. 1 – Spitzenhalter mit Tunnelspitze, 2 – Keramik-Probenträger, 3 – Scanner, 4 – Aufhängungsfedern (teilweise abgebildet).

zu. Um dennoch bei vergleichsweise hohen Temperaturen stabile Messungen durchführen zu können, kann man ohne Betreiben der ^{3}He-Stufe arbeiten und ggf. die Temperatur über den ^{4}He-Fluß am 1 K-Topf regulieren. Diese Prozedur ist jedoch sehr langwierig, und eine kontinuierliche Messung, d.h. bei bestehendem Tunnelkontakt ohne Zurückziehen der Spitze, ist kaum möglich.

Im Messzustand befindet sich der RTM-Kopf im Zentrum eines supraleitenden Magneten, welcher in das LHe-Dewar-Gefäß integriert ist. Der Solenoid erzeugt am Probenort ein Feld von maximal 12 T in z-Richtung (Flußrichtung des Tunnelstromes) mit einer Homogenität von 0,1% auf einem Volumen von 1 cm^3. Die Besonderheit des *Heliox*^{UHV}-Kryostaten des Kryogenen RTM besteht darin, dass sich der gesamte Kryostateinsatz mit 1 K-Stufe und ^{3}He-Kreislauf mit dem RTM-Messkopf innerhalb einer Ultrahochvakuum–Kammer befindet. Daraus ergeben sich einige konstruktionsbedingte Eigenarten des Kryostaten. Insbesondere muss der Transfer von Proben und Tunnelspitzen ins RTM *in situ* erfolgen. Um dies zu erreichen, wird der gesamte Kryostateinsatz mittels einer Spindel aus dem Kryostaten in die darunterliegende Hauptkammer des Rezipienten gefahren (*Bottom-Loading Cryostat*). Dort besteht nach Öffnen der Strahlungsschilde optischer und mechanischer Zugang zum Messkopf mittels UHV-Manipulatoren *(Wobble Sticks)*. Der im Inneren des Kryostaten befindliche Teil der UHV-Kammer ist von der Hauptkammer durch zusätzliche Strahlungsschilde getrennt. Weiterhin kann durch die UHV-Umgebung beim Abkühlen des Kryostaten von Raumtemperatur kein Austauschgas verwendet werden. Stattdessen sorgt ein Faltenbalg im ^{3}He-Kreislauf für eine thermische Ankopplung des ^{3}He-Topfes an das LHe-Bad, welche nur bei hoher Temperatur (und damit verbundenem hohem ^{3}He-Dampfdruck) besteht. Viele Design-Komponenten des Kryostaten sind besimmt durch die Notwendigkeit, den UHV-Bereich auszuheizen, um die gewünschten tiefen Drücke zu erreichen, siehe Kapitel 4. Eine besondere Aufgabe kommt dabei dem sog. *UHV-Sock* zu, einem mehrwandigen Raum zwischen UHV-Kammer und LHe-Dewar. Während des Ausheizvorganges stromt heiße, trockene Luft durch das UHV-Sock, wodurch der Kryostateinsatz zum Erreichen der UHV-Bedingungen durch Strahlungswärme ausgeheizt wird. Im eingekühlten Zustand werden die Wände des UHV-Sock mit ^{4}He-Gas gekühlt und dienen so als zusätzliche thermische Abschirmung nach aussen.

Der Messkopf des Kryogenen RTM (Abbildung 3.6c) zeichnet sich durch eine besonders kompakte und daher stabile Bauform aus. Diese wurde bei der Entwicklung des Kopfes u.a. dadurch erreicht, dass für die laterale Grobausrichtung von Probe und Spitze nur in einer Richtung (x) ein Piezoaktuator zur Verfügung steht, d.h. auf die Möglichkeit zum Grobverfahren entlang der y-Richzung wurde verzichtet. Außerdem wurden keine optische Fasern integriert, welche für optionale Rasterkraftmikroskopie vonnöten wären. Der Vorteil des kompakten Designs liegt in der hohen Steifigkeit des Kopfes und damit in der mechanischen Stabilität des Tunnelkontaktes. Der derzeit verwendete Messkopf ist eine Weiterentwicklung eines Prototypen der Firma Omicron. Der Körper des ursprünglichen Prototyps war aus Ti gearbeitet. Aufgrund der spezifischen magnetischen Eigenschaften (Material, Geometrie) und der Feldinhomogenität des supraleitenden Magneten, in Verbindung mit der losen Aufhängung des Messkopfes an langen Federn, kam es zur Auslenkung des Kopfes bei anliegendem Magnetfeld bis hin zum Anschlagen am umgebenden Strahlungsschild [Gla06]. Durch eine überarbeitete Konstruktion unter Verwendung anderer Materialien konnte dieses Problem verhindert werden.

Die Messelektronik des Kryogenen RTM ähnelt der des oben beschrieben TT-RTM. Die Steuerung des RTM geschieht durch eine Omicron *MATRIX* Kontrolleinheit. Der Omicron *SPM PRE E* Vorverstärker stellt zwei Verstärkungsverhältnisse (Messbereiche) zur Verfügung: $2 \cdot 10^9$ V/A (5 nA) und $2 \cdot 10^8$ V/A (50 nA). Die Tunnelspannung wird ebenfalls über den Vorverstärker in den Kryostaten eingepeist. Der Bereich der Spannung kann mittels eines 10:1 Spannungsteilers im Vorverstärker zwischen ± 10 V und ± 1 V gewählt werden. Eine Darstellung der Ausgangsspannung an der Kontrolleinheit auf einem Oszilloskop ergab einen vom Betrag der Spannung unabhängigen Rauschpegel von 4.4 mV (RMS, d.h. im quadratischen Mittel), welcher durch die Spannungsteilung im Vorverstärker im ± 1 V–Bereich ein Rauschen von 440 μV RMS in den Tunnelkontakt einträgt. Dieser Pegel konnte durch einen passiven Tiefpassfilter (Abschneidefrequenz 1 kHz [7]) um mehr als eine Größenordnung auf 30 μV reduziert werden. Eine direkte Messung des Ausgangssignales am Vorverstärker war nicht ohne Weiteres möglich, da durch das Abtrennen des Verstärkers die Masseverbindung gegenüber dem eigentlichen Messzustand geändert wird und so sichtbar verfälschte Ergebnisse entstehen. Ein erheblicher Teil des elektronischen Rauschens der Messapparatur entsteht *im Inneren* des Kryostaten, d.h. zwischen Tunnelkontakt und Vorverstärker. Dies zeigt sich in einer Messung des Rauschpegels auf dem Eingangskanal des Tunnelstromes an der Kontrolleinheit mit einem Oszilloskop. Ist der Vorverstärker an den Kryostaten angeschlossen (Spitze zurückgezogen, d.h. es fließt kein Tunnelstrom), so ist der Rauschpegel im 5 nA-Messbereich mit 40 pA (RMS) viermal so hoch wie bei vom Kryostaten getrenntem Vorverstärker (10 pA RMS). Eine mögliche Quelle ist das thermische Rauschen in der Verkabelung innerhalb des Kryostaten. In jedem elektrischen Leiter entsteht Spannungsrauschen durch die thermische Bewegung der Ladungsträger [Joh28]. Die folgende Abschätzung soll zeigen, dass dieses Rauschen für die Energieauflösung des RTM relevant ist. Für die mittlere Rauschspannung $\tilde{U}$ eines ohmschen Widerstandes R im Leerlauf gilt im Frequenzintervall $d\nu$ [Nyq28]

$$\tilde{U}^2 = 4k_BTR \cdot \tilde{F}(\nu)\, d\nu \quad \text{mit } \tilde{F}(\nu) = \frac{h\nu/k_BT}{\exp(h\nu/k_BT) - 1} \tag{3.18}$$

mit dem Planck'schen Wirkungsquantum h. Die Funktion $\tilde{F}(\nu)$ verhindert eine Divergenz bei Integration über den gesamten Frequenzbereich (sog. Ultraviolett–Katastrophe). Für hinreichend kleine Frequenzen und hohe Temperaturen ist $\tilde{F}$ nahezu frequenzunabhängig,

[7] Die Modulationspannung des Lockinvertärkers wurde typischerweise zwischen 100 und 500 Hz gewählt und somit durch den Filter nicht beeinflußt

und man erhält die sog. Nyquist-Formel [Nyq28]. Durch Integration von Gleichung (3.18) ergibt sich für die gesamte Rauschspannung (vgl. Ref. [Hau01])

$$\tilde{U} = \sqrt{\frac{2}{3}\pi\, k_B T}\sqrt{\frac{R}{h}}\,. \tag{3.19}$$

Der Effekt des Rauschens auf ein Messsignal ist am stärksten bei kleinem Signal-zu-Rausch-Verhältnis, d.h. *vor* der ersten Verstärkerstufe. Im Kryogenen RTM wurden hauptsächlich Edelstahl-Koaxialkabel als Zuleitungen für Tunnelstrom und -spannung im Inneren des Kryostaten, d.h. zwischen Tunnelkontakt und Vorverstärker, eingesetzt. Um die Beweglichkeit des Kryostateneinsatzes für den Proben- und Spitzenwechsel zu gewährleisten, sind diese Leitungen verhältnismäßig lang (6 m pro Leitung bei 0,2 mm Durchmesser) und haben dadurch einen hohen elektrischen Widerstand von etwa 140 Ω bei Raumtemperatur [Oxf]). Einsetzen in Gleichung (3.19) ergibt für eine (maximale) Temperatur von 300 K ein Rauschspannungsniveau von ≈ 5 mV. Dieses würde sich direkt in einer Unschärfe der Anregungsenergie niederschlagen. Die Abschätzung kann nur eine obere Schranke liefern, da das Kabel sich ja im Kryostaten befindet und daher sowohl dessen Temperatur selbst als auch damit verbunden der elektrische Widerstand wesentlich geringer sind. Eine bessere Abschätzung würde die Kenntnis des Temperaturverlaufes entlang des Kabels voraussetzen. Dennoch zeigt die Rechnung, dass in der Messapparatur erzeugtes elektronisches Rauschen durchaus für die Energieauflösung relevant sein kann. Neben dem thermischen Rauschen können noch weitere Effekte eine Rolle spielen, z.B. Schrotrauschen [Sch18] in elektronischen Bauelementen und Kontaktrauschen an elektrischen Kontaktstellen (z.B. zwischen Messkopf und Probenträger), welche hier jedoch nicht betrachtet werden.

Die mit der niedrigen Messtemperatur angestrebte hohe Empfindlichkeit des Kryogenen RTM stellt ihrerseits große Anforderungen an die Entkopplung von externen Störungeinflüssen. Von elektromagnetischen Störsignalen ist der Messkopf weitgehend abgeschirmt, da er vollständig von den metallischen Umwandungen des UHV-Rezipienten bzw. des Kryostaten umgeben ist. Mechanische Schwingungen hingegen können auf den Messkopf übertragen werden und müssen deshalb abgeschirmt werden. Die Entkopplung wird dadurch kompliziert, dass aufgrund der Möglichkeit, ein hohes Magnetfeld an die Probe anzulegen, eine Wirbelstromdämpfung nicht zum Einsatz kommen kann. Das System zur mechanischen Schwingungsentkopplung des Kryogenen RTM gliedert sich in mehrere Stufen. Der RTM-Messkopf ist mit langen Federn am ^{3}He-Topf des Kryostaten aufgehängt. Aus der vergleichsweise großen Masse des Messkopfes und den kleinen Federkonstanten resultieren niedrige Eigenfrequenzen (1-2 Hz), welche sich gut vom Messsignal trennen lassen. Die thermische Ankopplung des RTM an den Kryostaten wird durch eine Litze aus Golddrähten hergestellt. Dadurch wird erreicht, dass es nur eine minimale, kaum störende mechanische Ankopplung gibt. Weiterhin ist das gesamte Messgerät in eine stabile Stahlkonstruktion eingepasst, welche auf einem passiven Vibrations-Isolationssystem ruht (PD-Serie von Integrated Dynamics Engineering [IDE], Markierung 4 in Abb. 3.6b). Dieses verfügt über vier pneumatische Dämpfungselemente mit niedrigen Eigenfrequenzen von 1,4 Hz vertikal und 5,5 Hz horizontal. Die Luftdämpfer ihrerseits stehen auf einem Fundament, welches vom Rest des umgebenden Gebäudes entkoppelt ist (Markierung 4 in Abb. 3.6b). Dadurch wird der Störungseintrag durch Gebäudeschwingungen reduziert. Um die mechanische Kopplung über die Leitungen für Pumpen und Heliumrückführung zu verringern, verlaufen diese durch einen 280 kg schweren massiven Betonblock (Markierung 5 in Abb. 3.6b). Zusätzlich ist ein Schalldämpfer in die He-Rückleitung integriert, um Oszillationen des Gasdruckes zu mindern.

Um externe Einflüsse auf das Kryogene RTM zu erfassen, wurden hochpräzise Schwingungsmessungen sowie Schallmessungen an der Messapparatur und deren Umgebung durchgeführt [Hei07]. Dabei wurden folgene Punkte festgestellt:

1. Ein erheblicher Teil der in vorangegangenen Tunnelexperimenten festgestellten Störungen werden durch instabile Gas- oder Fluidströmungen im Gerät selbst hervorgerufen. Insbesondere führen Druckschwankungen am UHV-Sock zu Schwingungen mit einer Frequenz von 32 Hz. Durch veränderte Einstellungen der Ventile in den entsprechenden Pumpleitungen konnte der Schwingungspegel minimiert werden.

2. Störende Einwirkungen durch Gebäudeschwingungen werden durch die passive Schwingungsisolierung effektiv gedämpft. Die Eigenfrequenz der Luftfederung liegt auf ausreichend tiefem Niveau.

3. Das Kryogene RTM ist einem erheblichen Schallpegel ausgesetzt. Die dabei stark hervortretenden Frequenzen 50 Hz und 100 Hz sind vorrangig mechanischen Geräten (Pumpen) in der Umgebung des Gerätes zuzuschreiben.

Zur Abschirmung der akustischen Einstreuungen wurde um die gesamte Messapparatur nachträglich eine Schallschutzkabine konstruiert und installiert (Industrial Acoustic Company [IAC], siehe Abbildung 3.7a). Besondere Herausforderung dabei war u.a. die Notwendigkeit, den Kryostaten im Fall von Reparaturarbeiten am RTM mittels eines Deckenkranes vom Grundgestell heben zu können. Abbildungen 3.7b und c verdeutlichen die durch die Schallisolierung erzielte Verbesserung der Funktion des RTM. Der Vergleich der vor und nach der Installation der Kabine aufgenommenen Tunnelspektren des Typ-II-Supraleiters $NbSe_2$ zeigen eine deutliche Qualitätsverbesserung: Die Kohärenzmaxima sind schärfer und höher ausgebildet, und die Unterdrückung der Leitfähigkeit innerhalb der Anregungslücke Δ ist deutlicher ausgeprägt. Beides deutet auf eine Verbesserung der Energieauflösung hin. Der nichtlineare Hintergrund der Kurve c) (das anomale Absinken von $g(U)$ für Spannungen $U \gtrsim \Delta$ nahe der Kohärenzmaxima) deutet möglicherweise auf einen nicht–ideale Vakuumbarriere hin, beispielsweise infolge von Kontaminationen [Ren95].

Um die spektrale Auflösung des Kryogenen RTM experimentell zu überprüfen, wurden die supraleitenden Anregungsspektren von Nb und Al gemessen. Für diese konventionel-

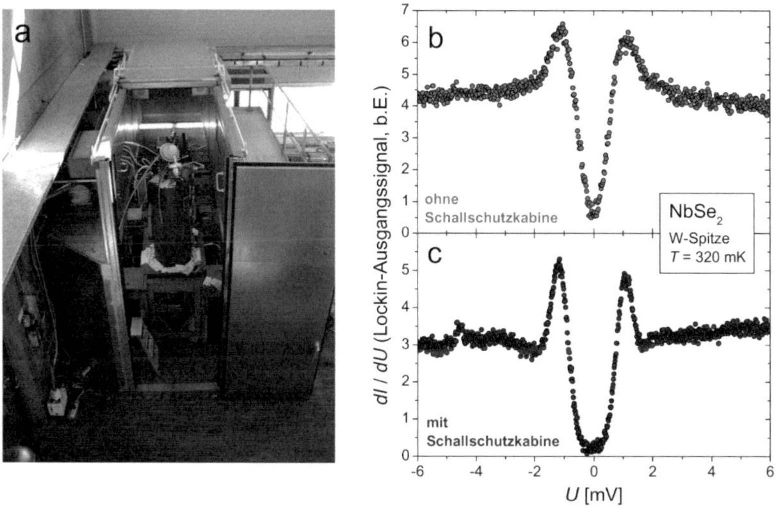

Abbildung 3.7: **Die Schallschutzkabine am Kryogenen RTM. a)** Gesamtansicht des Gerätes mit der umgebenden Kabine bei geöffneter Vordertür und Schiebedach. **b,c)** Vergleich von dI/dU-Spektren von supraleitendem $NbSe_2$ ($T_c = 7.2\,K$), wie sie typischerweise b) vor, und c) nach der Installation der Kabine gemessen wurden. Beide Spektren entstanden unter sonst vergleichbaren experimentellen Bedingungen (W-Spitze, $T = 320\,mK$, Tunnelwiderstand b) $8.8\,M\Omega$, c) $5.5\,M\Omega$, $U_{\mathrm{mod}} = 30\,\mu V$)

len Supraleiter kann die Spektralfunktion gut im Rahmen der BCS-Theorie beschrieben werden(vgl. Abschnitt 2.4.1), und die Energielücken Δ liegen im relevanten Energiebereich ($\sim 0.1 - 1\,meV$). Abbildung 3.8a zeigt die differentielle Leitfähigkeit zwischen einer Nb-Spitze und einer Graphit-Probe (HOPG) bei $T = 350\,mK$. Das Halbmetall Graphit weist im aufgetragenen Energieintervall eine nahezu konstante Zustandsdichte auf [McC57], die Form des Spektrums wird also durch die supraleitende Anregungslücke von Nb bestimmt. Die rote Linie entspricht einem Fit der BCS-Zustandsdichte. Dabei wurde der Effekt der Temperatur wurde gemäß Gleichung (3.8) einbezogen werden. Für die numerische Berechnung wurde die Ableitung der Fermifunktion df/dE angenähert durch

$$\frac{df(E,T)}{dE} \approx \frac{1}{4k_BT}\frac{1}{\cosh^2(E/2k_BT)} \,. \tag{3.20}$$

Des weiteren wurden inelastische Streuprozesse der supraleitenden Quasiteilchen an der Tunnelbarriere berücksichtigt. Der dafür eingeführte empirische Streuparameter Γ ist proportional zur inversen Quasiteilchen-Lebensdauer, $\Gamma \sim \tau^{-1}$ [Dyn78]. Im Ausdruck für das

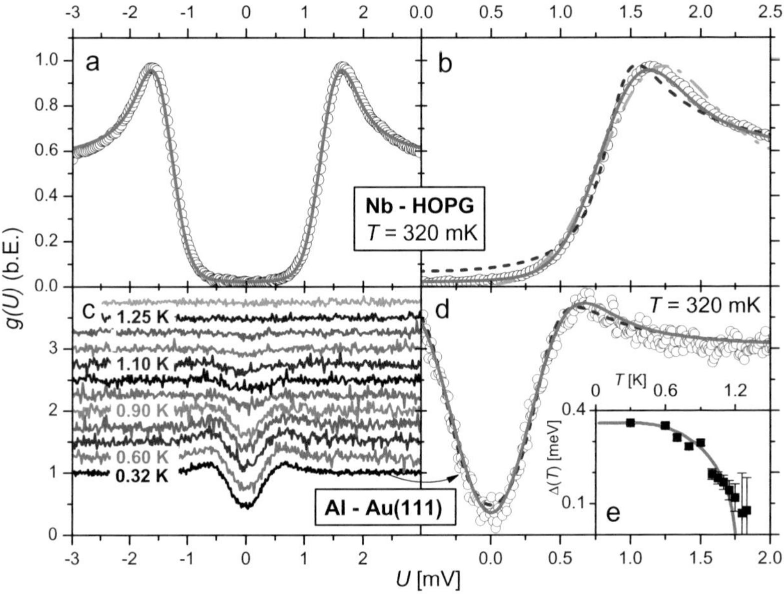

Abbildung 3.8: **Überprüfung der Energieauflösung am Kryogenen RTM. a)** Differentielle Leitfähigkeit $g(U)$, gemessen zwischen einer Nb–Spitze und einer HOPG–Probe bei $T = 350\,\text{mK}$. **b)** vergrößerte Darstellung. Die Linien entsprechen BCS-Fits mit folgenden Parametern (Bedeutung siehe Text): *(durchgezogene rote Linie)* $\Delta = (1.40 \pm 0.01)\,\text{meV}$, $\Gamma = (0.06 \pm 0.04)\,\text{meV}$, $\sigma = (0.22 \pm 0.04)\,\text{meV}$; *(blaue Strich-Punkt-Linie)* $\Delta = (1.41 \pm 0.01)\,\text{meV}$, $\Gamma = (0.18 \pm 0.01)\,\text{meV}$, $\sigma = 0$ fest; *(grüne gestrichelte Linie)* $\Delta = (1.54 \pm 0.01)\,\text{meV}$, $\Gamma = 0$ fest, $\sigma = (0.35 \pm 0.01)\,\text{meV}$. **c)** Normierte $g(U)$-Kurven zwischen Al und Au(111) für verschiedene Temperaturen $0.32\,\text{K} \leq T \leq 1.3\,\text{K}$. ($I_{\text{set}} = 1.8\,\text{nA}$, $U_{\text{mod}} = 20\,\mu\text{V}$, $B = 0$) **d)** Vergrößerte Darstellung für $T = 320\,\text{mK}$, BCS-Fits mit den Parametern *(durchgezogene rote Linie)* $\Delta = (0.36 \pm 0.01)\,\text{meV}$, $\Gamma = (0.11 \pm 0.02)\,\text{meV}$, $\sigma = (0.19 \pm 0.03)\,\text{meV}$; *(blaue Strich-Punkt-Linie)* $\Delta = (0.39 \pm 0.01)\,\text{meV}$, $\Gamma = (0.22 \pm 0.03)\,\text{meV}$, $\sigma = 0$ fest. **e)** Temperaturabhängigkeit der Energielücke $\Delta(T)$ aus den BCS-Fits der Spektren aus c) mit festen Werten $\Gamma = 0.11\,\text{meV}$ und $\sigma = 0.19\,\text{meV}$ (siehe d)). Die rote Linie entspricht $\Delta(T)$ gemäß BCS-Theorie mit $\Delta(0) = 0.36\,\text{meV}$ und $T_c = 1.2\,\text{K}$.

BCS-Anregungsspektrum taucht Γ in Form einer *imaginären* Energie auf:

$$\rho_s(E)/\rho_0 = \mathrm{Re}\frac{E - i\Gamma}{\sqrt{(E-i\Gamma)^2 - \Delta^2}} \,. \tag{3.21}$$

Γ bewirkt eine für Streuprozesse typische Verbreiterung der Signaturen der DOS. Insbesondere kann so eine endliche DOS innerhalb der Energielücke beschrieben werden. Für $\Gamma \to 0$ ergibt sich wieder der Ausdruck (2.21). Um eine zusätzliche Begrenzung der Energieauflösung durch die Messapparatur zu modellieren, wurde die thermisch verschmierte Zustandsdichte nochmals mit einer Gauß-Funktion der Halbwertsbreite σ (HWHM) gefaltet. Der so erhaltene Fit mit $\Delta = (1.40 \pm 0.01)\,\mathrm{meV}$, $\Gamma = (0.06 \pm 0.04)\,\mathrm{meV}$ und $\sigma = (0.22 \pm 0.04)\,\mathrm{meV}$ als freie Parameter liefert eine sehr gute Beschreibung der Tunneldaten im abgebildeten Spannungsbereich. Der Wert für Δ stimmt gut mit der BCS–Energielücke für schwache Kopplung, $\Delta(0) = 1.76 k_B T_c^{\mathrm{Nb}} = 1.76 k_B \cdot 9.25\,\mathrm{K} = 1.36\,\mathrm{meV}$ überein. Die Vergrößerung in Teilbild b) zeigt, dass ein Fit mit Γ und σ als freie Parameter die Daten erheblich besser beschreibt als Fits mit nur einem der beiden Parameter. Das bedeutet, dass sowohl Streuprozesse am Tunnelkontakt als auch eine „Verschmierung" der Daten durch experimentelle Einflüsse in die Beschreibung einbezogen werden müssen. Diese Unschärfe σ enthält neben einem gerätespezifischen Beitrag auch den Einfluß der Modulation der Vorspannung U über den Tunnelkontakt durch den Lockin-Verstärker. Separiert man von der Energiebreite σ den Effekt der Modulationsspannung $(\Delta E)_{\mathrm{mod}} = 2.5\,U_{\mathrm{mod}} = 2.5 \cdot 50\,\mu\mathrm{eV} = 0.125\,\mathrm{meV}$, so ergibt sich eine Restbreite[8] $\tilde{\sigma} = \sqrt{\sigma^2 - (2.5\,U_{\mathrm{mod}})^2} = (0.18 \pm 0.04)\,\mathrm{meV}$, welche alle übrigen Einflüsse wie elektronisches Rauschen enthält.

In Abbildung 3.8c ist die normierte differentielle Leitfähigkeit $g(U)$ zwischen einer Al–Spitze und einer Au–Probe bei verschiedenen Temperaturen dargestellt. Bei tiefen Temperaturen zeigt sich die supraleitende Energielücke von Al, welche sich erwartungsgemäß zu höheren Temperaturen schließt und bei $T_c^{(\mathrm{Al})} = 1.2\,\mathrm{K}$ innerhalb der experimentellen Auflösbarkeit vollständig verschwunden ist. Teilbild d) enthält eine Vergrößerung der 320 mK-Kurve, zusammen mit BCS–Fits mit *(durchgezogene rote Linie)* und ohne Gauß-Verschmierung *(blaue Strich-Punkt-Linie)*. Es zeigen sich nur geringe Unterschiede, wobei der Fit mit freien $\Delta = (0.36 \pm 0.01)\,\mathrm{meV}$, $\Gamma = (0.11 \pm 0.03)\,\mathrm{meV}$ und $\sigma = (0.19 \pm 0.02)\,\mathrm{meV}$ die Daten geringfügig besser beschreibt. Zudem ist der mit $\sigma = 0$ gewonnene Wert $\Gamma = (0.22 \pm 0.03)\,\mathrm{meV}$ verglichen mit $\Delta = (0.39 \pm 0.01)\,\mathrm{meV}$ ungewöhnlich hoch. Eine Approximation mit freiem σ *ohne* die Verwendung von Γ lieferte unphysikalische Ergebnisse. Auffällig ist, dass der Fitparameter Δ gegenüber der Erwartung gemäß der BCS-Theorie für schwach gekoppelte Supraleiter, $\Delta(0) = 1.76 k_B T_c^{\mathrm{Al}} = 0.18\,\mathrm{meV}$, wesentlich zu groß ist. Diese Abweichung kann mit den vorliegenden Daten nicht eindeutig erklärt werden. Eine Möglichkeit ist, dass aufgrund der extremen Form der Al-Elektrode (atomar scharfe Spitze) die supraleitenden

[8] Der Effekt zweier „nacheinander" an einem Messsignal ausgeführten Verschmierungen der Breiten σ_1 uns σ_2 entspricht der Faltung mit einer Verteilungsfunktion der effektiven Breite $\sigma_1 + \sigma_2$

Eigenschaften geändert haben, ähnlich wie man es in dünnen Filman beobachtet [Buc04]. Die Temperaturabhängigkeit der gemessenen Energielücke ist in Abbildung 3.8e) dargestellt. $\Delta(T)$ wurde extrahiert aus BCS-Fits der in Teilbild c) gezeigten Daten, wobei für alle Temperaturen die für $T = 320\,\text{mK}$ erhaltenen Werte $\Gamma = 0.11\,\text{meV}$ und $\sigma = 0.19\,\text{meV}$ verwendet wurden. Prinzipiell würde man eine T-Abhängigkeit von Γ erwarten, da mit ansteigender Temperatur die Streuwahrscheinlichkeit für Quasiteilchen zunimmt [Dyn78]. Eine Approximation mit Γ als freien Parameter divergierte jedoch für höhere Temperaturen, weshalb zur Vereinfachung Γ festgehalten wurde. Mit dieser Einschränkung folgen die Daten $\Delta(T)$ im Rahmen der Fehlerbereiche dem laut BCS-Theorie erwarteten Verlauf (rote Linie in e) für $\Delta(0) = 0.36\,\text{meV}$ und $T_c = 1.2\,\text{K}$. Anhand der Al-Daten allein kann innerhalb der Messgenauigkeit nicht eindeutig zwischen einer Verschmierung der Spektren durch inelastische Streuprozesse (Γ) und durch die Energieauflösung der Messapparatur (σ) unterschieden werden. Berücksichtigt man wieder die Modulationsspannung $U_{\text{mod}} = 20\,\mu\text{V}$, so stimmt der für $T = 320\,\text{mK}$ erhaltene Wert $\tilde{\sigma} = (0.18 \pm 0.02)\,\text{meV}$ mit dem aus den Messungen auf Nb überein. Daher kann man annehmen, dass es eine gerätespezifische, von Temperatur und Modulationsspannung unabhängige Energieunschärfe $(\Delta E)_{\tilde{\sigma}} = (0.18 \pm 0.03)\,\text{meV}$ gibt, welche alle weiteren störenden Einflüsse, wie elektronisches Rauschen der Messelektronik oder der Verkabelung, aber auch externe Störungen erfasst. Setzt man eine Modulationsspannung an, welche im Bereich der thermischen Energie der Basistemperatur des Kryogenen RTM liegt ($\sim 30\,\mu\text{V}$), so ergibt sich unter Berücksichtigung der thermischen Energieauflösung $(\Delta E)_T$ bei $T = 320\,\text{mK}$, der Auflösung aufgrund der Modulationsspannung $(\Delta E)_{\text{mod}}$ sowie der durch die Apparatur hervorgerufenen Begrenzung der Auflösung $(\Delta E)_{\tilde{\sigma}}$ ein gesamtes spektrales Auflösungsvermögen des Kryogenen RTM von

$$\Delta E = \left[(\Delta E)_T^2 + (\Delta E)_{\text{mod}}^2 + (\Delta E)_{\tilde{\sigma}}^2\right]^{\frac{1}{2}} = 210\,\mu\text{eV}\,. \tag{3.22}$$

Die beschriebenen Messungen mit Al und Nb wurden *vor* dem Aufbau der oben angesprochenen Schallschutzkabine durchgeführt. Die durch die Kabine bewirkte Verbesserung der Energieauflösung ist in ΔE demnach noch nicht erfasst.

MK–RTM

Der ^{3}He/^{4}He-Mischungskryostat stellt eine Möglichkeit dar, durch kontinuierliche Kühlung auf Basis eines Gemisches aus ^{3}He und ^{4}He Temperaturen unterhalb $0.3\,\text{K}$ zu erreichen. Das Funktionsprinzip basiert auf einer Besonderheit im Mischungsphasendiagramm der beiden Heliumisotope. Unterhalb von $T = 0.87\,\text{K}$ kann ein ^{3}He/^{4}He-Gemisch nicht mehr in beliebigen Mischungsverhältnissen vorkommen. Vielmehr gibt es ein Koexistenzgebiet, in welchem Phasenseparation zwischen einer ^{3}He-reichen und einer ^{3}He-armen Phase vorliegt. Zur Kühlung wird nun die Mischungsenthalpie ausgenutzt, die frei wird, wenn ^{3}He-Atome von der ^{3}He-reichen Phase in die verdünnte, ^{4}He-Phase transferiert werden. Eine detaillierte Beschreibung des Prozesses kann in Ref. [Pob96] gefunden werden. Der Kryostat des

MK–RTM ist ein Eigenbau des *Laboratorio de Bajas Temperaturas, Universidad Autónoma de Madrid* auf Grundlage eines Oxford Instruments *Kelvinox 25*. Die erreichte Basistemperatur liegt bei 30 mK. Ein supraleitender Magnet erzeugt Felder bis zu 7 T. Zur Vibrationsisolierung ist der Kryostat mittels Kunstfaserseilen von der Decke des Laborraumes so abgehängt, dass er fast vollständig in einer Grube im Baugrund versenkt ist. Das eigens konstruierte RTM sowie die rauscharme Elektronik ermöglichen eine den tiefen Temperaturen adäquate Energieauflösung von 15 μV [Rod04a, Sud04]. Das MK–RTM ist im Unterschied zu den voranstehend beschriebenen Geräten kein UHV-System. Das RTM befindet sich in der inneren Vakuumkammer des Mischungskryostaten. Während des Abkühlvorganges wird eine kleine Menge von He als Austauschgas in diesen Bereich eingelassen, wodurch die Zeit zum Erreichen von LHe-Temperatur verkürzt wird. Um auf Basistemperatur zu kommen, wird das Austauschgas abgepumpt. Vorhandenes Restgas wird durch die gekühlten Flächen adsorbiert. Da sich das RTM nicht unter UHV-Bedingungen befindet, ist eine Probenbearbeitung bei tiefen Temperaturen notwendig. Zu diesem Zweck kann der Probenträger im RTM auch im eingekühlten Zustand von außen mittels eines Drahtseiles und einer linearen Vakuumdurchführung bewegt werden. Einerseits kann so die Probenposition während des Experimentes verändert werden. Zum Anderen kann die Probe auch relativ zu einer am RTM-Körper befestigten Keramikklinge bewegt und so bei tiefer Temperatur gespalten werden.

Zusammenfassung

In diesem Kapitel wurden die Messmethode der RTM bzw. RTS beschrieben und einige Besonderheiten gegenüber anderen Methoden herausgestellt. Für die Auswertung der durchgeführten Tunnelexperimente benötigte theoretische Grundlagen wurden bereitgestellt. Als eine wesentliche experimentelle Voraussetzung für RTS an Schwere-Fermionen-Systemen wurde das spektrale Auflösungsvermögen diskutiert. Verschiedene Ursachen einer Begrenzung der Energieauflösung wurden dargestellt und anhand der verwendeten RTM-Aufbauten diskutiert. Insbesondere zeigte eine experimentelle Analyse, dass das Kryogene RTM bei Basistemperatur eine Energieauflösung besitzt, welche Experimente an Schwere-Fermionen-Supraleitern prinzipiell möglich machen.

4 Oberflächenbearbeitung von Schwere-Fermionen-Metallen für Rastertunnelmikroskopie und -spektroskopie

Im vorangegangenen Kapitel wurde aufgezeigt, dass der Tunnelstrom im RTM durch den Übergang von Elektronen zwischen den Zuständen zustande kommt, welche sich an den Oberflächen der beteiligten Elektroden befinden. Die Übergangswahrscheinlichkeit fällt näherungsweise mit $2\kappa \sim 1\,\text{Å}^{-1}$ ins Vakuum ab. Daraus ist unmittelbar ersichtlich, dass RTM und RTS außerordentlich oberflächensensitive Methoden sind. Das kann insbesondere dann Auswirkungen haben, wenn man RTM/S-Daten mit Eigenschaften des Festkörpers in Verbindung bringen möchte. Die an einer Oberfläche gebrochene Translationssymmetrie stellt eine Störung der Gitterperiodizität eines (als unendlich ausgedehnt angenommenen) Festkörpers dar. Aufgrund der geänderten elektronischen Umgebung der Atomrümpfe an einer Oberfläche können sich jedoch auch die Eigenschaften einer „idealen“ Oberfläche von denen des Festkörpervolumens unterscheiden [Lüt95, Des96, Lan91]. Beispielsweise findet man auf polaren Oberflächen Häufig Rekonstruktionen. Doch selbst die Herstellung einer wohldefinierten Oberfläche kann eine Herausforderung sein, und kleinste Störungen können sich auf Tunnelexperimente auswirken. Frische, saubere Oberflächen sind jedoch oft sehr reaktiv gegenüber Atomen oder Molekülen aus der umgebenden Atmosphäre. Auftreffende Teilchen können auf verschiedene Weise mit einer Oberfläche wechselwirken, und es kann zur Adsorption kommen. Dabei unterscheidet man starke Chemisorption, bei welcher eine chemische Bindung zwischen den Atomen der Oberfläche und dem Adsorbat aufgebaut werden, und schwacher Physisorption durch van-der-Waals-Kräfte. Die Gesamtheit der Adsorbate bildet eine Oberflächenschicht mit gegenüber dem Festkörpervolumen geänderter, im Allgemeinen unbekannter chemischer Identität. Diese komplexe Struktur kann die Messung der Eigenschaften des Probenmaterials durch RTM behindern bzw. selbst in unerwünschter Weise zum Messsignal beitragen. Die Herstellung definierter Proben- und Spitzenoberflächen ist daher von zentraler Bedeutung für die RTM. Auf Seltenerdelementen, insbesondere auf Ce basierende Verbindungen sind für ihre Reaktivität bekannt. Auf der anderen Seite hängen die für die Tieftemperatureigenschaften von Schwere-Fermionen-Systemen relevanten Energieskalen wie KEF und Hybridisierungsstärke sensitiv von der zugrundeliegenden Kristallstruktur ab. Daher ist zu erwarten, dass die Herstellung definierter, sauberer Oberflächen hier besonders wichtig, aber auch herausfordernd ist. Neben den außergewöhnlichen Anforderungen an die Messbedingungen (vgl. Kapitel 3.3) ist dies sicherlich ein gewichtiger Grund dafür, dass bisher kaum Berichte über erfolgreiche RTS-Experimente an Schwere-Fermionen-Materialien in der Literatur zu finden sind.

Die Oberflächenbearbeitung sowohl an Proben als auch an den Tunnelspitzen wird in den nachfolgenden Abschnitten dargestellt. Um eine einmal präparierte Oberfläche für die Dauer eines Experimentes zu erhalten, kann es, in Abhängigkeit vom zu untersuchenden System, von Vorteil sein, unter UHV–Bedingungen zu arbeiten. Betrachtet man ein ideales Gas in einem Volumen V, so ist in der kinetischen Gastheorie [Vog97, Lüt95, O'C92] der Fluß $\dot{z}$ von Gasmolekülen durch eine Einheitsfläche (in Einheiten von $\mathrm{cm}^{-2}\mathrm{s}^{-1}$ gegeben durch

$$\dot{z} = \frac{2.635 \cdot 10^{20}\, p}{\sqrt{MT}} \ \left[\mathrm{cm}^{-2}\,\mathrm{s}^{-1}\right] \tag{4.1}$$

Dabei ist p der Gasdruck (in Pa) im Volumen V, M die Molekülmasse (in g/mol) und T die Temperatur (in K). Für Stickstoffgas ergibt sich beispielsweise bei Raumtemperatur und Atmosphärendruck, dass jedes Atom einer begrenzenden Oberfläche etwa 10^8 mal pro Sekunde von einem Gasmolekül getroffen wird [O'C92]. Ein auftreffendes Molekül wird mit einer Adsorptionswahrscheinlichkeit $0 \leq s \leq 1$ adsorbiert. Dementsprechend bildet sich unter Atmosphärendruck in Bruchteilen einer Sekunde eine geschlossene Adsorbatschicht, wodurch wohldefinierte Tunnelexperimente u.U. unmöglich werden. Um diese Kontaminationszeit auf die für eine Tunnelexperiment typische Zeitskale zu erhöhen, muss der Umgebungsdruck entsprechend reduziert werden. Bei einem Restgasdruck von 10^{-10} mbar beträgt die Kontaminationszeit gemäß der obigen Abschätzung bereits etwa einen Tag, wodurch Messungen an sauberen Oberflächen bei entsprechend geringer Adsorbatdichte möglich werden. Aus diesem Grund sind das TT–RTM sowie das Kryogene RTM jeweils in UHV–Rezipienten integriert. Proben können so nach der Oberflächenpräparation *in situ* ins RTM transferiert bzw. auch im Inneren der Vakuumkammer gelagert werden. Die Probenbearbeitung muss also nicht direkt im RTM erfolgen. Befindet sich eine Probe im RTM, ist sie von den Strahlungsschilden des Kryostaten vollständig umgeben. Durch deren Ankopplung an das LHe-Bad agieren die Strahlungsschilde als Kryopumpen, adsorbieren also aufgrund ihrer niedrigen Temperatur Restgasatome. Dadurch verlängert sich der Zeitraum, während dessen eine frische Oberfläche stabil gegen Adsorbate ist, erheblich. So wurden an *in situ* gespaltene Proben des Materials $YbRh_2Si_2$ über eine Periode von *zwei Monaten* RTM-Messungen durchgeführt, ohne dass eine fortschreitende Kontamination beobachtet wurde. Nachdem jedoch eine Probe aus dem RTM entfernt und wenige Tage bei Raumtemperatur unter UHV-Bedingungen gelagert wurde, zeigten erneute RTM-Messungen eine erhöhte Dichte von Adsorbaten.

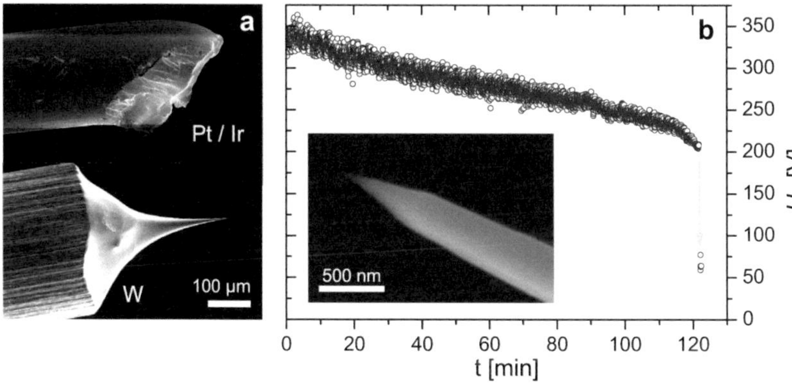

Abbildung 4.1: **RTM-Spitzen. a)** REM-Mikrographen einer durch Schneiden hergestellten Pt80/Ir20-Spitze *(oben)* und einer elektrochemisch geätzten W-Spitze *(unten)* (300-fache Vergrößerung, Kathodenspannung 25 kV). **b)** Zeitlicher Verlauf der Spannung beim Selbst-Sputtern einer W-Spitze bei konstantem Emissionsstrom (10 μA). Der grüne Pfeil markiert den Spannungssprung, welcher zur automatischen Abschaltung des Sputtervorganges führte (siehe Text). Das REM-Bild zeigt die Spitze nach dem Sputterprozess (80000-fach, 25 kV). REM-Daten: P. Scheppan. Abbildungen entnommen aus Ref. [Ern06]

4.1 Herstellung von Tunnelspitzen

Bei jeder Messung einer physikalischen Größe haben die Eigenschaften der jeweiligen Messsonde gewissen Einfluß auf das Messergebnis. Dementsprechend wirken sich Form und chemische Identität der Tunnelspitze wesentlich auf ein RTM-Experiment aus. Einerseits bedingt die Konfiguration der der Probe am nächsten liegenden Spitzenatome aufgrund der exponentiellen Abhängigkeit des Stromes vom Abstand das räumliche Auflösungsvermögen des RTM [Gar86, Roh93, Bai95]. Andererseits wird der Tunnelstrom gemäß Gleichung (3.6) auf Seite 28 nicht nur durch die elektronischen Eigenschaften des Probenmateriales bestimmt, sondern auch durch die der Tunnelspitze. Dieser Einfluß ist insbesondere bei der Tunnelspektroskopie erheblich. Hierbei ergibt sich die Schwierigkeit, die Beiträge der Zustandsdichten von Spitze und Probe zu separieren. Um diesen – in den meisten Fällen unerwünschten – Einfluß zu minimieren, werden üblicherweise metallische Spitzen verwendet, für welche die Energieabhängigkeit der Zustandsdichte für kleine Spannungen vernachlässigt werden kann. Weit verbreitete Materialien zur Herstellung von RTM-Spitzen sind Pt–Ir–Legierungen. Pt ist chemisch weitgehend inert und eignet sich daher besonders zur Anwendung unter atmosphärischen Bedingungen. Das Hizufügen von Ir dient der Erhöhung der Steifigkeit des weichen Pt [Gme]. Tunnelspitzen aus Pt–Ir können auf schnelle und einfache Weise durch Schneiden von einem Drahtstück hergestellt werden [Bai95], siehe Abbildung 4.1. Pt-Ir weist aber auch entscheidende Nachteile auf: Seine geringe mechanische Stabilität macht es sehr anfällig gegenüber Veränderungen, wodurch sich auch *während* eines RTM-Experimentes der Tunnelstrom ändern kann. Des weiteren ist Pt–Ir keine stöchiometrische Verbindung, sondern eine Legierung, d.h. es besteht aus Mischkristallen, deren *lokale* Zusammensetzung statistisch etwas variieren kann. Da der Tunnelstrom von wenigen Spitzenatomen getragen wird, kann nicht kontrolliert werden, in welchem Verhältnis die beiden Elemente Pt und Ir zum Tunnelstrom beitragen, und ein Einfluß einer u.U. komplexen Zustandsdichte auf die Spektroskopie kann nicht ausgeschlossen werden. Im Laufe dieser Arbeit wurden nur gelegentlich Pt–Ir-Spitzen für Topographiemessungen verwendet. Die meisten Messungen wurden mit Spitzen aus Wolfram durchgeführt. Das Übergangsmetall W hat eine hohe und vergleichsweise glatte Zustandsdichte in der Nähe der Fermienergie[Nes95]. Ein hoher d-Elektronenanteil ist vorteilhaft für das räumliche Auflösungsvermögen des RTM [Che90a]. Die hohe Steifigkeit des Metalls sowie dessen hohe Aktivierungsenergie der Diffusion von Oberflächenatomen führen dazu, dass W-Spitzen mechanisch sehr stabil sind. Der supraleitende Übergang liegt mit 10 mK weit unterhalb der in unseren RTM erreichbaren Temperaturen. Somit sind W-Spitzen gleichermaßen für Topographie- und Spektroskopiemessungen geeignet. Die Spitzen wurden durch elektrochemisches Ätzen in NaOH hergestellt [Ibe90, Bai95, Omi98]. So erhaltene Spitzen weisen eine dichte Oxidschicht von einigen Nanometern Dicke auf [Ibe90], welche vor der Benutzung im RTM unter Vakuumbedingungen entfernt werden muss. Im Laufe dieser Arbeit wurden dafür im Wesentlichen zwei Methoden angewandt: Elektronenstrahlheizen und Selbst-Sputtern mit Ne^+-Ionen. Bei ersterer Methode [Ekv99] werden durch Glühemission in einer Heizwendel erzeugte Elektronen unter Einfluß einer Hochspannung (typischerweise einige 100 V) zur Spitze hin beschleunigt. Die auf die Spitze auftreffenden schnellen Elektronen werden dort auf die Fermienergie abgebremst. Die dabei frei werdende thermische Energie führt zu einem lokalen Aufheizen der Spitze, wodurch die WO_3-Schicht reduziert wird. Die Heizleistung liegt dabei typischerweise bei $\lesssim 100\,\mu$W [Ern06]. Im Gegensatz zum Elektronenstrahlheizen werden bei der „Selbst-Sputter“-Methode Elektronen aus der Spitze feldemittiert, welche die Atome einer umgebenden Ne-Atmosphäre ($p_{\mathrm{Ne}} \sim 10^{-5}$ mbar) ionisieren. Die so entstehenden positiv geladenen Ne^+-Ionen werden im Feld entgegengesetzt zu den Elektronen, also zur Spitze hin beschleunigt, wo sie beim Auftreffen Material abtragen (sputtern) [Jan70]. Je „schärfer“ die Spitze durch das Sputtern wird (d.h. je kleiner der Krümmungsradius der Spitze ist), desto höher wird gemäß der Fowler-Nordheim-Gleichung für die Feldemission [Fow28, Nor28, Mod84] der Emissionsstrom der Elektronen. Mithin zeigt ein Ansteigen des Stromes einen fortschreitenden Sputterprozess an. Um eine Beschädigung der Spitze durch einen zu hohen Stromfluß zu vermeiden, wird in der Praxis der Emissionsstrom konstant gehalten, und die anzulegende Spannung U_S sinkt mit der Zeit, vgl. Abb 4.1b). Weiterhin zeigt sich, dass die höchste Sputterrate

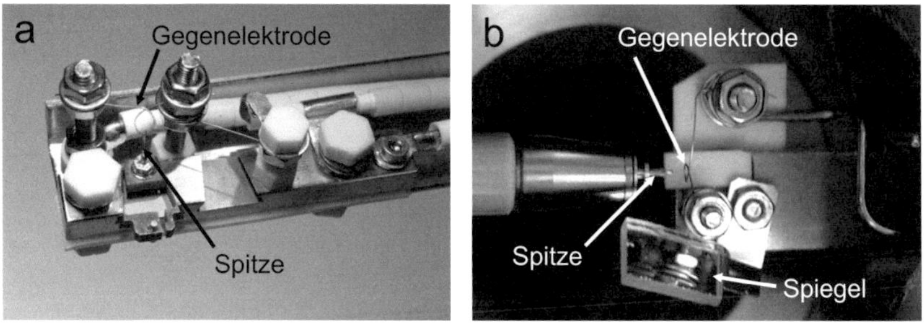

Abbildung 4.2: **Vorrichtungen zur *in-situ* Spitzenbearbeitung, a)** am Kryogenen RTM, und **b)** am TT–RTM (Eigenkonstruktionen, nicht im Rahmen dieser Arbeit entstanden). Die Spitze wird jeweils relativ zu einer Gegenelektrode positioniert. Die Schleife aus W-Draht dient sowohl zur Glühemission beim Heizen als auch als Gegenelektrode der Feldemission beim Sputtern der Spitzen (umgekehrte Polarisation des elektrischen Feldes). Die benötigte Hochspannung liegt in beiden Fällen an der Spitze an, während die Gegenelektrode Massekontakt hat.

nicht am vordersten Punkt der Spitze, sondern (aufgrund der gegenüber den Elektronen höhereren Masse der Ne^+-Ionen) etwas entfernt am Schaft auftritt [Sch95]. Dadurch bildet sich eine Verjüngung („Hals“) am Schaft der Spitze, welche sich mit fortschreitendem Prozess vertieft und schließlich durch das starke elektrische Feld zerrissen wird. Mithilfe geeigneter Elektronik kann diese „Enthauptung“ detektiert und der Sputterprozess an diesem Punkt abgebrochen werden [Alb94] (siehe Pfeil in Abb. 4.1b). Die resultierende Spitze ist sehr scharf und frei von Verunreinigungen [Alb94, Raa99]. Als sehr effektiv hat sich die Kombination beider aufgeführter Methoden, Heizen und Sputtern, erwiesen [Ern06, Ern07].

Abbildung 4.2 zeigt die Vorrichtungen zur *in situ* Bearbeitung von W-Spitzen am Kryogenen RTM und am TT-RTM. Sie befinden sich in den Schleusenkammern der jeweiligen UHV-Rezipienten. Die Schleusenkammern sind so konzipiert, dass sie innerhalb kurzer Zeit zu einem für die Spitzenbearbeitung benötigten Druck von $< 10^{-7}$ mbar evakuiert werden können. So können die Spitzen ohne Öffnen und ggf. Fluten der Hauptkammern bearbeitet werden. Im Kryogenen RTM wird der Spitzenhalter mit Spitze direkt unterhalb einer ortsfesten Gegenelektrode eingebaut. Da die Gegenelektrode die Form einer Schleife hat, kann sie sowohl für die Glühemission beim Elektronenstrahlheizen als auch für die Feldemission beim Selbstsputtern verwendet werden. Die benötigte Hochspannung liegt jeweils an der Spitze an, die Gegenelektrode hat Masseverbindung. Für elektrische Isolation sorgen Bauteile aus Keramik und Teflon. Die Konstruktion am TT-RTM beruht auf einem etwas anderen Prinzip. Hier muss zunächst der Spitzenhalter innerhalb der Schleuse aus einem Spitzenträger entnommen werden. Mittels einer zusätzlichen Lineardurchführung kann die

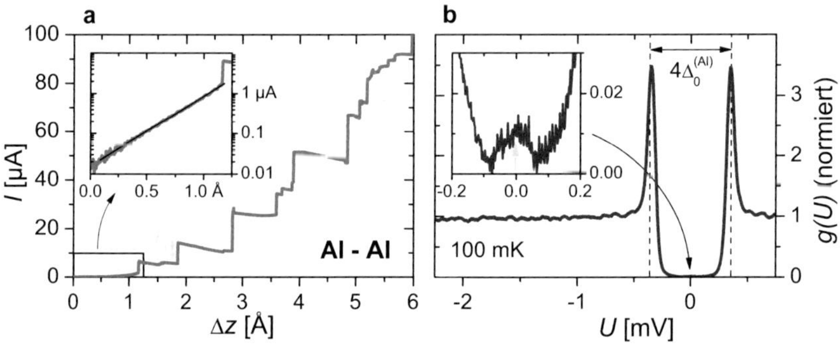

Abbildung 4.3: **Supraleitende Al-Spitzen. a)** Abhängigkeit des Stromes von der Eintauchtiefe bei der Spitzenbearbeitung (*Mechanical Annealing* am Al-Substrat). I_0 entspricht bei $U = 100\,\mathrm{mV}$ dem Stromfluß durch einen einatomigen Punktkontakt (ein Quantum der elektrischen Leitfähigkeit, $g_0 = \frac{2e^2}{h} = 77.5\,\mu\mathrm{S}$). Die Vergrößerung zeigt für eine Vakuumbarriere erwartete exponentielle Abhängigkeit des Stromes im Tunnelregime. **b)** Differentielle Leitfähigkeit zwischen Al-Probe und -Spitze bei $T = 100\,\mathrm{mK}$. Die gestrichelten Linien markieren $|U| = 2\Delta_0^{(\mathrm{Al})}/e = 0.35\,\mathrm{mV}$. Die Vergrößerung zeigt ein Maximum in $g(U)$ bei $U = 0$ durch Josephson-Paartunneln.

Spitze dann an die ebenfalls bewegliche Gegenelektrode angenähert werden. Ein integrierter Spiegel hilft beim Annähern und Ausrichten von Spitze und Gegenelektrode. Mit den so bearbeiteten Spitzen ist es möglich, regelmäßig atomar aufgelöste RTM-Topograpie und stabile, hochauflösende Spektroskopie zu erzielen, siehe z.B. die Topographien von $YbRh_2Si_2$ in Abschnitt 4.4 und die supraleitenden Anregungsspektren in den Abschnitten 3.3 bzw. 5.3.

Eine weitere, während dieser Arbeit ebenfalls angewandte Möglichkeit, um metallische Tunnelspitzen zu bearbeiten, ist das Anlegen hoher elektrischer Felder. Dabei erfolgt eine Umordnung von Spitzenmaterial unter Einfluß von starken Feldgradienten an der Spitze. So können Spitzen „geschärft" und eventuell vorhandene Kontaminationen entfernt werden. Eine derartige Bearbeitung der Spitzen kann entweder außerhalb des eigentlichen RTM erfolgen, beispielsweise in der oben beschriebenen Geometrie für die Feldemission, oder aber im RTM selbst, wobei die Spitze nahe an der Probe, aber nicht im Tunnelkontakt ist. Der Vorteil im RTM ist, dass so aufgrund des geringen Abstandes zwischen Probe und Spitze mit moderaten Spannungen (10-100 V) sehr große Felder bzw. Feldgradienten erzeugt werden können, welche sich jedoch auf die vordersten Spitzenatome beschränken.

Für bestimmte Fragestellungen kann auch die Verwendung spezieller Materialien für Tunnelspitzen von Nutzen sein. Bei der Untersuchung supraleitender Proben können mittels supraleitender Spitzen zusätzliche Informationen gewonnen werden [Pan98, Sud02, Rod04a]. In den Ausdruck (3.6) für den Tunnelstrom gehen die Zustandsdichten von Probe *und* Spitze gleichermaßen ein. Durch die Faltung zweier supraleitender Anregungsspektren ergibt sich in der Leitfähigkeit $g(U)$ eine Anregungslücke, deren Breite der Summe der Energielücken der beiden Elektroden $\Delta_1 + \Delta_2$ entspricht [Tin96, Wol96]. Die entstehenden „Kohärenzmaxima" sind sehr deutlich ausgeprägt und können somit mit hoher Genauigkeit gemessen werden. Zusätzlich treten bei endlicher Temperatur Signaturen bei der Energie auf, welche der Differenz der beiden Energielücken $|\Delta_1 - \Delta_2|$ entspricht. Durch Aufzeichnen beider Signaturen lassen sich die Temperaturabhängigkeiten der Energielücken $\Delta_{1,2}(T)$ sehr exakt bestimmen, vorausgesetzt die beiden Lücken können gut voneinander getrennt werden. Zusätzliche Informationen können aus Kopplungseffekten zwischen den beiden supraleitenden Elektroden gewonnen werden, beispielsweise aus den durch Andreev-Streuung [Tay63, Naa04] und Josephson-Paartunneln [Rod94, Naa01] hervorgerufenen Signaturen innerhalb der Energielücke (sog. Subgap-Struktur).

Im Verlauf dieser Arbeit wurden Versuche mit supraleitenden Spitzen aus Al ($T_c = 1.2\,\mathrm{K}$) durchgeführt. Al ist ein weiches Metall, und Spitzen können, ähnlich Pt-Ir, durch Schneiden von hochreinem Draht hergestellt werden. Eine Möglichkeit, die natürliche Oxidschicht des Al zu entfernen, ist das sog. „mechanisches Aufheizen" *(Mechanical Annealing)* [Rod94, Rod04b]. Dabei wird die Spitze innerhalb des RTM widerholt kontrolliert in ein Al-Substrat eingetaucht. Auf diese Weise kann ein sauberer atomarer Punktkontakt hergestellt werden, nach dessen „Auseinanderreissen" eine scharfe, von Kontaminationen freie Spitze resultiert. Abbildung 4.3a) zeigt den Verlauf des Stromes zwischen Spitze und Substrat während eines solchen Reinigungszyklus als Funktion der z-Position der Spitze. Mit zunehmender Eintauchtiefe z steigt der Strom wiederholt sprunghaft an. Die Sprunghöhe entspricht in den meisten Fällen Vielfachen von $I_0 \approx 7\,\mu\mathrm{A}$. Bei einer angelegten Spannung von 100 mV entspricht das näherungsweise dem Quant der elektrischen Leitfähigkeit eines einatomigen Punktkontaktes, $g_0 = \frac{2e^2}{h} = 77.5\,\mu\mathrm{S}$ $(\equiv \frac{1}{12.9\,\mathrm{k}\Omega})$. Die Sprünge entsprechen also beim Eintauchen der Spitze jeweils dem Herstellen (bzw. beim Herausziehen dem Brechen) eines zusätzlichen atomaren Punktkontaktes. Der negative Anstieg der $I(z)$-Kurve zwischen den Stufen ist typisch für Al[1]. Die Vergrößerung (kleines Bild in Abbildung 4.3a) illustriert die exponentielle Abhängigkeit des Stromes im Tunnelregime, vor Einsetzen des ersten Punktkontaktes. Das starke Ansteigen ist ein Anzeichen für eine saubere Vakuum-Tunnelbarriere. Die differentielle Leitfähigkeit zwischen Spitze und Probe aus Al bei $T = 0.1\,\mathrm{K}$ ist in Abbildung 4.3b) dargestellt. Die Position der scharf ausgeprägten Kohärenzpeaks stimmt überein mit der doppelten Anregungslücke von Al, $|eU| = 2\Delta^{(\mathrm{Al})} = 0.35\,\mathrm{meV}$ (markiert durch die unterbrochene Linie). Die Vergrößerung (kleines Bild) zeigt ein Maximum der Leitfähigkeit bei $U = 0$, hervorgerufen durch Josephson-Tunneln von Cooperpaaren. Das Auftreten die-

[1] Verschiedene elektronische Orbitale haben unterschiedliche radiale Verteilungsfunktionen, d.h. auch der Überlapp zwischen den Orbitalen zweier Atome hängt spezifisch vom Element ab

ses Josephson-Peaks ist ein Nachweis dafür, dass das Tunneln zwischen zwei Supraleitern stattfindet.

Während eines Gastaufenthaltes an der *Universidad Autónoma de Madrid* (siehe Abschnitt 3.3) sollten Al-Spitzen verwendet werden, um die Temperaturabhängigkeit der supraleitenden Energielücke des Schwere-Fermionen-Supraleiters $CeCoIn_5$ zu bestimmen. Leider ist das im Rahmen dieses Projektes nicht gelungen.

4.2 Präparation von Probenoberflächen

4.2.1 Präparationsmethoden

In Abhängigkeit des zu untersuchenden Materials und der angewandten Untersuchungsmethode existiert eine Vielzahl von Möglichkeiten, reine Oberflächen unter UHV-Bedingungen zu erzeugen. Einerseits können die Probenmaterialien direkt *in situ* durch Schichtabscheidung hergestellt werden. Bei Verbindungen ist es dabei u.U. schwierig, die gewünschte Stöchiometrie des Materials zu erzielen. Besonders herausfordernd ist die Abscheidung *einkristalliner* (epitaktischer) Schichten. Zudem können die Eigenschaften solcher dünner Schichten gegenüber denen des Volumens abweichen. Innerhalb dieser Arbeit wurden daher auschließlich *ex situ* hergestellte einkristalline Proben verwendent. Durch den Züchtungsprozess sowie die Lagerung und die Handhabung der Proben vor deren Einbau in die UHV-Kammer sind die Oberflächen i.A. stark durch Fremdphasen verunreinigt und müssen daher unter UHV-Bedingungen präpariert werden. Dabei kamen folgende Methoden zur Anwendung:

- Heizen der Proben, um volatile Verunreinigungen von der Oberfläche zu entfernen und Defekte auszuheilen,
- Festkörperzerstäubung (Sputtern) durch Beschuß mit Edelgasionen
- mechanisches Abtragen von Material („Kratzen"), und
- Spalten der Einkristalle.

Bei vielen elementaren Materialien, z.B. reinen Metallen oder Halbleitern, kann eine saubere, atomar glatte Oberfläche durch Heizen oder Sputtern, oder eine Kombination dieser Methoden hergestellt werden [Mus82]. Beim Sputtern (für eine Übersicht zur Methode siehe z.B. Ref. [Piv83]) werden hochenergetische Edelgasionen (häufig Ar^+) auf eine Festkörperoberfläche beschleunigt. Der beim Auftreffen auf die Oberfläche in einer sog. Stoßkaskade auf mehrere Atome übertragene Impuls führt dazu, dass Material von der Oberfläche des beschossenen Materials abgetragen wird. Somit werden Verunreinigungen beseitigt, aber auch das Probenmaterial wird entfernt. Dadurch wird eine (für RTM-Experimente ungünstige) Rauigkeit der Oberfläche induziert, und eine strukturelle Schädigung der Probe nahe der Oberfläche kann die Folge sein [Car68]. Kritisch ist insbesondere, dass die Sputterrate elementspezifisch ist. Bei Verbindungen kann sich dadurch die chemische Zusammensetzung der Probe ändern [Gil59, Lia77].

Strukturelle Schäden in der Kristallstruktur eines Materiales, wie sie z.B. beim Sputtern entstehen, können oft durch Heizen ausgeheilt werden. Innerhalb einer UHV–Kammer kann dies beispielsweise durch die Strahlungswärme eines Heizelementes, direkte resistive Heizung bei leitfähigen Proben, oder durch Beschuß mit einen Elektronenstrahl realisiert werden. Auf diese Weise können zudem volatile Verunreinigungen (Wasser, leichte Kohlenstoff-Verbindungen etc.) von der Oberfläche entfernt werden. Auch nichtflüchtige Verunreinigungen wie Oxide können teilweise durch Heizen in volatile umgewandelt und somit entfernt werden. Da die entsprechenden Reaktionen bei vergleichsweise hohen Temperaturen ablaufen, ist die Methode nur eingeschränkt auf (intermetallische) Verbindungen anwendbar, da diese oft nicht zu derart hohen Temperaturen aufgeheizt werden können, ohne Schaden zu nehmen.

Eventuell auf einer Oberfläche vorhandene Verunreinigungen können mechanisch abgetragen werden. Abschürfen oder Kratzen der Probenoberfläche resultiert dabei jedoch in schlecht definierten, u.U. stark beschädigten Oberflächen (bis hin zu losem Material auf der Oberfläche), und die Wahrscheinlichkeit, ausgedehnte flache und glatte Gebiete zu finden ist sehr gering. Eine für Einkristalle vielversprechende Methode ist das Zerbrechen bzw. Spalten der Proben im UHV. Voraussetzung aus werkstoffwissenschaftlicher Sicht ist ein sprödes Material. Ein Sprödbruch läßt die Struktur des Materials unverändert, während ein duktiler Bruch mit (in diesem Fall unerwünschter) plastischer Verformung einhergeht. Beim Sprödbruch setzen sich Versetzungsdefekte unter äußerer Krafteinwirkung durch den Kristall fort. Im allgemeinen geschieht diese Bewegung ungerichtet. Einen speziellen Fall stellt das Spalten dar, bei dem sich Risse *gerichtet* zwischen zwei spezifischen Kristallebenen ausbreiten. Diese Situation ist für RTM/S-Experimente wünschenswert, da ausgedehnte Gebiete mit wohldefinierter (atomar geordneter) und sauberer Oberfläche auf der Probe entstehen, welche einer idealen Oberfläche sehr nahe kommen. Die Ausbreitungsrichtung eines Defekts innerhalb der Probe hängt neben der einwirkenden Kraft stark von den Bindungsverhältnissen innerhalb der Kristallstruktur und den damit verbundenen Systemen von Gleitebenen ab. Materialien mit stark anisotropen Bindungsverhältnissen (bis hin zum Extremfall einer Lagenstruktur) begünstigen das Spalten parallel zu Ebenen starker Bindung. Pauschale Aussagen über die mikroskopischen elastischen Eigenschaften können jedoch nur schwer getroffen werden, sodaß das Spaltverhalten einer Verbindung nicht einfach vorhergesagt werden kann. Anschauliches Beispiel ist das Schwere-Fermionen-System $CeIrIn_5$: Obwohl die tetragonale Kristallstruktur entlang der kristallographischen c-Achse einen gewissen lagenartigen Charakter aufweist, sind die chemischen Bindungsverhältnisse eher isotrop, und die Einkristalle spalten *nicht* bevorzugt entlang der Basalebene, sondern entlang Ebenen niedrigerer Symmetrie (siehe Abschnitt 4.3). Selbst Verbindungen mit Kristallstrukturen des gleichen Strukturtyps können völlig unterschiedliches Bruchverhalten zeigen, so z.B. die isostrukturellen Schwere-Fermionen-Verbindungen $CeCu_2Si_2$ und $YbRh_2Si_2$, siehe Abschnitt 4.4. Als ein wichtiger Parameter beim Bruchverhalten hat sich in dieser Arbeit die Temperatur herausgestellt. So lieferten RTM-Experimente an $YbRh_2Si_2$-Einkristallen unterschiedliche Resultate in Abhängigkeit von der Temperatur, bei welcher sie gespalten wurden (s.u.). Wie genau sich die mikroskopischen elastischen Eigenschaften mit der Temperatur ändern, ist bislang nicht eindeutig geklärt. Vermutlich liefert bei hohen Temperaturen die thermische Energie zusätzliche Aktivierungsenergie zum Aufbrechen chemischer Bindungen, während bei tiefen Temperaturen das Spalten bevorzugt entlang der Ebene mit der kleinsten Bindungsenergie auftritt. Ähnliche Beobachtungen einer Abhängigkeit der resultierenden Oberflächenbeschaffenheit von der Spalttemperatur finden sich auch in der Literatur. So wurde beispielsweise festgestellt, dass am starkkorrelierten System Sr_2RuO_4 die Spalttemperatur starken Einfluß auf die resultierende Dichte von Oberflächendefekten hat [Pen08]. Die exakten Parameter, unter denen das Spalten durchgeführt wird, haben danach nicht nur Einfluß auf die Oberflächenmorphologie, sondern auch die elektronischen Eigenschaften, sogar bis hin zum Auffinden der supraleitenden Anregungslücke können sich unterscheiden [Dam00, Upw02, Lup05]. Das Spalten bei *tiefen Temperaturen* hat bei vielen weiteren Beispielen aus verschiedensten Materialklassen erfolgreiche RTM-Experimente erst ermöglicht[2], so z.B. an Kuprat-Hoch-T_c-Supraleitern [Pan99], dem stark korrelierten System $Sr_3Ru_2O_7$ [Lee09a], aber auch an nicht-oxydischen Materialien wie Fe-basierenden Supraleitern [Boy08, Kat09a, Chu10] und dem Kondogitter-System URu_2Si_2 [Sch10, Ayn10a]. Auf der anderen Seite erfordert Tieftemperatur-Spalten einen erhöhten technischen Aufwand.

4.2.2 Spalten unter UHV-Bedingungen

In diesem Abschnitt werden die in dieser Arbeit verwendeten Vorrichtungen zum Spalten von Proben unter UHV-Bedingungen beschrieben sowie technische Probleme diskutiert. Da die untersuchten Probenmaterialien sehr unterschiedliches Spaltverhalten zeigen und dementsprechend teilweise verschiedene Präparationsmethoden erfordern, werden die Ergebnisse im Anschluß separat dargestellt.

Abbildung 4.4 zeigt die Vorrichtung zum Spalten bei Raumtemperatur, welche in die Präparationskammer des UHV-Rezipienten des Kryogenen RTM integriert ist. Das Werkzeug besteht aus zwei Wolframkarbid–Schneiden am Ende beweglicher Hebelarme, welche über eine Hebelkonstruktion durch eine UHV–Lineardurchführung relativ zueinander bewegt werden können. In dieser Weise wirken die Klingen wie eine Kneifzange. Die Probenplatte befindet sich während des Spaltvorganges auf dem Transfer–Manipulator des RTM–Systems,

[2] Das Spalten von Proben wird auch bei anderen oberflächensensitiven Messmethoden angewandt, z.B. in ARPES-Experimenten. Die *atomare* Empfindlichkeit von RTM/S, insbesondere die Empfindlichkeit auf die *oberste* Atomlage, macht die Beschaffenheit der Probenoberflächen in diesem Fall jedoch besonders wichtig.

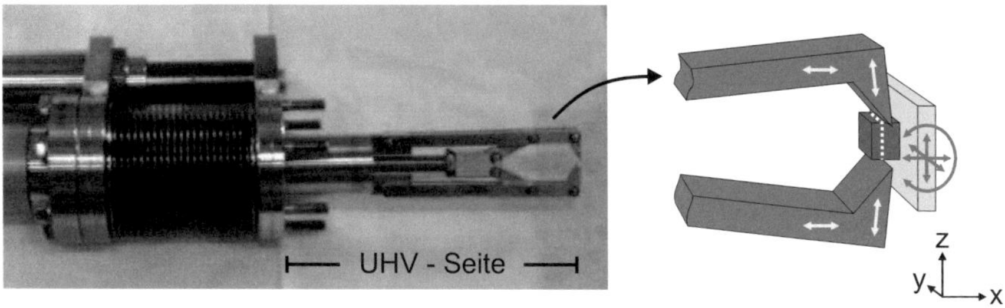

Abbildung 4.4: **Raumtemperatur-Spaltwerkzeug** am Kryogenen RTM. Der UHV-seitige Teil besteht aus zwei keilförmigen Klingen am Ende zweier Hebelarme sowie einer Hebelkonstruktion für die Relativbewegung der Klingen. Die Skizze rechts verdeutlicht die Bewegungsfreiheitsgrade von Spaltwerkzeug (Öffnen/Schließen, Translation in x-Richtung) und des Probenmanipulators (entlang x, y und z, sowie Drehung um die y-Achse)

dessen vier Bewegungsfreiheitsgrade (3×Translation, 1×Rotation) eine präzise Ausrichtung von zu spaltender Probe und Spaltwerkzeug erlauben. Aufgrund der Hebelkonstruktion können große Kräfte ausgeübt werden, wobei bei guter Positionierung der Probe mittels des Manipulators durch die gegeneinander wirkenden Klingen wenig Kraft (und Drehmoment) auf die Proben*aufnahme* wirkt. Diese Methode eignet sich zum Spalten massiver Proben wie $CeCu_2Si_2$. Um bei derart massiven, voluminösen Proben den Spaltprozess zu unterstützen, wurden vielfach die Proben parallel zur Klebefläche mittels einer Präzisionssäge[3] angesägt, siehe Abbildung 4.15. Dadurch sollte eine Sollbruchebene definiert und die zu spaltende Fläche verkleinert werden. Zusätzlich wird auf diese Weise vermieden, dass die Schneiden des Spaltwerzeuges direkt in das Probenmaterial eindringen, vielmehr wird der obere Teil der Probe durch die keilförmigen Klingen abgehebelt. Konstruktionsbedingt ist bei der Benutzung dieses Spaltwerkzeuges eine Probenhöhe von $\gtrsim$1 mm Voraussetzung. Um flachere Proben zu spalten, wurde teilweise ein Metallplättchen als Distanzstück zwischen Probe und Probenträger montiert.

Bei Materialien, welche in Form flacher Plättchen kristallisieren, kann die oben beschriebene Spaltmethode nicht angewendet werden. Beispielsweise hatten die während dieser Arbeit untersuchten $CeCoIn_5$-Proben eine Ausdehnung von etwa 1 mm in der kristallographischen ab-Ebene, entlang der c-Achse maßen sie jedoch nur wenige 100 μm. Um solche Proben dennoch spalten zu können, wurde eine alternative Methode verwendet: Die Probe wurd dazu mit starkem Epoxidharzkleber auf die Probenplatte montiert, und anschließend ein

[3] Buehler IsoMet Niedertourensäge [Bue], Trennscheiben Diamant/Isocut, Stärke 150-300 μm, Kühlmittel Isopropanol

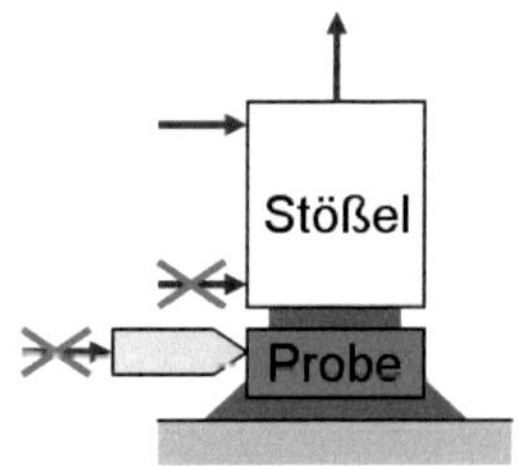

Abbildung 4.5: **Wirkung der äußeren Kraft beim Spalten.** Um Scherkräfte in der Probe zu vermeiden, sollte der Stößel entweder senkrecht abgezogen oder mit langem Hebel seitwärts umgestoßen werden. Wirkt die Kraft nahe an oder direkt auf die Probe, ist ein Spalten unwahrscheinlich.

metallischer Stößel auf die Probe geklebt. Wurde nun der Stößel mittels der Klingen des Spaltwerkzeuges nach oben „abgezogen" oder mit dem Probenmanipulator *(Wobble Stick)* der RTM-Kammer umgestoßen, wurde unter günstigen Bedingungen die Probe gespalten. Es hat sich als günstig erwiesen, Proben mit einer Grundfläche von etwa 1×1 mm zu verwenden. Waren die Proben wesentlich größer ($\gtrsim 1.5$ mm Kantenlänge), wurde oft nicht die Probe gespalten, sondern eine der Klebeverbindungen gelöst, vermutlich weil das Spalten aufgrund des großen Probenquerschnittes eine zu große initiale Kraft erfordert hätte. Wesentlich kleinere Einkristalle lassen sich auf der anderen Seite schwer im RTM handhaben, insbesondere wird das Annähern der Tunnelspitze sehr schwierig. Als weiterer wichtigen Parameter hat sich die Wirkungsrichtung der äußeren Kraft auf den Stößel erwiesen: Wie systematische Spaltversuche an $CeCoIn_5$ zeigten (s.u. im Abschnitt 4.3), wird die Spaltwahrscheinlichkeit wird dadurch erhöht, dass Scherkräfte innerhalb der Probe vermieden werden. Das kann erreicht werden, indem der Stößel senkrecht zur Klebefläche abgezogen wird, oder ein möglichst hoher Stößel verwendet wird, so dass die Kraft durch die Hebelwirkung weitgehend normal zur vorgesehenen Spaltfläche wirkt, vgl. Abbildung 4.5. Wirkt die Kraft zu nahe an oder gar direkt auf die Probe (etwa durch eine Klinge o.ä.), ist ein Spalten unwahrscheinlich. Es wurden verschiedene Materialien für den Stößel getestet (Edelstahl, Messing, Keramik), es wurden jedoch keine nennenswerten Unterschiede festgestellt. Daher wurde im Folgenden ausschließlich Edelstahl verwendet, da es sehr stabil ist, jedoch gut bearbeitet werden kann. Letzteres ist von Bedeutung, da es sich als vorteilhaft erwiesen hat, die Form des Stößels an die Geometrie der zu spaltenden Probe anzupassen: Einerseits sollte der Stößel so groß sein, dass die Probe *vollständig* durch den Stößel überdeckt wird, um die Probe über den gesamten Querschnitt hinweg zu spalten. Nur einen Teil von einer Probe abzuspalten, beispielsweise entlang von Stufen auf der Probenoberfläche, hat sich als nicht praktikabel herausgestellt. Auf der anderen Seite erwies es sich auch als ungünstig, wenn der Stößel zu groß im Vergleich zur Probe war, so dass die Klebeverbindung nicht kontrolliert hergestellt werden konnte[4]. Das ist insbesondere deshalb wichtig, weil ein Kontakt des Klebers zwischen Probe und Träger mit dem zwischen Probe und Stößel *unbedingt* vermieden werden muss, da anderenfalls ein Spalten der Probe sehr unwahrscheinlich ist (eigene Versu-

[4]Zum einen dadurch, dass der Stößel beim Kleben die Sicht auf die Probe verdeckt, und zum anderen, da so der Stößerl leichter umkippt, etwa während des Transportes in den Ofen, um den Kleber auszuhärten.

che sowie mdl. Mitteilung durch D. Vyalikh und S. Danzenbächer). Es ist dabei wichtig, die richtige Menge an Klebstoff zu verwenden, so dass einerseits eine feste Verbindung besteht, aber andererseits so wenig wie möglich Klebstoff über die Kanten der Probe hinausfließt. Aus Gründen der Handhabung empfiehlt es sich, zuerst die Probe auf den fixierten Stößel zu kleben, und nach dem Aushärten dieser Kleberverbindung den Stößel mitsamt Probe auf den Träger aufzubringen. Die Klebefläche des Stößels sollte idealerweise eben sein, damit der Stößel gut auf der Probe steht und keine Hohlräume im Kleber entstehen, jedoch nicht zu glatt, da sonst der Kleber schlecht haften kann. Gegebenenfalls sollten die Klebefläche etwas angerauht werden (mit Schleifpapier der Körnung 120 oder 240, auf der Probenseite durch Kratzen mit einer Skalpellklinge). In jedem Fall müssen Stößel *und* Probe vor dem Kleben sorgfältig gereinigt werden, um Verschmutzungen und lose Partikel zu entfernen. Dazu werden beide Teile in Aceton im Ultraschallbad gereinigt, anschließend mit Isopropanol gespült und mit Stickstoffgas getrocknet.

Wichtig bei den beschriebenen Spaltmethoden ist eine solide Klebeverbindung zwischen Probe und Probenträger, sowie ggf. zwischen Probe und Stößel. Neben hoher Flächenhaftung (Adhäsion zwischen den jeweiligen Fügeteilen) und hoher Härte und Scherfestigkeit (Kohäsion innerhalb des Klebstoffes) musste der verwendete Klebstoff für die hier vorgestellten Experimenten folgende Voraussetzungen erfüllen: *i)* UHV-tauglichkeit, da der Spaltprozess und die anschließenden Messungen *in situ* erfolgen und ein zu starkes Ausgasen des Klebers die Vakuumbedingungen stören würde, was wiederum eine ungewollte Kontamination der frischen Probenoberfläche zur Folge hätte, *ii)* Tieftemperaturtauglichkeit für die anschließenden RTM-Experimente bei kryogenen Temperaturen, und *iii)* elektrisch leitend, insofern die Klebeverbindung gleichzeitig als Probenkontakt beim Tunneln dient. Zwar kann auch ein zusätzlicher elektrischer Kontakt angebracht werden, z.B. durch Aufkleben eines dünnen Golddrahtes, jedoch besteht dabei die Gefahr, den Kontakt während des Spaltprozesses zu beschädigen. Es wurden verschiedene Epoxidharz-Klebstoffe verwendet: EpoTek [Epo] H21D (elektrisch leitfähig), Epotek H74F, und UHU [UHU] 300 Plus Endfest. Bezüglich der Festigkeit der Klebeverbindung und der Verarbeitung konnten keine signifikanten Unterschiede festgestellt werden.

Bei den untersuchten Materialien erwiesen sich die Qualität der durch Spalten bei Raumtemperatur hergestellten Probenoberflächen als unzureichend für RTM-Experimente. In den meisten Fällen wurde eine sehr rauhe, unregelmäßige Topographie der Oberflächen beobachtet. Nur im Fall von $CoIrIn_5$ wurde atomare Auflösung erzielt (Abschnitt 4.3). Jedoch zeigten sich auch in diesem Fall keine ausgedehnten Spaltflächen, vielmehr wurde eine unebene, aus einer Abfolge kleinster Spaltebenen niedriger Symmetrie bestehende Oberfläche beobachtet. Die Schwierigkeiten bei der Präparation wohldefinierter, homogener Probenoberflächen ist auch eine potentielle Ursache für Schwierigkeiten in der *Spektroskopie*, siehe Kapitel 5. Zur Optimierung der Oberflächenbearbeitung wurden daraufhin Spaltversuche bei tiefen Temperaturen durchgeführt. Wie bereits angesprochen ist das Tieftemperaturspalten mit einem

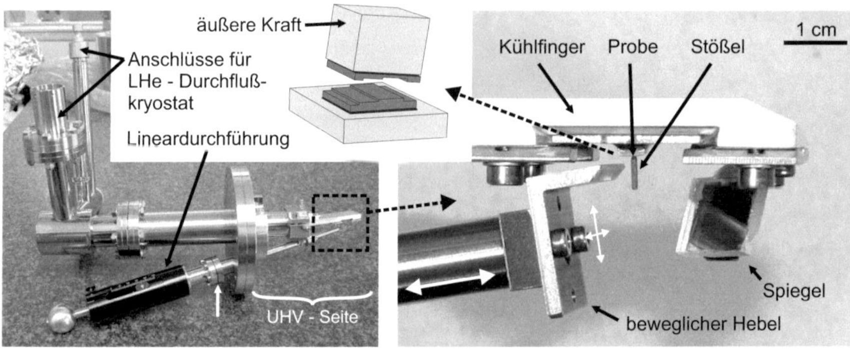

Abbildung 4.6: **Tieftemperatur-Spaltwerkzeug am TT–RTM.** *Links:* Gesamtansicht mit den Anschlüssen des Durchflußkryostaten und der Lineardurchführung für den Hebelarm. Der Pfeil markiert die Stelle, an welcher nachträglich ein *Port Aligner* (s. Text) eingebaut wurde. *Rechts:* Vergrößerung des UHV-seitigen Teils am Kühlfinger des Kryostaten. Die weißen Pfeile verdeutlichen die Bewegungsfreiheitsgrade des Hebelarmes. Die Skizze illustriert den eigentlichen Spaltprozess durch die vom Hebelarm einwirkende Kraft.

erheblichen technischen Mehraufwand verbunden: So können die Proben nicht auf den bei Raumtemperatur operierten Transfer-Manipulatoren gespalten werden. Vielmehr muss eine spezielle Vorrichtung an den UHV-Rezipienten angeflanscht werden. Dabei muss das Spaltwerkzeug einerseits mit den *in situ*-Proben-Manipulatoren (Wobble Sticks) erreichbar sein, andererseits müssen die elektrischen und mechanischen Durchführungen und v.a. die Anschlüsse für die Kryoflüssigkeiten außerhalb der Kammer zugänglich sein. In Abbildung 4.6 ist eine nachträglich in die UHV-Kammer des TT-RTM eingebaute Vorrichtung zum Tieftemperatur-Spalten[5] dargestellt. Eine Aufnahme für Probenplatten ist im Kühlfinger eines separaten LHe-Durchflußkryostaten integriert. Durch einen kontinuierlichen Heliumfluß durch einen Wärmetauscher kann an der Probenaufnahme innerhalb kurzer Zeit (ca. 30 min) eine Temperatur von $< 20\,\mathrm{K}$ erreicht werden. An einer zum Kühlfinger versetzt angebrachten UHV-Lineardurchführung ist ein Hebelarm befestigt, mit welchem ein auf die Probe geklebter Stößel umgestoßen werden kann, siehe schematische Abbildung. Der Hebelarm kann durch einen sog. *Port Aligner* (Markierung in Abb. 4.6 gegenüber der Probe ausgerichtet werden. Hilfreich ist dabei ein kleiner angebauter Spiegel. Am UHV-seitigen Ende des Hebelarms wurde ein Metallstück mit einer keilförmigen Kante befestigt, um gute Kontrollierbarkeit des Spaltprozesses bei kleinstmöglicher Auflagefläche zu gewährleisten.

Die Integration eines ähnlichen Tieftemperatur-Spaltwerkzeuges in den UHV-Rezipienten des komplexeren Kryogenen RTM ist wesentlich schwieriger. Aufgrund der überzeugenden

[5]Hergestellt durch die Firma Omicron NanoTechnologies [Omib]

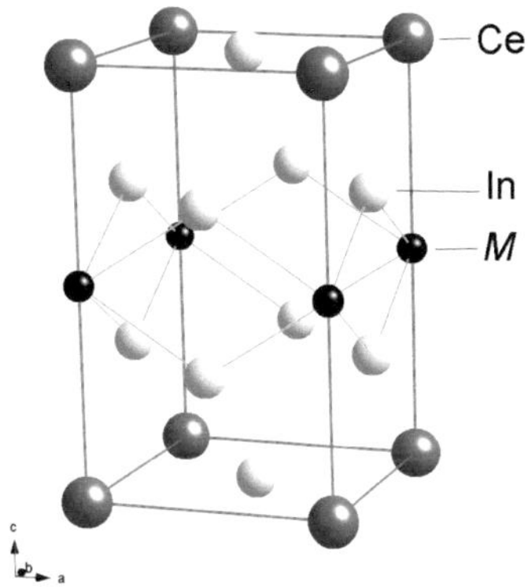

Abbildung 4.7: **Einheitszelle der tetragonalen Kristallstruktur von CeMIn$_5$ (M = Co, Rh, Ir).**

Fortschritte, welche durch das Spalten bei tiefer Temperatur an YbRh$_2$Si$_2$ erzielt werden konnten, wurde auch für das Kryogene RTM eine solche Vorrichtung entwickelt. Deren Fertigstellung und Einbau standen bei Fertigstellung dieser Arbeit jedoch noch aus.

In den nachfolgenden Abschnitten sind die Ergebnisse der Experimente zur Oberflächenpräparation der einzelnen untersuchten Probensysteme zusammengestellt.

4.3 1:1:5-Verbindungen: CeMIn$_5$, M = Co, Ir

Die Strukturformel CeMIn$_5$, M = Co, Rh, Ir, beschreibt eine Familie von Schwere-Fermionen-Metallen mit tetragonaler Kristallstruktur (HoCoGa$_5$-Strukturtyp [Gri79], siehe Abbildung 4.7). Auf die physikalischen Eigenschaften dieser Verbindungen wird im Abschnitt 5.3 näher eingegangen. Die Hauptmotivation für die im Rahmen dieser Arbeit durchgeführten Tunnelexperimente an CeCoIn$_5$ und CeIrIn$_5$ war das Einsetzen unkonventioneller Supraleitung in diesen Verbindungen unter Normaldruck sowie bei – für Schwere-Fermionen-Systeme – vergleichsweise hohen Temperaturen. Die verwendeten Einkristalle wurden unter Verwendung einer Schmelzlösung hergestellt (Dr. A. Bianchi, Prof. Z. Fisk, University of California at Irvine, USA, Dr. J. L. Sarrao und Dr. J. D. Thompson, Los Alamos National Laboratory, USA). Bei dieser sog. Flußmethode (siehe z.B. Ref. [Wil88, Can92]) werden die für die Kristallzüchtung notwendigen Substanzen in einem Flußmittel gelöst, in diesem Fall Indium. Durch Abkühlen der Lösung unterhalb deren Sättigungstemperatur scheiden sich die Einkristalle des Endmaterials ab. In der Flußmethode wachsen die Kristalle oft entlang einer kristallographischen Vorzugsrichtung. Daher waren die untersuchten Proben plättchenförmig mit typischen Ausdehnungen von $\sim 1 - 1.5\,\text{mm}^2$ (in Einzelfällen größer) in der ab-Ebene, und entlang der c-Richtung $\lesssim 0.3\,\text{mm}$ für Co bzw. $\lesssim 0.6\,\text{mm}$ für Ir.

Die Kristallstruktur der 1:1:5-Verbindungen kann *formal* als Abfolge von CeIn$_3$- und MIn$_2$-Lagen aufgefasst werden. Messungen des de-Haas–van Alphen–Effektes und Berech-

Abbildung 4.8: RTM–Topographie einer $CeCoIn_5$-Probe nach Ätzten in 30% HCl für 22 min und anschließendem Spülen in Ethanol für 1 h. Ausschnitt $80 \times 80\,\mathrm{nm}^2$, z-Bereich 15.2 nm, Rauheit 1.5 nm (RMS), $U = 0.4\,\mathrm{V}$, $I_{\mathrm{set}} = 0.2\,\mathrm{nA}$.

nungen der elektronischen Struktur lassen auf einen quasi-zweidimensionalen (2D) Charakter der Fermifläche schließen [Hag01, Set01, Hal01b, Hal01a, Shi02, Ōnu02]. Auch der elektronische Transport und die magnetischen Eigenschaften weisen eine Anisotropie zwischen der tetragonalen Basalebene und der c-Achse auf [Cor00, Pet01a, Pet01b]. Diese ist jedoch im Vergleich zu 2D-Systemen im engeren Sinn, z.B. den Hoch-T_c–Kupraten, nur moderat ausgeprägt, z.B. etwa um einen Faktor 2 im elektrischen Widerstand im normalleitenden Zustand [Sar07]. Daher sollten die 1:1:5-Verbindungen trotz ihrer „lagenartigen" Struktur nicht als strikte 2D-Systeme betrachtet werden. Dies trifft – wie sich im Laufe dieser Arbeit bestätigt hat – insbesondere auf das Spaltverhalten der Einkristalle zu, welches durch die Anisotropie der chemischen Bindungsverhältnisse bestimmt wird.

$CeCoIn_5$ Zum Anfang der RTM-Untersuchungen von $CeCoIn_5$ wurden Messungen an Einkristallen durchgeführt, welche lediglich in Aceton (Ultraschallbad) und Isopropanol gereinigt wurden. Derart bearbeitete Proben lieferten jedoch keine reproduzierbaren Topographie-Daten. Daraufhin wurden Proben verschiedenen Methoden der Oberflächenbearbeitung ausgesetzt, um eventuell vorhandene Kontaminationen zu beseitigen. Durch naßchemisches Ätzen in 30% HCl-Lösung und anschließendem Spülen in Ethanol sollten Überreste des bei der Kristallzucht verwendeten Flußmittels In entfernt werden. Abbildung 4.8 zeigt ein Topographiebild einer derart bearbeiteten Probenoberfläche. Die Daten belegen eine hohe Rauigkeit der Oberfläche im Nanometerbereich (voller z-Bereich 15 nm, Rauheit[6] 1.5 nm), was darauf hindeutet, dass durch das Ätzen entweder vorhandene Kontaminationen nicht wirkungsvoll entfernt wurden, oder die Probenoberfläche strukturell geschädigt wurde. Ähnliches wurde beobachtet bei Proben, welche durch Sputtern mit Ar^+-Ionen, Heizen durch

[6] Hier und im Folgenden ist mit Rauheit die sog. *quadratische Rauheit* gemeint, also die Wurzel aus der Summe der Abweichungsquadrate vom Mittelwert (RMS).

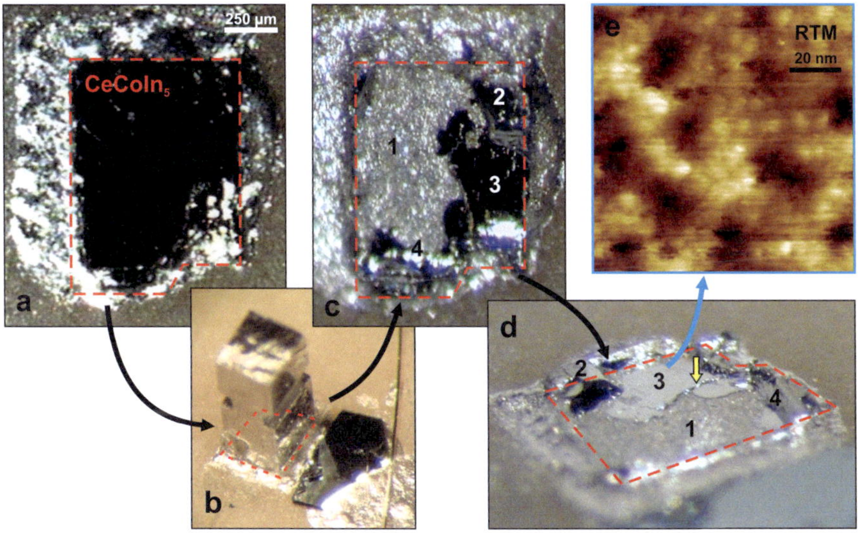

Abbildung 4.9: **Spalten einer $CeCoIn_5$-Probe bei Raumtemperatur. a)** Probe auf dem Probenträger, vor dem Aufbringen des Stößels. Die unterbrochene Linie markiert die Grundfläche des Kristalls (Abmessungen $0.8 \times 1.1\,\mathrm{mm}^2$ in der *ab*-Ebene, 0.15 mm entlang *c*). **b)** Ansicht nach Aufkleben des Stößels; die Probe ist verdeckt. Rechts im Bild sind ein als Referenzprobe benutzter $NbSe_2$-Einkristall sowie der Probenkontakt zum Anlegen der Tunnelspannung zu erkennen. **c)** und **d)** zeigen die Probe nach dem *in-situ*-Spalten. Die Zahlen markieren verschiedene Bereiche auf der Probenoberfläche (siehe Text). **e)** RTM-Topographie, $100 \times 100\,\mathrm{nm}^2$, *z*-Bereich 1.5 nm, aufgenommen bei 320 mK im Gebiet 3.

Strahlungswärme, Elektronenbeschuß oder eine Kombination dieser Methoden behandelt wurden. Insbesondere wurden bei den geheizten Proben vermehrte Abscheidungen auf der Oberfläche beobachtet, welche möglicherweise auf eine Segregation von freiem Indium hindeuten. Vereinzelt beobachtete gelbliche Abscheidungen könnten ein Hinweis auf CeO_2 sein.

Es wurden umfangreiche Versuche unternommen, $CeCoIn_5$-Einkristalle *in-situ* zu spalten. Da die Anlage zum Tieftemperatur-Spalten im TT-RTM erst im fortgeschrittenen Stadium dieser Arbeit installiert wurde, beschränkten sich diese Versuche weitestgehend auf Raumtemperatur. Der Großteil der Proben wurde aufgrund der Plättchenform der Einkristalle senkrecht zur *c*-Achse unter Verwendung eines aufgeklebten Stößels gespalten. Insgesamt wurden auf diese Weise vierzehn $CeCoIn_5$-Einkristalle *in situ* im Kryogenen RTM bearbeitet (weitere durch Dr. V. Dolocan, Dr. S. Wirth und Dr. S. Seiro, teilweise in den UHV-Kammern anderer Geräte), wobei an acht dieser Proben RTM-Messungen durchgeführt werden konnten. Bei den restlichen Proben hatte sich entweder eine der Klebeverbindungen (Stößel–Probe oder Probe–Träger) gelöst, so dass die Proben nicht gespalten wurden, oder die entstandene Spaltflächen waren zu klein, um die RTM-Spitze sicher annähern zu können. Dieser hohe Anteil an „Fehlversuchen“ deutet bereits darauf hin, dass $CeCoIn_5$ *kein* reines Schichtmaterial ist, welches sich einfach spalten läßt. Diese Aussage wird unterstützt, wenn man das Spaltverhalten der „erfolgreich“ bearbeiteten, d.h. zumindest *in situ* zerbrochenen Proben betrachtet. Abbildung 4.9 dokumentiert den Verlauf und das typische Resultat des Spaltvorganges exemplarisch anhand einer Probe. Teilbild a) zeigt den auf dem Probenträger aufgeklebten Einkristall *vor* dem Aufbringen des Stößels. Der aufgeklebte Edelstahlstößel ist in Teilbild b) zu sehen. Nach dem Entfernen des Stößels, Teilbilder c) und d), lassen sich unterschiedliche Bereiche auf der Probenoberfläche erkennen: Im Gebiet 1 hat sich die Probe vom Probenträger gelöst, sodass nur noch Reste des Klebstoffes sichtbar sind. Demgegenüber hat sich im Gebiet 2 vermutlich der Stößel von der Probe gelöst, wodurch die ursprüngliche Probenoberfläche sichtbar wurde. Die Gebiete 3 und 4 zeigen Bereiche, in denen der Einkristall gebrochen und eine neue Oberfläche freigelegt wurde. Der Bereich 3 ist großflächig eben, sodass es sich wahrscheinlich um eine Spaltfläche handelt. Deutlich erkennbar sind auch Stufen zwischen verschiedenen „Terrassen“ [gelber Pfeil in d)]. Demgegenüber ist die Oberfläche im Gebiet 4 uneben, der Bruch verlief hier ungerichtet und hinterließ einen Krater auf der Probe. Die in Teilbild e) dargestellte RTM-Topographie wurde *in-situ* auf der selben Probe aufgenommen. Soweit dies durch den optischen Zugang zum RTM bestimmbar war, entstammt das Bild einer Probenposition im gespaltenen Bereich 3. Auf der großflächigen Topographie lässt sich erkennen, dass die Oberfläche ungeordnete Strukturen auf der nm-Skale (lateral) aufweist. Diese haben jedoch eine sehr viel kleineren Höhenskala (die volle z-Skale beträgt hier 1.5 nm) als die Strukturen in Abbildung 4.8. Die quadratische Rauigkeit von 0.24 nm liegt in der Größenordnung der zwischenatomaren Abstände in $CeCoIn_5$, was darauf hindeutet, dass es sich um Inhomogenitäten auf atomerer Skale handelt. Auch in Abbildungen kleinerer Gebieten auf der Probenoberfläche konnte keine gitterperiodische Anordnung der Oberflächenatome abgebildet werden. Nur in wenigen Fällen wurden in der Topographie Stufen mit einer Höhe in der Größenordnung der Gitterkonstanten von $CeCoIn_5$ ($a = 4.601$ Å, $c = 7.540$ Å [Kal89]) beobachtet, welche auf Spaltflächen hinweisen. Abbildung 4.10 zeigt die Topographie einer *in situ* senkrecht zur c-Achse gespaltenen $CeCoIn_5$-Probe, aufgenommen bei Raumtemperatur. Das Profil zeigt zwei flache Gebiete, welche durch eine Stufe der Höhe $\Delta z \approx 3$ Å voneinander getrennt sind. Eine Zuordnung zu Kristallebenen von $CeCoIn_5$ ist anhand der Daten nicht möglich. Auf den Terrassen selbst sind innerhalb der Auflösung des Bildes wiederum keine atomaren Strukturen zu erkennen.

Die Ursache der Inhomogenität der Oberfläche kann anhand der vorliegenden Topographiedaten nicht geklärt werden. Es kann nicht nicht vollständig ausgeschlossen werden, dass die beim Spaltvorgang wirkenden Kräfte die gitterperiodische Anordnung der Atome in der

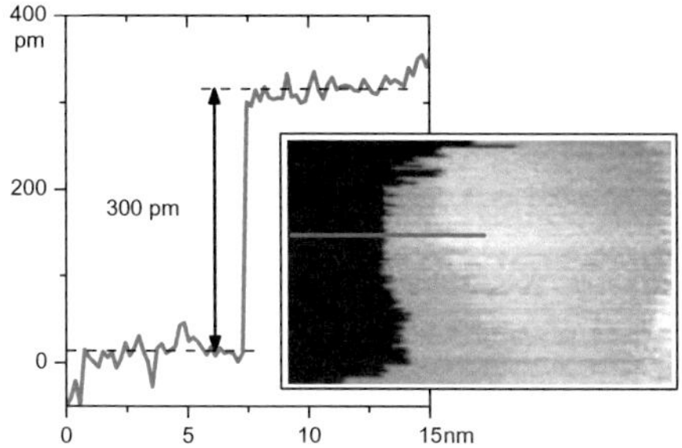

Abbildung 4.10: **Topographie einer gespaltenen $CeCoIn_5$-Probe.** Das Profil zeigt eine Stufe von 300 pm Höhe.

Nähe der Oberfläche stören (vgl. Referenzen [Fis07, Gos97]). Topographie-Daten an der verwandten Verbindung $CeIrIn_5$ deuten darauf hin, dass die Inhomogenitäten der Oberfläche intrinsische Eigenschaften des Probenmaterials reflektieren (s.u.). Aufgrund der gemeinsamen Kristallstruktur trifft möglicherweise das selbe auf $CeCoIn_5$ zu, dieser Rückschluss kann jedoch ohne atomar aufgelöste Topographiedaten nicht bewiesen werden. Die starke Variation der in Abschnitt 5.3 vorgestellten RTS-Daten über die Probenoberfläche deutet darauf hin, dass die Inhomogenität der Oberfläche sich möglicherweise auch auf die Tunnelspektroskopie auswirkt. Ähnliche Hinweise finden sich in Resultaten der Punktkontakt-Spektroskopie an $CeCoIn_5$ [Sum08].

Ausgewählte Proben wurden nach Entnehmen aus der UHV-Kammer durch Frau P. Scheppan mittels Rasterelektronenmikroskopie (REM) und energiedispersiver Röntgenspektroskopie (EDRS) untersucht. Auch diese Experimente konnten keine Rückschlüsse auf die Ursachen vorhandener Inhomogenitäten (Fremdphasen etc.) liefern.

Großflächige Spaltebenen wie in Abbildungen 4.9 (Markierung 3) waren bei den an $CeCoIn_5$ durchgeführten Spaltversuchen die Ausnahme, weitaus öfter wurden unebene Bruchflächen beobachtet. Wie bereits im vorhergehenden Abschnitt angesprochen, hat die *Richtung* der äußeren Kraft beim Spaltvorgang Einfluß auf die Brucheigenschaften. Insbesondere hat es sich bei parallel zur *ab*-Ebene montierten Proben als wichtig herausgestellt, Kraftkomponenten innerhalb dieser Ebene zu vermeiden: In der Probe auftretenden Scherkräfte verringern offenbar die Wahrscheinlichkeit ausgedehnter Spaltflächen. Dies zeigte sich deutlich bei Spaltversuchen am MK–RTM. Hier wurden Proben im RTM mittels einer seitlich angesetzten Keramik-Klinge gebrochen[7]. Insgesamt wurden auf diese Weise zehn Proben gebrochen, sechs davon bei $T \lesssim 10\,\mathrm{K}$. Es entstanden ausnahmslos sehr unebene, „zerklüftete" Oberflächen, auch wenn das Brechen bei tiefen Temperaturen durchgeführt wurde.

Da die Spaltversuche an $CeCoIn_5$ nicht auf eine bevorzugte Spaltebene schließen ließen, wurden auch zwei Proben „aufrecht" montiert, d.h. parallel zur *c*-Richtung. In einem Fall wurde die nun hohe, schmale Probe nur verbogen, anstatt zu brechen. Die zweite Probe zer-

[7] Dafür wurden Proben einer Züchtung ausgewählt, welche klein entlang der Basalebene, aber ausnehmend „hoch" ($\sim 0.5\,\mathrm{mm}$) ausfielen

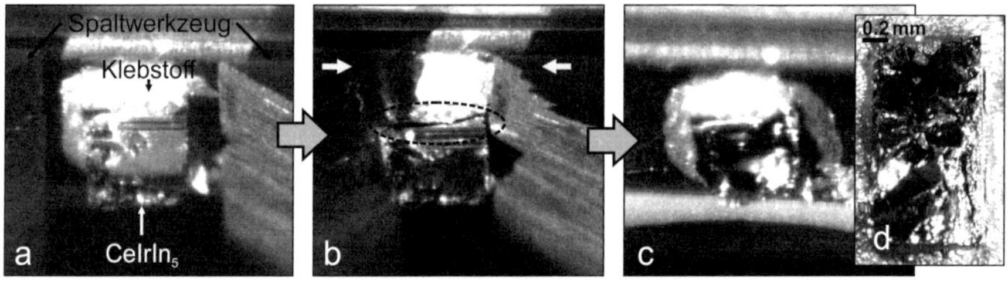

Abbildung 4.11: **Raumtemperatur-Spaltprozess von $CeIrIn_5$.** (**a**) Die keilförmigen Klingen des Spaltwerkzeuges greifen seitlich an der Probe an, **b**) durch Schließen bildet sich ein Riss durch die Probe, **c**) bis schließlich ein Teil der Probe abgesprengt und eine frische Probenoberfläche freigelegt wird . Teilbild **d**) zeigt die Probenoberfläche nach dem Spalten.

brach, jedoch war die entstehende Bruchfläche extrem uneben, so als sei die Probe zerrissen. Aufgrund der geringen Querschnittsfläche war kein Annähern der Tunnelspitze möglich.

In jüngster Zeit wurden damit begonnen, $CeCoIn_5$-Einkristalle im Rezipienten des TT-RTM bei tiefer Temperatur zu spalten (Dr. S. Wirth, Dr. S. Seiro, Dr. V. Dubost). Aussagekräftige Resultate liegen bislang noch nicht vor. Nach Kenntnis des Verfassers ist es bislang nur in einem Fall gelungen, großflächig atomar aufgelöste RTM-Daten auf $CeCoIn_5$ zu erlangen [Pas]. In diesem Fall wurden jedoch Cd-dotierte $CeCoIn_5$-Einkristalle verwendet. Die Substitution von In durch Cd hat dabei mit hoher Wahrscheinlichkeit die Bindungsverhältnisse soweit beeinflußt, dass die Proben einfacher zu spalten waren. Auch in diesem Fall wurde das Spalten bei tiefen Temperaturen durchgeführt, was unsere eigenen Bemühungen in diese Richtung bekräftigt.

$CeIrIn_5$ Zwar richtete sich das Augenmerk während dieser Arbeit hauptsächlich auf $CeCoIn_5$ (aufgrund der hohen supraleitenden Sprungtemperatur), es wurden jedoch auch Versuche an zwei Einkristallen der isostrukturellen Verbindung $CeIrIn_5$ durchgeführt. $CeIrIn_5$-Einkristalle sind wesentlich spröder und leichter zu brechen als die der Co-Verbindung. Die untersuchten Proben konnten aufgrund ihrer Abmessungen direkt mittels des Raumtemperatur-Spaltwerkzeuges im Kryogenen RTM (Abb. 4.4) gespalten werden. Abbildung 4.11 zeigt den *in-situ* Spaltvorgang eines $CeCoIn_5$-Einkristalles vom Angreifen der keilförmigen Klingen des Spaltwerkzeuges (a) über die Formierung eines Risses durch die Probe unter Krafteinwirkung (b) bis zum Zustand nach dem Entfernen des abgespaltenen Probenteils (c). Durch das Spalten bei Raumtemperatur entstanden (auf makroskopischer Skale) ungerichtet verlaufende Bruchflächen, siehe lichtmikroskopische Aufnahme in Abbildung 4.11d). Abbildung 4.12 zeigt atomar aufgelöste RTM-Topographiedaten, aufgenommen bei

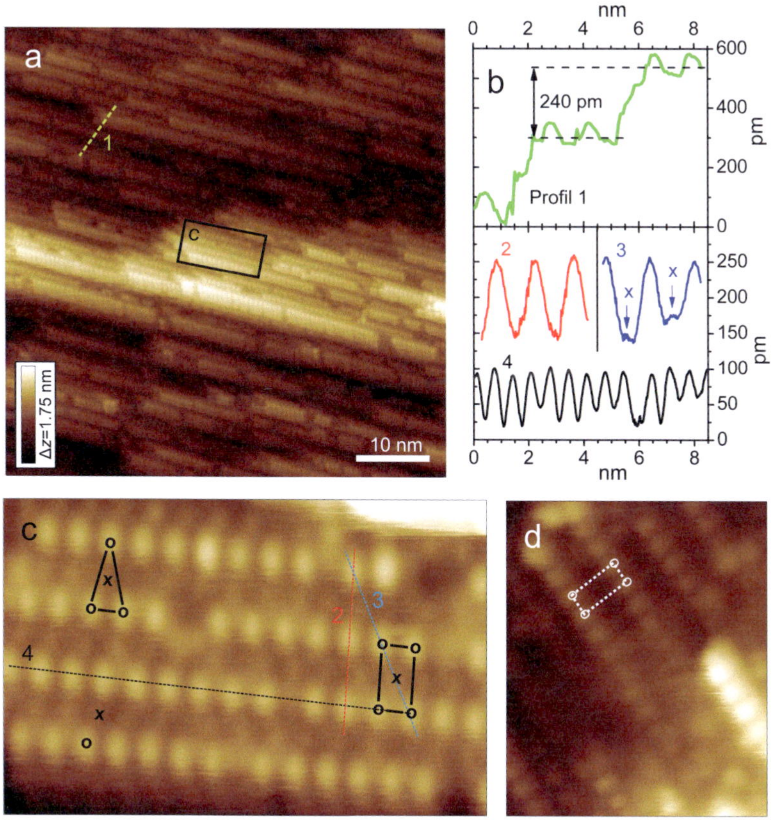

Abbildung 4.12: **Atomar aufgelöste Topographie auf CeIrIn$_5$** (T = 320 mK, I_{set} = 0.3 nA, U = 0.6 V). Die Bilder repräsentieren Rohdaten, von denen zur besseren Sichbarkeit Ebenen subtrahiert wurden. **a)** Übersichtsbild 60 × 60 nm^2, z-Bereich 1.75 nm. **b)** Höhenprofile der Topographiedaten. Profil 1 aus Teilbild a) zeigt Stufen zwischen benachbarten Gitterebenen. Profile 2 bis 4 entstammen Teilbild c). **c)** Vergrößerte Abbildung eines Gebietes der Größe 10 × 6.4 nm^2 (z-Bereich 0.63 nm; Steigung der Korrekturebene 37°), vgl. rechteckige Markierung in Teilbild a). Neben den Linien entlang der Profile 2 bis 4 sind zwei verschiedene Typen von atomaren Korrugationen „o“ und „x“ markiert. Innerhalb des Bildes weisen die Korrugationen „o“ unterschiedliche Anordnungen auf (Dreiecke bzw Rechtecke). **d)** entstammt einem anderen Gebiet auf der Probenoberfläche als a), das Rechtecksgitter ist widerum zu erkennen (7.6 × 9 nm^2, z-Bereich 1.0 nm).

$T = 320\,\mathrm{mK}$ auf einer derart präparierten Oberfläche. Zur besseren Sichtbarkeit der Strukturen wurde von den Rohdaten jeweils eine Korrekturebene als Untergrund subtrahiert, sonst erfolgte keine Bearbeitung. Die großflächige Topographie in Teilbild a) bestätigt, dass die Probenoberfläche *nicht* durch ausgedehnte Spaltebenen parallel zur Basalebene gebildet wird. Vielmehr handelt es sich um eine rauhe, unebene Bruchfläche. Es zeigt sich eine streifenförmige Abfolge schmaler Terrassen, innerhalb welcher einzelne atomare Korrugationen sichtbar sind. Die Stufen zwischen den Terrassen verlaufen überwiegend parallel und haben Höhen von 240 pm (oder Vielfachen), siehe Profil 1 in Teilbild b) der Abbildung 4.12. Teilbild c) zeigt eine vergrößerte Aufnahme auf einer solchen Terrasse (vgl. entsprechende Markierung in a)). Die scheinbare „Verzerrung" des Bildes entlang der y-Richtung ist ein Effekt einer Skalierung des Bildes, welche zur Korrektur des hohen Neigungswinkels der Oberfläche von $\sim 37°$ gegenüber der Raster-Ebene durchgeführt wurde[8]. In der Abbildung sind zwei „Typen" von atomaren Korrugationen zu erkennen: Zwischen den sehr prominenten Atomen mit der Markierung „o" gibt es Atome, deren Korrugationen schwächer ausgeprägt sind („x"). Eine Zuordnung zur Kristallstruktur von $\mathrm{CeIrIn_5}$ wird dadurch kompliziert, dass die Korrugationen des Typs „o" innerhalb des Bildes unterschiedliche Anordnungen annehmen: Im linken Teil formen sie ein Dreiecksgitter, rechts ein Rechtecksgitter (siehe Markierungen). Die Gebiete unterschiedlicher Symmetrien sind offenbar durch Versetzungsdefekte voneinander getrennt. Die aus der Topographie bestimmten interatomaren Abstände sind 670 ± 30 pm und 1370 ± 50 pm für die rechteckige Anordnung (vgl. Profile 2 und 4 in Abb. 4.12b)) bzw. 670 ± 30 pm und 1410 ± 50 pm für die Dreiecke. Gegenüber den Korrugationen des Typs „o" sind die des „x"-Typs sehr schwach ausgeprägt, siehe Profil 3 entlang der Diagonalen der Rechtecke der „o"-Atome. Eine zuverlässige Bestimmung der Positionen und damit der Abstände ist somit schwierig. Innerhalb der Messgenauigkeit befinden sich in diesem Gebiet die „x"-Korrugationen zentriert innerhalb der „o"-Rechtecke. Wie nachfolgend ausgeführt wird, könnte es sich bei dieser Topographie um die Abbildung einer $\{112\}$-Ebene von $\mathrm{CeIrIn_5}$ handeln. Diese mögliche Interpretation ist in sich und mit anderen experimentellen Befunden konsistent, alternative Erklärungen sind jedoch ebenfalls denkbar.

Die $\{112\}$-Ebene wird durch die Gittervektoren entlang der Richtungen [110] und [-111] aufgespannt. Abbildung 4.13a) veranschaulicht die Ausrichtung einer $\{112\}$-Ebene in der Kristallstruktur von $\mathrm{CeIrIn_5}$. Die Ce- und Ir-Atome bilden innerhalb dieser Ebene jeweils Rechtecksgitter mit Gitterabständen von 661 pm und 1000 pm. Diese Abstände entsprechen näherungsweise den Abständen der „o"-Atome in deren rechteckiger Anordnung. Innerhalb der $\{112\}$-Ebene befinden sich die Ce-Gitterplätze flächenzentriert innerhalb der Ir-Rechtecke (und andersherum) – so wie es auch in den Topographiedaten in Abbildung 4.12c) zu erkennen ist. Welchen Elementen die beiden Typen von Korrugationen „o" und „x" ent-

[8]Eine RTM-Topographie ist eine Darstellung der z-Position der Spitze als Funktion der Koordinaten (x, y), d.h. eine *Projektion* auf die Raster-Ebene. Bei stark geneigten Oberflächen würden daher die tatsächlichen Abstände auf der Oberfläche verkürzt dargestellt.

sprechen, kann nicht mit Sicherheit bestimmt werden, die unterschiedlich starke Ausprägung (d.h. der scheinbare „Höhenunterschied" von $\sim 75 - 100$ pm, siehe Profil 3 in Teilbild b)) der beiden Atomsorten könnte jedoch darauf hindeuten, dass die „höheren" Korrugationen des Typs „o" den Ir-Atomen entsprechen[9]. Die Stufenhöhe zwischen zwei benachbarten Gitterebenen in den Topographie-Daten (240 pm, ersichtlich im Profil 1 in Abb. 4.12b)) stimmt gut mit dem Netzebenenabstand entlang der [112]-Richtung (250 pm) überein. Auch der große Neigungswinkel der beobachteten Oberfläche von 37° gegenüber der Rasterebene des RTM (und gleichbedeutend gegenüber der Ebene des Probenträgers, auf welcher die Probe parallel zur Basalebene aufgeklebt wurde) ist konsistent mit der {112}-Ebene. Die atomaren Stufen in Abbildung 4.12a) verlaufen nach dieser Interpretation entlang der [110]-Richtung.

Dass $CeIrIn_5$-Einkristalle nicht parallel zur Basalebene spalten, sondern entlang Ebenen niedriger Symmetrie, ist angesichts der Kristallstruktur nicht unerwartet: Berechnungen der Verteilung der Elektronendichte [Gri] zeigen, dass die 1:1:5-Struktur im Hinblick auf die chemischen Bindungsverhältnisse keineswegs zweidimensional ist. Gerade die durch die Ir- und Ce-Atome gebildete {112}-Ebene weist eine hohe Elektronendichte auf, was ein Spalten *parallel* zu dieser Ebene wahrscheinlich macht.

Bei dieser Interpretation der Topographie stellt sich natürlich die Frage nach dem Zustandekommen des Dreiecksgitters der Korrugationen des Typs „o". Mit hoher Wahrscheinlichkeit handelt es sich um Versetzungsdefekte. An der selben Probe, von welcher auch die Topographiedaten in Abbildung 4.12 stammen, wurden hochgenaue Messungen der Einkristall-Röntgendiffraktometrie durchgeführt (H. Borrmann, Y. Prots, Y. Grin, MPI CPfS). Die Analyse im Rahmen einer Strukturverfeinerung [Gri] ergab eine bessere Beschreibbarkeit der Daten (niedrigerer R-wert, d.h. bessere Übereinstimmung zwischen gemessenem und aus der angesetzten Struktur berechneten Diffraktogramm), wenn neben dem regulären Ir-Gitterplatz noch ein weiterer Ir-Platz einbezogen wurde, welcher um den Gittervektor $(a/2, a/2, 0)$ gegenüber den regulären Ir-Gitterplätzen verschoben ist, sich also flächenzentriert innerhalb des quadratischen Gitters der Ir-Ebene befindet, siehe Abbildung 4.13b). Ein Fit der Röntgendiffraktometrie-Daten mit den Besetzungswahrscheinlichkeiten der beiden Ir-Gitterplätze als zwei *unabhängige* Parameter ergab, dass in der Probe lediglich $\sim 99\%$ der regulären Ir-Gitterplätze besetzt sind, und etwa 1% der Ir-Atome sich auf den „versetzten" Ir-Plätzen befinden. Beide Wahrscheinlichkeiten addieren sich etwa zu 100%, was bedeutet, dass sich keine zusätzlichen Ir-Atome in der Kristallmatrix befinden, sondern dass es sich um Versetzungsdefekte handelt.

Durch einen Versetzungsdefekt wird die periodische Struktur des Kristallgitters gestört. Bei einer Anhäufung von Defekten in benachbarten Einheitszellen kann das lokal zu einer

[9]Die Topographie wurde bei einer Probenspannung von +0.6 V aufgenommen, d.h. Elektronen tunneln aus der Spitze in unbesetzte Zustände in der Probe. Ir ist im Vergleich zu Ce stark elektronegativ, die Tunnelwahrscheinlichkeit ist demnach an den Ir-Positionen größer, was sich in einem scheinbaren Höhenkontrast niederschlägt.

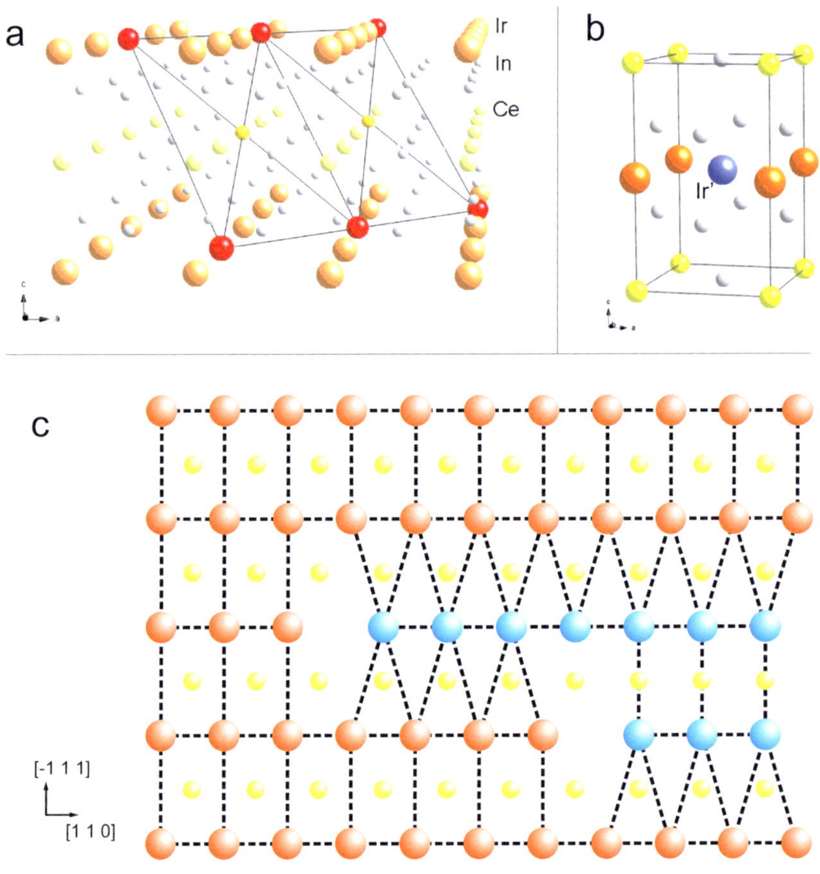

Abbildung 4.13: **Kristallstruktur von $CeIrIn_5$. a)** Lage der Ir- und Ce-Atome innerhalb einer {112}-Ebene. Zur Veranschaulichung sind die betreffenden Gitterplätze farblich hervorgehoben. **b)** Die Einheitszelle entspricht dem $HoCoGa_5$-Typ (siehe Abb. 4.7), mit der Ausnahme, dass zusätzlich zum regulären Ir-Gitterplatz bei $(x, y, z) = (0, 0, \frac{c}{2})$ *(orange)* ein weiterer Gitterplatz Ir' bei $(x, y, z) = (\frac{a}{2}, \frac{a}{2}, \frac{c}{2})$ *(blau)* eingetragen ist. **c)** Anordnung der Ir- und Ce-Atome innerhalb der {112}-Ebene: Die Besetung der regulären Ir-Plätze erzeugt ein Rechteckgitter *(links)*, welches durch einen Versetzungsdefekt (Besetzung der Ir'-Plätze in einer Atomreihe entlang [110]) in ein Dreiecksgitter übergehen kann *(Mitte)*. Befinden sich die Atome zweier benachbarter Reihen auf den Ir'-Plätzen, so bilden die Ir-Atome ebenfalls ein Rechtecksgitter *(rechts)*.

Änderung der Gittersymmetrie des Kristalls führen. In Abbildung 4.13c) ist die Auswirkung der oben angesprochenen Versetzungsdefekte auf die Anordnung der Ir-Atome in der $\{112\}$-Ebene illustriert: Befinden sich die Ir-Atome in einer Reihe entlang der [110]-Richtung versetzt auf den Ir'-Plätzen, geht das Rechtecksgitter dort in ein Dreiecksgitter über – genau wie es in der Topographie in Abb. 4.12c) zu sehen ist. Tritt ein solcher Defekt in zwei benachbarten Reihen von Ir-Atomen auf, würde man wiederum ein Rechtecksgitter finden, allerdings versetzt in Bezug auf die Position der Ce-Atome. Eine solche Situation liegt möglicherweise in Abbildung 4.12d) vor.

Die Versetzungen von Ir-Atomen innerhalb der $\{112\}$-Ebene bieten demnach eine plausible Erklärung für die unterschiedlichen Anordnungen der Korrugationen in den Topographiedaten in Abbildung 4.12c). Darüber hinaus zeigt die Tatsache, dass die Defekte sowohl in der RTM-Topographie als auch in den *volumensensitiven* Röntgendaten beobachtet werden, dass es sich um eine *intrinsische Eigenschaft des Probenmaterials* handelt, derartige Störstellen also natürlich in den $CeIrIn_5$-Proben auftreten. Insbesondere heißt es, dass die Defekte, zumindest zum großen Teil, bereits vor dem Spalten der Probe im Material vorhanden waren. Somit "sieht" das RTM (und auch RTS) eine Oberfläche, welche strukturell dem Festkörper (mitsamt seiner Defekte) entspricht. Die große Anhäufung der Versetzungsdefekte an der Oberfläche (verglichen mit der Häufigkeit von etwa 1%, mit welcher die Störstellen im Bulk auftreten) läßt sich möglicherweise wiefolgt erklären: Es ist nicht zu erwarten, dass derartige Störstellen homogen verteilt sind, sondern an manchen Stellen im Festkörper gehäuft auftreten (clustern). Anhäufungen von Defekten verändern auch die elastischen Eigenschaften des Materials, und mit hoher Wahrscheinlichkeit spaltet eine Probe eben entlang solcher „Schwachstellen“. Darüberhinaus ist es auch möglich, dass in der Probe vorhandene Defekte sich während des Spaltvorganges fortbewegen[10] und auf diesem Wege clustern.

4.4 1:2:2-Verbindungen: $CeCu_2Si_2$ und $YbRh_2Si_2$

Eine große Anzahl von Verbindungen mit der allgemeinen Strukturformel AB_2X_2 (sog. „1:2:2-Verbindungen“) kristallisieren in der Struktur des $ThCr_2Si_2$-Typs [Ban65]. Die raumzentriert-tetragonale Einheitszelle dieses Strukturtyps ist in Abbildung 4.14 dargestellt. Die Struktur wird häufig formal Abfolge von Lagen der Komposition A und B_2X_2 beschrieben [Hof85]: Die chemischen Bindungen innerhalb der B_2X_2-Schicht haben kovalenten bzw. metallischen Charakter, während zwischen den Lagen A und B_2X_2 verhältnismäßig schwache ionische Bindung vorherrscht. Gegenwärtig prominente Vertreter sind die Fe-basierenden Hochtemperatur-Supraleiter der Art (Ba, K)Fe_2As_2 [Rot08, Sas08]. Die auf Seltenerdelementen basierenden intermetallischen 1:2:2-Verbindungen sind vor allem von Interesse auf-

[10] Das Spalten von Festkörpern geschieht i.A. durch die Propagation von Fehlstellen [Dow07, Hos05a]

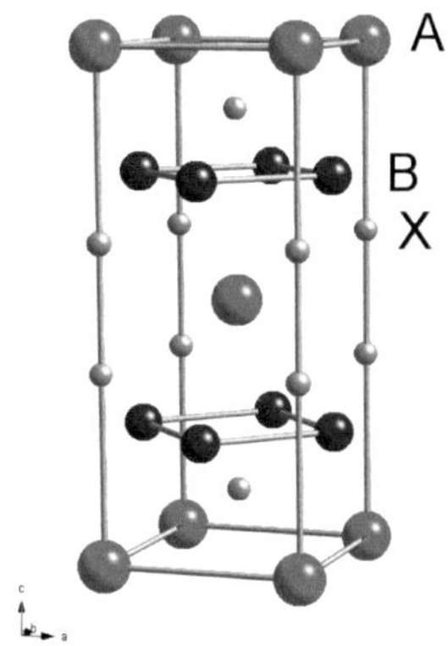

Abbildung 4.14: Einheitszelle des $ThCr_2Si_2$-Strukturtyps für Verbindungen mit der allgemeinen Formel AB_2X_2

grund ihrer starken elektronischen Korrelationen und der daraus resultierenden besonderen physikalischen Eigenschaften wie Valenzfluktuationen [Sal76, Law81], Schwere-Fermionen-Supraleitung [Ste79, Mat98, Pfl09] und Nicht-Fermi-Flüssigkeitsverhalten[Ste01]. Im Laufe dieser Arbeit wurden RTM- und RTS-Experimente an zwei prototypischen Schwere-Fermionen-Metallen der 1:2:2-Familie durchgeführt: $CeCu_2Si_2$ und $YbRh_2Si_2$.

4.4.1 $CeCu_2Si_2$

Unter den Schwere-Fermionen-Verbindungen nimmt $CeCu_2Si_2$ [Bod66] vor allem deshalb eine besondere Stellung ein, da es der erste Vertreter dieser Materialklasse war, in welchem Supraleitung nachgewiesen wurde [Ste79]. Doch auch die Eigenschaften des Normalzustandes sind überaus ungewöhnlich, wie im Abschnitt 5.2 noch näher diskutiert wird. Die sensitive Abhängigkeit der physikalischen Eigenschaften des Grundzustandes von der Stöchiometrie im sehr kleinen Homogenitätsbereich der 1:2:2-Phase [Mod95, Ste96, Gei97, Geg98] stellen eine Herausfordeung an die Probenherstellung dar. Die hier verwendeten Einkristalle wurden durch Dr. H. S. Jeevan am MPI CPfS im Cu-Fluß unter Verwendung von polykristallinem $CeCu_2Si_2$ als Ausgangsmaterial hergestellt. Dabei entstanden große Einkristalle mit Ausdehnungen von bis zu mehreren Millimetern entlang aller kristallographischer Richtungen. Bereits rein äußerlich weisen die Proben keine ausgezeichnete Richtung auf, etwa eine ausgeprägte Plättchenform. Dieser Eindruck bestätigt sich im Spaltverhalten der Einkristalle: bei Vorversuchen zeigten sich keine Hinweise auf eine vorherrschende Spaltebene. Es konnte lediglich festgestellt werden, dass die Kristalle gelegentlich entlang Flächen zerbrachen, deren Ausrichtung nahe der {110}-Ebene lag. Dabei bildeten sich jedoch keine ausgeprägten flachen Terrassen, sondern unebene Bruchflächen. Aufgrund dieses „Trends" wurden anfänglich Kristalle entlang der {110} zum Spalten montiert. Diese Annahme einer bevorzugte Spaltebene hat sich jedoch nicht bestätigt, sodass nachfolgend auch andere Orientierungen

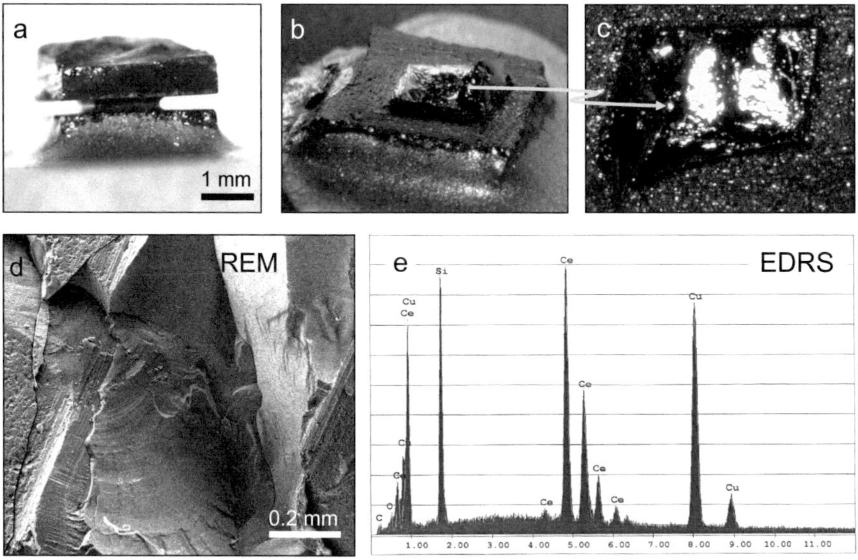

Abbildung 4.15: ***in-situ* Spalten von $\mathbf{CeCu_2Si_2}$.** **a)** Ein senkrecht zur [110]-Richtung aufgeklebter und angesägter Einkristall. **b)** Die Probe nach dem Raumtemperatur-Spalten entlang der Sägenut. **c)** Vergrößerung der entstandenen Bruchfläche. **d)** REM-Aufnahme eines Teils der Bruchfläche (Sekundärelektronen-Kontrast, 59-fache Vergrößerung, Kathodenspannung 25 kV). **e)** EDR-Spektrum, aufgenommen auf der gleichen Bruchfläche. d) und e): P. Scheppan.

gewählt wurden. Um angesichts der großen, mechanisch stabilen Kristalle den Spaltvorgang zu unterstützen, wurde, wie bereits in Abschnitt 4.2.2 beschrieben, an den Proben parallel zur vorher orientierten Klebefläche eine Sollbruchstelle hergestellt. Der Spaltprozess ist anhand einer Probe in Abildung 4.15 dokumentiert. Die auf diese Weise bearbeiteten Proben wiesen allesamt sehr *unebene* Bruchflächen auf (vgl. Abb 4.15c)), es wurden *keine* makroskopisch ausgedehnten ebenen Spaltflächen beobachtet. Dies wurde durch Untersuchungen mittels Rasterelektronenmikroskopie (REM) bestätigt. Abbildung 4.15d) zeigt beispielhaft ein REM-Bild von einer Bruchfläche, aufgenommen im Sekundärelektronen-Kontrast, welcher im Wesentlichen sensitiv auf die Topographie der untersuchten Oberfläche ist. Deutlich sind Gebiete zu erkennen, in welchen die Bruchflächen entlang verschiedener Richtungen verlaufen. Auf der Bruchfläche durchgeführte energiedispersive Röntgenspektroskopie, siehe

Abbildung 4.15e), ergab innerhalb der Fehlerbereiche keine Abweichungen von der Stöchiometrie 1:2:2 oder Hinweise auf Fremdphasen[11]

An acht von zwolf *in-situ* bei Raumtemperatur gespaltenen Proben konnten RTM-Messungen durchgeführt werden: drei davon waren senkrecht zur [110]-Richtung ausgerichtet, zwei senkrecht zu [100], zwei senkrecht zu [001] (Dr. S. Seiro) und eine weitere entlang einer beliebigen, der Probenform angepassten Richtung. Die restlichen Proben waren während des Spaltvorganges derart zerbrochen, dass kein sicheres Annähern der Tunnelspitze mehr möglich war, oder der elektrische Kontakt zur Probe hatte sich gelöst. Dabei war auffällig, dass sehr große Proben bevorzugt mehrfach zerbrechen. Dies birgt die Gefahr, dass sich loses Probenmaterial auf der Oberfläche befindet, sich möglicherweise sogar die gesamte Probe vom Probenträger löst und somit auch kein elektrischer Kontakt mehr besteht, so dass u.U. keine Tunnelmessungen mehr möglich sind. Als guten Kompromiss zwischen Spaltverhalten und Handhabbarkeit hat sich die Verwendung von Proben mit etwa 1.5–2 mm Kantenlänge erwiesen. Eine typische Topographie einer *in situ* senkrecht zur [110]-Richtung gespaltenen $CeCu_2Si_2$-Probe ist in Abbildung 4.16 dargestellt. In Bild a) und dem entsprechenden Profil d) sind flache Gebiete zu erkennen, welche durch parallel verlaufende Stufen voneinander getrennt werden. Innerhalb der Fehlerbereiche stimmen die Stufenhöhen (450–500 pm, siehe Profil in Abb. 4.16b)) mit dem *Dreifachen* des Netzebenenabstandes von $CeCu_2Si_2$ entlang der [110]-Richtung (145 pm) überein. Es könnte sich demnach bei den flachen Gebieten um Spaltflächen auf dem Probenmaterial handeln, welche senkrecht zu [110] verlaufen. Eine eindeutige Zuordnung zu Kristallebenen ist jedoch nicht möglich, da auf den Terrassen keine atomar geordnete Oberfläche beobachtet wurde. Vielmehr zeigten sich in flachen Gebieten abseits der Stufen *ungeordnete* Strukturen mit einer Ausdehnung von wenigen nm lateral und $\lesssim 60$ pm in z-Richtung. Eine ähnliche Rauigkeit der gespaltenen Oberflache auf *atomarer* Skala wurde bereits in früheren RTM-Experimenten an $CeCu_2Si_2$ gefunden [Gos97]. Dort wurde spekuliert, dass die Unordnung durch die Krafteinwirkung auf die Oberfläche während des Spaltprozesses induziert sein könnte oder es sich um Adsorbate handelt. Eine nachträgliche Adsorption erscheint in unserem Fall jedoch unwahrscheinlich, da der Spaltprozess, der Transfer in das RTM und auch die anschließenden RTM-Messungen unter UHV-Bedingungen ($p \lesssim 5 \cdot 10^{-10}$ mbar) durchgeführt wurden. Zudem befand sich die Probe beim Spalten bei Raumtemperatur, sodass vor Einbau ins RTM auch keine Verunreinigungen kryoadsorbiert wurden. Wie bereits eingangs dieses Kapitels angesprochen, ist im Inneren des RTM ist eine signifikante Kryoadsorption ebenfalls unwahrscheinlich.

[11] Die aus den Intensitäten des Spektrums in Abb. 4.15e) ermittelten molaren Anteile der Elemente sind 19.9% für Ce, 39.9% für Cu und 39.4% für Si. Gelegentlich beobachtete Abweichungen des Si-Anteils sind auf den Fehler durch die z.T. stark geneigte Oberfläche zurückzuführen, welche sich von den drei Elementen bei Si am stärksten auswirkt. Das Verhältnis Ce:Cu blieb nahezu unverändert.

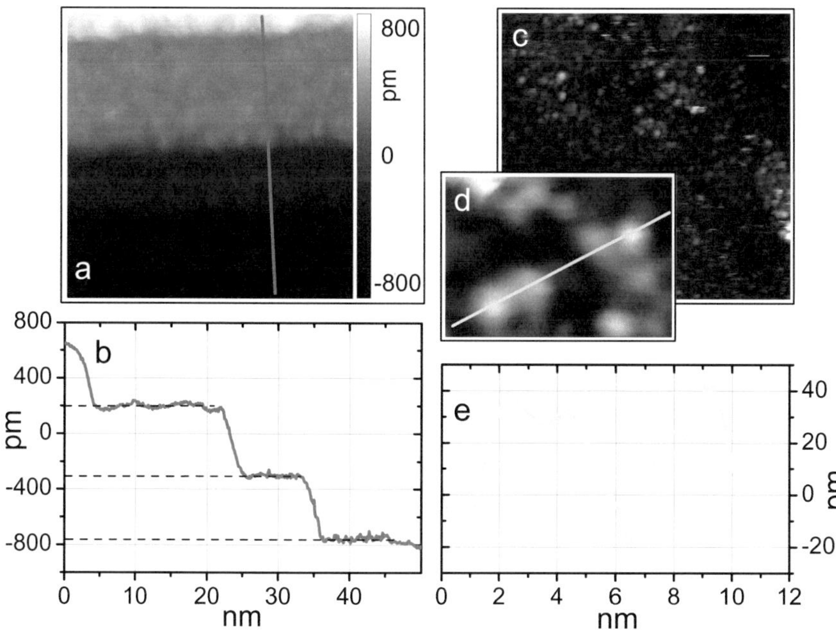

Abbildung 4.16: **Topographie einer $CeCu_2Si_2$-Probe**, bei Raumtemperatur senkrecht zur [110]-Richtung gespalten Daten aufgenommen bei $I_{set} = 0.25\,nA$, $U = +0.24\,V$, $T = 320\,mK$. **a)** Gebiet der Größe $50 \times 50\,nm^2$ mit atomaren Stufen. **b)** Höhenprofil entlang der Linie in a). Die Stufenhöhen betragen $450 \pm 50\,pm$ und $500 \pm 50\,pm$. **c)** Gebiet ohne solche Stufen, $50 \times 50\,nm^2$. **d)** Vergrößerte Abbildung eines ähnlichen Gebietes, $7 \times 10\,nm^2$. **e)** Höhenprofil entlang der Linie in d).

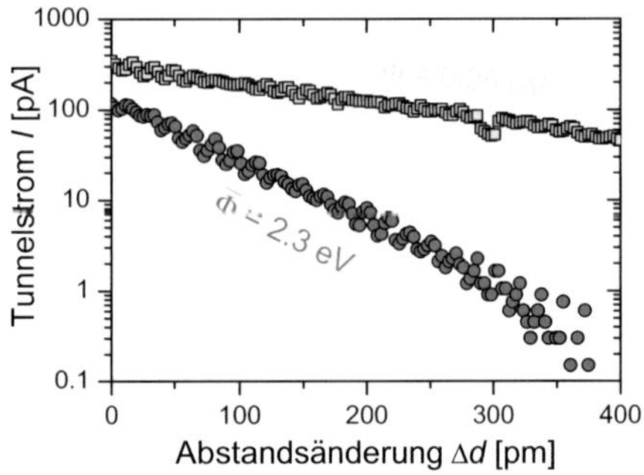

Abbildung 4.17: $I(z)$-**Spektroskopie an $CeCu_2Si_2$.** Aufgetragen ist die Abhängigkeit des Tunnelstromes vom Abstand zwischen Probe und Spitze an zwei verschiedenen Positionen auf der selben Probe, gemessen bei $T = 320\,\mathrm{mK}$. $\bar{\Phi}$ wurde jeweils aus den Anstiegen der Kurven in der halblogarithmischen Auftragung bestimmt.

Weitere Aussagen über die Oberflächenbeschaffenheit lassen sich aus der Abhängigkeit des Tunnelstromes vom Abstand zwischen Spitze und Probe, der sog. $I(z)$-Spektroskopie, ableiten. Charakteristisch für eine Vakuum-Tunnelbarriere ist ein exponentielles Abklingen des Tunnelstromes, $I \sim \exp(-2\kappa d)$ (vgl. Gleichung 3.6. Aus der charakteristischen Länge κ lässt sich die effektive Höhe der Tunnelbarriere $\bar{\Phi} \sim \kappa^2$ bestimmen. Für einen sauberen Tunnelkontakt zwischen zwei Metallen erwartet man ein $\bar{\Phi}$ in der Größenordnung der Austrittsarbeiten Φ der Metalle, also einigen eV. Über einen Zeitraum von mehreren Wochen, während dem Messungen an der selben $CeCu_2Si_2$-Probe durchgeführt wurden, konnte keine systematische Entwicklung in den $I(z)$-Spektren beobachtet werden. Stattdessen zeigte sich eine starke Abhängigkeit von der untersuchten Probenposition. Abbildung 4.17 zeigt zwei $I(z)$-Kurven, welche am gleichen Tag an zwei verschiedenen Positionen aufgenommen wurden. Beide Kurven zeigen die erwartete exponentielle Abhängigkeit, jedoch mit stark unterschiedlichen Exponenten: Die effektive Barrierenhöhe $\bar{\Phi}$ unterscheidet sich nahezu um eine Größenordnung. Eine derart große Streuung deutet auf Inhomogenitäten in der chemischen Beschaffenheit entlang der Oberfläche hin. Die teilweise große Barrierenhöhe $\bar{\Phi} = 2.3\,\mathrm{meV}$ deutet darauf hin, dass zumindest an diesen Positionen die Probenoberfläche sauber und frei von Kontaminationen war. Da jedoch auch an diesen Probenpositionen keine atomar geordnete Topographie der Oberfläche beobachtet wurde, muss davon ausgegangen werden, dass eine strukturelle Schädigung der Oberfläche vorliegt. Deren Ausmaß und Ursache konnten bislang nicht endgültig aufgeklärt werden.

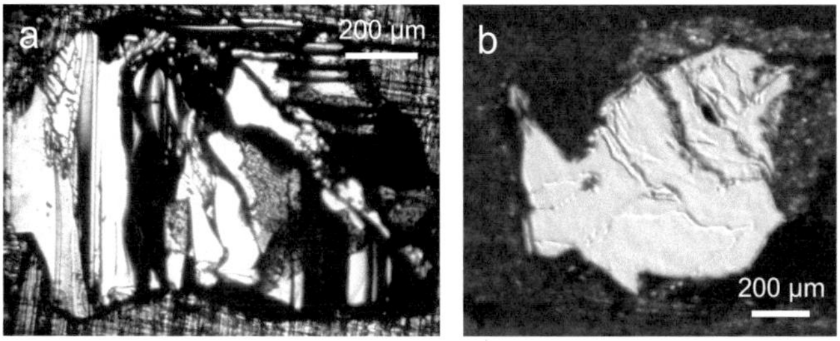

Abbildung 4.18: **Spalten von $YbRh_2Si_2$.** Abgebildet sind Einkristalle, welche senkrecht zur c-Achse **a)** bei Raumtemperatur bzw. **b)** bei $\lesssim 20\,K$ gespalten wurden

4.4.2 $YbRh_2Si_2$

Ein weiteres, in den letzten Jahren sehr ausführlich untersuchtes Schwere-Fermionen-System ist $YbRh_2Si_2$ [Ros79]. Trotz der gemeinsamen tetragonalen Kristallstruktur des $ThCr_2Si_2$-Typs scheint $YbRh_2Si_2$ ein anderes, für RTM-Messungen günstigeres Verhalten in Bezug auf das Spalten der einkristallinen Proben zu zeigen als $CeCu_2Si_2$. Die für unsere Experimente verwendeten Einkristalle der Züchtungen 63109, 63129 und 63131 wurden durch Dr. C. Krellner am MPI CPfS im In-Fluss hergestellt [Tro00a, Kre09] und zeichnen sich durch sehr niedrige Restwiderstände aus[12] – ein Merkmal für sehr reine Proben. Durch die ausgeprägte Plättchenform der Einkristalle ist eine natürliche Orientierung entlang der kristallographischen {001}-Ebene gegeben. Es wurden zehn Einkristalle mittels eines aufgeklebten Stößels *in situ* entlang der Basalebene gespalten, drei davon bei Raumtemperatur im Kryogenen RTM und sieben mithilfe des Tieftemperatur-Spaltwerkzeuges im TT-RTM bei unter 20 K. Durch das Spalten der Proben bei Raumtemperatur entstanden meist unebene Oberflächen mit kleinen Gebieten, auf welchen die Probe parallel zur Basalebene gespalten wurde, siehe Abbildung 4.18. Dagegen zeigten die bei tiefen Temperaturen gespaltenen Proben meist größere zusammenhängende Spaltflächen und weniger „Krater“ und hohe Stufen. Wichtig für ein erfolgreiches Spalten ist wiederum die Größe der Proben: Bei ausnehmend großen Einkristallen sind die entstehenden Bruchflächen tendenziell unebener und inhomogener, und auch die Wahrscheinlichkeit ist höher, dass das Spalten *nicht* erfolgreich verläuft (etwa dadurch dass sich eine Klebeverbindung löst). Gute Ergebnisse wurden mit Proben von etwa 0.8–1.5 mm Kantenlänge in der ab-Ebene und 0.3–0.5 mm entlang der c-Richtung erzielt. Proben aus qualitativ hochwertigen Kristallzüchtungen (hohes Restwiderstandsverhältnis) sind tendenziell kleiner und v.a. flacher und damit schwieriger

[12] An Proben dieser Kristallzüchtungen wurden keine Widerstandsmessungen bis zu sehr tiefen Temperaturen durchgeführt. Ähnlich hergestellte Proben der gleichen „Generation“ weisen Restwiderstandsverhältnisse $\rho_0/\rho(300\,K)$ von bis zu 140 bei $\rho_0 \approx 0.5\,\mu\Omega\,cm$ auf.

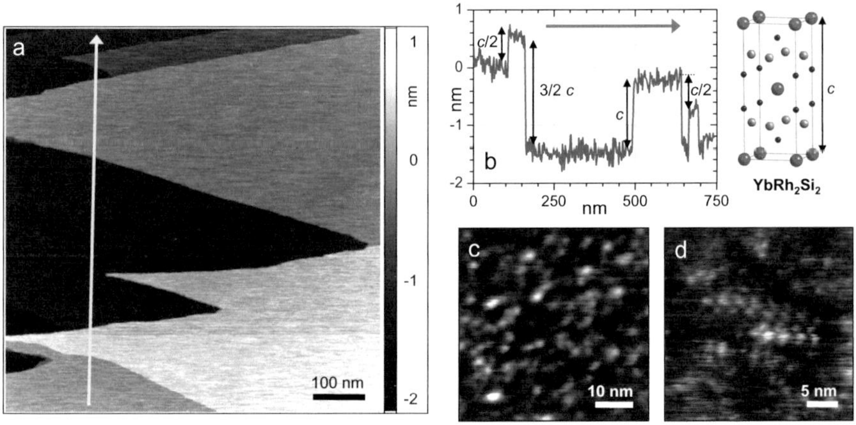

Abbildung 4.19: **RTM-Topographie von $YbRh_2Si_2$, gespalten bei Raumtemperatur** senkrecht zur [001]-Richtung. Die Temperatur im RTM betrug 320 mK. **a)** In der Übersichtstopographie, $740 \times 740\,\mathrm{nm}^2$, treten ausgedehnte Spaltflächen auf. Die Stufenhöhen entsprechen näherungsweise Vielfachen der halben Gitterkonstante entlang c, vgl. Profil und Kristallstruktur. Die Vergrößerten Abbildungen **b)** und **c)** zeigen ungeordnete Strukturen im nm-Bereich (lateral). In c) sind kleine Gebiete mit periodischen Strukturen zu erkennen. welche jedoch groß verglichen mit den Gitterabständen sind.

zu spalten. Insgesamt verlief jedoch die Mehrzahl der *in-situ* Spaltversuche erfolgreich: An fünf der sieben Tieftemperatur-gespaltenen Proben konnten RTM-Messungen durchgeführt werden.

Die RTM-Topographie einer bei Raumtemperatur gespaltenen $YbRh_2Si_2$-Probe ist in Abbildung 4.19 dargestellt. Teilbild a) zeigt ein für RTM verhältnismäßig großes Gebiet von $(740\,\mathrm{nm})^2$. Deutlich sind Terassen mit mehreren Hundert nm Ausdehnung zu erkennen. Die beobachteten Stufenhöhen entsprechen näherungsweise Vielfachen der halben Gitterkonstanten entlang der c-Richtung, $c/2 = 0.493\,\mathrm{nm}$. Auffällig sind die spitzen Winkel, welche die Stufen einschließen. Ähnliche Topographien wurden bereits bei Messungen an gespaltenen Einkristallen anderer Materialien mit kubischer bzw. tetragonaler Kristallstruktur beobachtet [Kol01, Wak07a, Wak07b, Ayn10a]. Der Verlauf der Stufenkanten wird mit der Richtung der während des Spaltens wirkenden Kraft in Bezug auf die kristallographischen Achsen in Verbindung gebracht [Kol01]. Auf kleinerer Längenskale zeigt die Topographie abseits der Stufen wiederum eine flache, aber auf der Skale der zwischenatomaren Abstände ungeordnete Oberfläche, siehe Abbildung 4.19b). Gelegentlich sind in kleinen Bereichen „geordnete“ Strukturen zu beobachten, siehe Teilbild c), deren typische Längenskalen im nm-Bereich sind jedoch wesentlich größer als Abstände im atomaren Gitter. Der Ursprung dieser Strukturen ist nicht bekannt.

Ein völlig anderes Bild bietet die Topographie von $YbRh_2Si_2$-Proben, welche bei tiefen Temperaturen ($< 20\,K$) senkrecht zur c-Richtung gespalten wurden. Die Bilder verschiedener Größe in Abbildung 4.20 entstammen unterschiedlichen Positionen auf der selben Probe. Bereits auf dem Übersichtsbild a) sind atomaren Korrugationen zu erkennen: In einem Gebiet von $70 \times 70\,nm^2$, also einer Fläche, welche mehr als 30.000 Einheitszellen entlang der Basalebene enthält, zeigt sich ein nahezu perfektes atomares Gitter mit einer sehr kleinen Anzahl von Störstellen ($\sim 0.2\%$ der Gitterplätze). An dieser Stelle sei darauf hingewiesen, dass die Daten, abgesehen von der Subtraktion eines ebenen Untergrundes, keiner Bearbeitung (Filter etc.) unterzogen wurden. Die Darstellung eines kleineren Gebietes in Teilbild b) bestätigt die beim Spalten senkrecht zur c-Achse erwartete Anordnung der Oberflächenatome in einem quadratischen Gitter. Es gibt keine Anzeichen einer Oberflächenrekonstruktion, wie sie im Fall der isostukturellen Verbindung URu_2Si_2 beobachtet wurde [Ayn10b]. Die aus der Abbildung auf kleinerer Längenskale in Teilbild c) und der Fouriertransformierten der Topographie in Teilbild d) ermittelten Gitterabstände ($3.85 \pm 0.10\,Å$) entsprechen den interatomaren Abständen innerhalb der Si- und der Yb-Ebenen von $YbRh_2Si_2$ ($4.0\,Å$). Atomar aufgelöste Topographien mit dieser Periodizität wurden regelmäßig aufgefunden. Eine andere Gitterperiodizität, wie sie bei einer Rh-terminierten Oberfläche zu erwarten wäre, wurde jedoch auf keiner der untersuchten Proben beobachtet. Das ist konsistent mit der Erwartung, dass $YbRh_2Si_2$-Einkristalle bevorzugt zwischen den Yb- und den Si-Ebenen spalten [Dan07]: Wie bereits auf Seite 79 angedeutet, kommt es innerhalb der Rh_2Si_2-Lagen zur Ausbildung einer starken chemische Bindung mit kovalentem Charakter zwischen Si und dem Übergangsmetall Rh mit seiner chemisch aktiven, weit ausgedehnten Schale von $4d$-Valenzelektronen, während die Bindung zum Yb wesentlich schwächer ausgeprägt ist. Eine Identifikation der Oberfläche mit der Si- oder Yb- Ebene aus der Auswertung atomarer Stufenhöhen war nicht möglich, da während der umfassenden RTM-Untersuchungen keine Stufen mit anderen Höhen als Vielfachen der halben Gitterkonstanten entlang c beobachtet wurden. Eine „gemischte" Oberfläche, wie sie mittels ARPES beobachtet wurde [Dan07], ist demnach unwahrscheinlich. Um dennoch die Identität der Oberflächen zu bestimmen, wurden die auftretenden Punktdefekte näher analysiert. Die Höhenprofile in Abbildung 4.20e) entsprechen den Markierungen in der Topographie in Teilbild b) und repräsentieren die beiden Arten von Defekten, welche in dieser Topographie auftreten: Profil 1 zeigt eine scheinbare *Erhöhung* in den Topographiedaten genau an *einen* Gitterplatz. Demgegenüber erstreckt sich die *Absenkung* in Profil 2 auf zwei benachbarte Gitterplätze. Bezüglich des quadratischen Gittes der Oberflächenatome wurden beide „Ausrichtungen" des letzteren Defekts beobachtet (siehe z.B. am oberen Bildrand in der Topographie b)). Aufgrund ihrer geringen Ausprägungen in z-Richtung (20–30 pm) ist es unwahrscheinlich, dass es sich bei den in den Profilen 1 und 2 abgebildeten Störstellen um Adatome bzw. vakante Gitterplätze an der Oberfläche

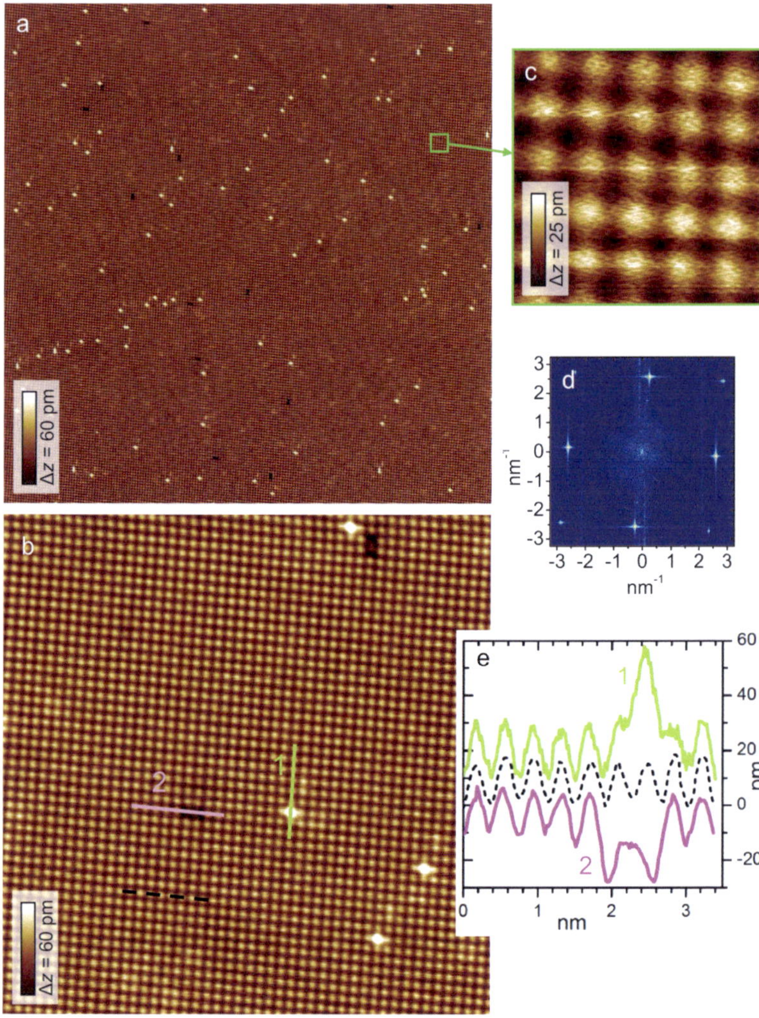

Abbildung 4.20: **RTM-Topographie von Tieftemperatur-gespaltenem $YbRh_2Si_2$**, aufgenomen bei $T = 4.6\,\mathrm{K}$ ($U = 0.3\,\mathrm{V}$, $I_{\mathrm{set}} = 0.6\,\mathrm{nA}$). Die Bilder entstammen unterschiedlichen Positionen der selben Probe und zeigen eine Si-terminierte Oberfläche (siehe Text). Von den Rohdaten wurde eine Ebene als Untergrund abgezogen, sonst erfolgte keine Bearbeitung. **a)** Übersichtsbild, $70 \times 70\,\mathrm{nm}^2$, z-Bereich 60 pm; **b)** $18 \times 18\,\mathrm{nm}^2$ **c)** $2 \times 2\,\mathrm{nm}^2$, **d)** Fouriertransformierte der Topographie in a) (Ausschnitt); **e)** $3 \times 3\,\mathrm{nm}^2$, Mittelung mehrerer Bilder von der gleichen Position. Der hohe Farbkontrast dient der Veranschaulichung der auftretenden Defekte. Die Linien entsprechen den Profilen in **f)**.

handelt[13]. Vielmehr handelt es sich wahrscheinlich um Modifikationen der lokalen Zustandsdichte der Probe, welche durch Fehlbesetzungen in der Kristallstruktur nahe der Oberfläche hervorgerufen werden. Bislang unveröffentlichte Ergebnisse der Einkristall-Röntgendiffraktometrie (Dr. R. Cardoso, Dr. H. Borrmann, Dr. Y. Prots und Prof. Dr. J. Grin, MPI CPfS) lieferten Hinweise darauf, dass die häufigsten zu erwartenden Gitterdefekte in $YbRh_2Si_2$-Einkristallen in Fehlbesetzungen in den Rh- und den Si-Lagen durch die Atome des jeweils anderen Elementes Si bzw. Rh bestehen (Vertauschungs-Defekte). Diese Störstellen können auch die in der RTM-Topographie in Abbildung 4.20 auftretenden Punktdefekte erklären, wenn man von einer *Si-terminierten Oberfläche* ausgeht: Ein vergleichsweise ausgedehntes Rh-Atom auf einem Si-Gitterplatz würde dann eine „Erhöhung" in der Topographie hervorrufen. Ein auf einem Rh-Gitterplatz befindliches Si-Atom wäre erst in der zweit-obersten Atomlage zu finden, siehe Kristallstruktur in Abbildung 4.19. In der darüberliegenden Si-Lage würde dies zu einer „Vertiefung" führen, welche sich über zwei Si-Atome ertreckt (ein Rh-Atom hat genau vier Si-Atome als nächste Nachbarn: zwei in der darunterliegenden und zwei in der darüberliegenden Si-Ebene). Bildlich gesprochen würden die beiden zum Defekt benachbarten Oberflächenatome weiter in die Oberfläche „hineinrutschen". Die niedrige Anzahl der Störstellen in den RTM-Bildern (etwa 0.2% aller Gitterplätze für die Erhebungen und etwa 0.02% für die Vertiefungen) ist konsistent mit dieser Erklärung: Laut Analyse der Röntgendiffraktometrie-Daten liegt die Häufigkeit dieser Vertauschungsdefekte im Kristall unterhalb 1%. Das etwa zehnmal häufigere Auftauchen der Erhöhungen gegenüber den hantelförmigen Absenkungen könnte an den der Kristallzüchtung zugrunde liegenden Parametern (Verhältnis der einzelnen Elemente im Ausgangsmaterial) begründet liegen. Aus dem Vergleich der Röntgendaten mit den elektrischen Restwiderstandsverhältnissen der jeweiligen Proben deutet auf eine Verknüpfung zwischen der Probenqualität und der Häufigkeiten der Defekte hin. Möglicherweise kann diese Systematik durch weitere RTM-Messungen an $YbRh_2Si_2$-Proben verschiedener Züchtungen untermauert werden. Die auf dieser Interpretation der beobachteten Störstellen basierende Identifikation der Topographien in Abbildung 4.20 als Si-terminierte Oberfläche wird durch verschiedene Befunde der spektroskopischen Messungen an $YbRh_2Si_2$ in Kapitel 6 bestätigt.

Topographien mit Störstellen wie in Abbildung 4.20 wurden im Verlauf der Messungen an verschiedenen $YbRh_2Si_2$-Proben überwiegend beobachtet. Ein qualitativ anderes Verhalten der Topographie wurde lediglich in einem Fall beobachtet. Abbildung 4.21a) zeigt wiederum eine großflächig atomar ausgelöste Oberfläche mit der gleichen Gitterperiodizität wie in Abbildung 4.20. Auch hier gibt es Defekte, welche sich als Vertiefungen und Erhebungen darstellen, siehe Profile in Teilbild b). Anders als im oben beschriebenen Fall

[13]Derartige Störstellen auf der Oberfläche erzeugen in der RTM-Topographie weitaus größere Effekte im Å-Bereich. Defekte ähnlicher Höhen wurden auch gelegentlich auf dieser Oberfläche beobachtet (Höhe $\sim 120\,\mathrm{pm}$, nicht abgebildet)

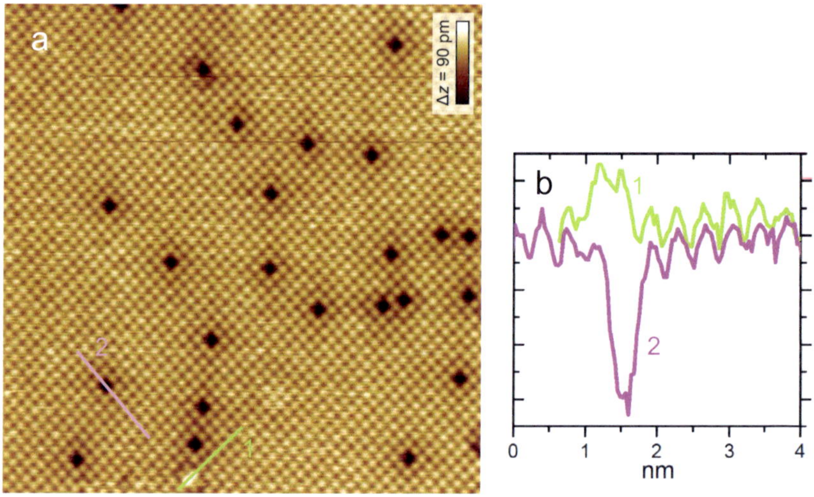

Abbildung 4.21: **RTM-Topographie von Tieftemperatur-gespaltenem $YbRh_2Si_2$**, aufgenommen bei 4.6 K mit einer Pt/Ir-Spitze ($U = 350\,\text{mV}$, $I_{\text{set}} = 600\,\text{pA}$). **a)** Das Übersichtsbild, ($18 \times 18\,\text{nm}^2$), zeigt ein quadratisches Gitter mit den gleichen Abstände wie in Abbildung 4.21. Die verschiedenen, auf dieser Oberfläche beobachteten Punktdefekte sind in den Vergrößerungen **b)-d)** abgebildet, die entsprechenden Profile in **e)**. Wahrscheinlich haben die hier dargestellten Defekte einen anderen Ursprung als die in Abbildung 4.20, eine andere Identität der Oberfläche ist möglich (siehe Text)

sind jedoch die Erhöhungen hier über zwei Gitterplätze ausgedehnt, siehe Profil 1. Der beobachtete Höhenunterschied beträgt $\lesssim 20\,\text{pm}$. Demgegenüber erstrecken sich die in Profil 2 dargestellten Vertiefungen nur über einen einzigen Gitterplatz und zeigen eine größere Höhendifferenz (etwa 60 pm). In diesem Fall treten die Absenkungen deutlich häufiger auf (auf etwa 0,15% der Gitterplätze, im Vergleich zu den Vertiefungen auf etwa 0.01%). Obwohl die Ursache dieser Defekte derzeit nicht bekannt ist, deutet doch die im Vergleich zur Abbildung 4.20 qualitativ unterschiedliche Struktur der Störstellen darauf hin, dass es sich hier um eine andere Oberfläche handelt – entsprechend der obigen Interpretation also um eine Yb-terminierte Probenoberfläche.

Die in Abbildungen 4.20 und 4.21 gezeigten Topographiedaten belegen, dass $YbRh_2Si_2$ bei tiefen Temperaturen ($\lesssim 20\,\text{K}$) ausgezeichnet senkrecht zur c-Achse spaltet, und dass, im Gegensatz zu den bei Raumtemperatur gespaltenen Proben, auf den Spaltflächen eine atomar geordnete, „nahezu perfekte“ Oberfläche mit einer extrem niedrigen Dichte von Störstellen entsteht. Eine solche Qualität der Oberflächen ist eine wichtige Voraussetzung für reproduzierbare RTS-Messungen. Über einen Zeitraum von zwei Monaten, während dem sich ein Tieftemperatur-gespaltener Einkristall im RTM bei 4.6 K befand, wurde keine Minderung der Qualität der Oberfläche, etwa durch fortschreitende Kontamination, festgestellt, so dass auch nach dieser Zeit regelmäßig großflächig atomare Auflösung erreicht wurde. Das selbe gilt auch für Proben, welche im Zuge temperaturabhängiger Messungen kurzzeitig bis auf 120 K aufgeheizt wurden bzw. sich über längere Zeit bei LN_2-Temperatur (80 K) befanden. Anzeichen auf eine zunehmende Adsorption von Fremdatomen zeigten sich bei einer Probe, welche außerhalb des RTM, aber im UHV bei Raumtemperatur über eine Dauer von einigen Tagen gelagert und anschließend wieder ins RTM eingebaut wurde. Es ist jedoch nicht klar, ob die Probe während des Aufwärmens, des erneuten Abkühlens oder während der Lagerung außerhalb des kryogenen Vakuums degradiert war. Resultate von ARPES-Messungen an *in situ* gespaltenen Einkristallen deuten darauf hin, dass keine signifikante Kontamination der Oberfläche aufrtritt, solange die Probentemperatur graduell nur abgesenkt, nicht aber erhöht wird [Vya].

In einem Fall wurde versucht, einen Einkristall senkrecht zur Basalebene zu spalten. Die äußere Kraft war dabei entlang der c-Achse gerichtet. Aufgrund der bevorzugten Spaltebene zerfiel die Probe dabei in mehrere dünne Plättchen, so dass keine Tunnelmessungen möglich waren.

4.5 Zusammenfassung

Es wurde eine Vielzahl von Versuchen durchgeführt, hochwertige Oberflächen von Schwere-Fermionen-Metallen für RTM/S-Untersuchungen durch Spalten einkristalliner Proben herzustellen. Der Großteil der Spaltversuche fand bei Raumtemperatur statt, bisher wurde lediglich $YbRh_2Si_2$ systematisch bei tiefen Temperaturen gespalten. Das Verhalten der Proben beim Spalten hängt – erwartungsgemäß – stark vom Probenmaterial ab.

Im Fall von $CeCoIn_5$ entstanden trotz der typischen Plättchenform der Proben nur selten ausgedehnte Spaltebenen, oft verliefen die Brüche ungerichtet durch die Proben. Eine Verbesserung der Ergebnisse konnte dadurch erreicht werden, dass während des Brechens Scherkräfte in der Probe vermieden wurden. An Positionen auf der Oberfläche, an denen die Probe senkrecht zur c-Richtung gespalten wurde, zeigte sich eine im nm-Bereich flache Topographie ohne Anzeichen atomarer Ordnung. Die Ursache der Inhomogenität der Oberfläche ist bislang unbekannt.

In der zu $CeCoIn_5$ isostrukturellen Verbindung $CeIrIn_5$ konnte eine Bruchfläche mit atomarer Auflösung abgebildet werden. Dabei zeigte sich, dass die makroskopisch unebene, raue Oberfläche aus einer Abfolge kleinster Gebiete besteht, in denen der Kristall entlang Ebenen niedriger Symmetrie gespalten wurde. Dies spiegelt die Tatsache wieder, dass die 1:1:5-Verbindungen ihren chemischen Bindungsverhältnissen nach *keine* Lagenstruktur aufweisen. Es fanden sich Hinweise auf eine Modifikation der atomaren Struktur auf einem Teil der untersuchten Oberfläche, welche wahrscheinlich durch Gitterdefekte im Probenmaterial hervorgerufen werden. Die Beobachtung solcher *probenintrinsischer* Störstellen in der RTM-Topographie legt nahe, dass die Oberfläche strukturell repräsentativ für den Festkörper ist.

$CeCu_2Si_2$ bildet massive und entlang aller kristallographischen Richtungen ausgedehnte Kristalle. Bei Raumtemperatur zeigten sich keine Hinweise auf eine bevorzugte Spaltebene. Proben wurden entlang verschiedener Richtungen orientiert und bei Raumtemperatur gebrochen. Dabei entstanden ausnahmslos unebene Bruchflächen. RTM-Messungen zeigten teilweise flache Gebiete auf der Probenoberfläche, getrennt durch „atomare" Stufen, was möglicherweise auf kleine Spaltebenen hinweist. Auf den Terrassen war die Oberfläche mikroskopisch ungeordnet, atomare Auflösung wurde nicht erzielt. Die an verschiedenen Positionen entlang der Oberfläche gemessene $I(z)$-Spektroskopie deutet darauf hin, dass die Probenoberfläche inhomogen ist. Inwieweit dadurch die Eigenschaften der Oberfläche von denen des Volumens abweichen ist bislang nicht schlüssig erkennbar.

Im Gegensatz zu $CeCu_2Si_2$ konnten die plättchenförmigen $YbRh_2Si_2$-Einkristalle senkrecht zur c-Richtung gespalten werden, und es entstanden ausgedehnte Gebiete mit flacher Probenoberfläche. Während bei Raumtemperatur gespaltene Proben keine geordneten Oberflächen aufwiesen, ließ sich auf tieftemperatur-gespaltenen Proben regelmäßig atomare Auflösung des Oberflächengitters über große Gebiete erreichen. Die durch Tieftemperatur-Spalten erzeugten Oberflächen zeichnen sich durch eine extrem niedrige Dichte von Störstellen und durch hohe Stabilität aus, was ideale Voraussetzungen für reproduzierbare RTS-Experimente darstellt. Dies unterstreicht die Rolle der Temperatur beim Spalten der Proben und zeigt gleichzeitig die Wichtigkeit der Oberflächenpräparation für die RTM und RTS an Schwere-Fermionen-Verbindungen.

Die Unterschiede in der Oberflächenbeschaffenheit in Abhängigkeit von der Temperatur, bei der das Spalten durchgeführt wurde, erklären sich möglicherweise durch relative Änderungen der Stärken der verschiedenen chemischen Bindungen in $YbRh_2Si_2$ als Funktion der Temperatur. Hinzu kommt möglicherweise, dass bei hoher Temperatur durch thermische Aktivierung auch andere chemische Bindungen als die entlang der bevorzugten Spaltebene gebrochen werden können, und so beim Spalten einzelne Atome oder Cluster aus der Oberfläche „herausgerissen" werden.

Das unterschiedliche Spaltverhalten von $CeCu_2Si_2$ und $YbRh_2Si_2$ ist offenbar nicht auf das Seltenerdelement zurückzuführen, da die unterschiedlich gefüllten $4f$-Schalen stark durch die Valenzelektronen abgeschirmt und demnach nicht chemisch aktiv sind. Auch der Unterschied der Ionenradien von Ce^{3+} und Yb^{3+} ist eher gering. Dem gegenüber unterscheidet sich die Stärke der Bindungen zwischen Si und den Übergangsmetallatomen signifikant. Das liegt zum einen an der größeren Ausdehnung der $4d$-Elektronen des Rh verglichen mit den Cu-$3d$-Elektronen, wichtiger ist jedoch noch die Elektronenkonfiguration: Rh mit der $[Kr]4d^8 5s$ Konfiguration besitzt eine unvollständig gefüllte d-Schale, während Cu ($[Ar]3d^{10}4s$) eine sehr stabile Konfiguration mit vollständig gefüllter d-Schale aufweist. Dementsprechend ist die Bindung von Si mit Rh wesentlich stärker als die mit Cu. In $YbRh_2Si_2$ steht also der schwachen, nahezu ionischen Bindung zwischen der Yb- und der Si-Ebene eine starke Bindung innerhalb der Rh_2Si_2-Lagen gegenüber. Diese Anisotropie in den Bindungsverhältnissen führt dazu, dass die Einkristalle leicht spalten, und zwar genau zwischen Yb und Si. Diese Anisotropie der Bindungsverhältnisse ist in $CeCu_2Si_2$ weit weniger ausgebildet, da die Bindung innerhalb der Cu_2Si_2-Lage schwächer ist, wodurch die Einkristalle keine bevorzugte Spaltebene aufweisen.

5 Rastertunnelspektroskopie an Schwere-Fermionen-Supraleitern

Zweifellos einer der faszinierndsten Aspekte in der Physik der Schwere-Fermionen-Verbindungen ist das Auftreten von unkonventioneller Supraleitung. Bis zum Ende der 1970er Jahre galt es als etabliert, dass magnetische Ordnung und Supraleitung einander ausschließende Phänomene seien. Bereits kleinste Mengen magnetischer Verunreinigungen führten in den bis dahin bekannten „konventionellen" Supraleitern zur drastischen Senkung der supraleitenden Sprungtemperatur T_c [Mat58]. Grund hierfür ist die Austauschstreuung der Leitungselektronen an den Spinmomenten der Fremdatome, welche mit einer Änderung der Richtung der Leitungselektronenspins (Spinflip) einhergeht und so den Singulettzustand der Cooperpaare zerstört. Im grundlegenden Gegensatz dazu besteht der supraleitende Zustand in Schwere-Fermionen-Supraleitern in einer Kristallstruktur mit gitterperiodisch angeordneten Seltenerdionen, welche aufgrund der ungesättigten f-Schalen magnetische Momente besitzen. Es zeigt sich sogar, dass die Existenz der magnetischen Momente Voraussetzung für das Ausbilden der Supraleitung ist: Bereits die Substitution der Seltenerdionen durch *nichtmagnetische* Elemente im Prozentbereich kann zur vollständigen Unterdrückung des supraleitenden Zustandes führen, wie etwa im Fall von La-dotiertem $CeCu_2Si_2$ [Ste79, Spi83] (siehe Abschnitt 5.2).

Bereits früh wurde festgestellt, dass der supraleitende Zustand in Schwere-Fermionen-Supraleitern von den schweren Quasiteilchen getragen werden. Die mit den starken elektronischen Korrelationen einhergehenden renormierten Quasiteilchenmassen führen zu einer niedrigen effektiven Fermigeschwindigkeit. In den klassischen Supraleitern überragt die Fermigeschwindigkeit die für die Dynamik des Kristallgitters relevante Schallgeschwindigkeit um mehrere Größenordnungen. Da die Gitterschwingungen bedeutend langsamer relaxieren, als sich die Leitungselektronen durch das Gitter bewegen, kann es zur effektiven Wechselwirkung zwischen Elektronen auf Grundlage der Elektron-Phonon-Kopplung kommen. In Schwere-Fermionen-Verbindungen ist diese Grundvoraussetzungen der BCS-Theorie, die Retardierung der Elektron-Phonon-Wechselwirkung, nicht mehr gegeben, so dass eine durch Phononen vermittelte Supraleitung unwarscheinlich ist. Auf der Suche nach alternativen Mechanismen, welche zur Cooperpaarbildung führen kann, bietet der Magnetis-

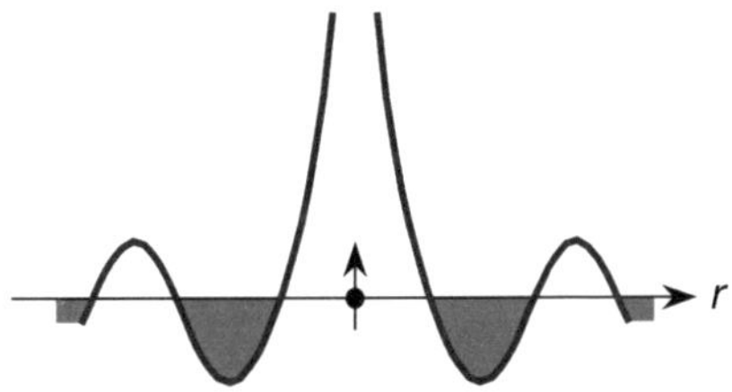

Abbildung 5.1: **Schematische Darstellung des effektiven Spin-Spin-Wechselwirkungspotentials** auf ein Moment am Ort r für den Fall zweier entgegengesetzter Spins in unmittelbarer Nähe zur langreichweitigen antiferromagnetischen Ordnung. Die unterlegten Gebiete markieren attraktive Paarwechselwirkung. Abbildung entnommen aus Ref. [Mon07]

mus der Schwere-Fermionen-Verbindungen aufgrund seiner engen Verknüpfung mit der Supraleitung einen natürlichen Ansatz. In der Tat wurde bereits in den 1980er Jahren gezeigt, dass antiferromagnetische Spinfluktuationen zu einer attraktiven Wechselwirkung zwischen Elektronen führen können[Miy86, Sca86]. Intuitiv läßt sich diese etwa folgendermaßen verstehen: Gemäß elementarer Elektrodynamik erzeugt ein einzelnes magnetisches Moment $\mathbf{s}$ am Ort $\mathbf{r} = 0$ in seiner Umgebung eine effektive Magnetisierung $\mathbf{m}(\mathbf{r}, t) = g_m \, \chi_m(\mathbf{r}, t) \, \mathbf{s}$, mit einer Kopplungskonstanten g_m und der nicht-lokalen magnetischen Suszeptibilität $\chi_m(\mathbf{r}, t)$. Diese Magnetisierung induziert ein effektives Feld, welches auf ein weiters Moment $\mathbf{s}'$ am Ort $\mathbf{r}' \neq 0$ wirkt. Die induzierte Wechselwirkung zwischen den beiden Momenten hat die Form

$$V(\mathbf{r}', t) = g_m^2 \, \chi_m(\mathbf{r}', t) \, \mathbf{s} \cdot \mathbf{s}' \tag{5.1}$$

In der Nähe magnetischer Instabilitäten, d.h. an der Grenze zu langreichweitiger magnetischer Ordnung, ist die Suszeptibilität aufgrund der kritischen Fluktuationen stark erhöht. Im Fall nahezu antiferromagnetischer Ordnung weist $\chi_m(\mathbf{r}', t)$ einen räumlich oszillatorischen Charakter auf, siehe Abbildung 5.1. Somit kann die effektive Wechselwirkung zwischen zwei entgegengesetzt gerichteten magnetischen Momenten in Abhängigkeit von deren relativer Position attraktiv oder repulsiv sein. Zur Cooperpaarung kann es nun kommen, wenn das Gitterpotential der Kristallstruktur eines Materials die Konstruktion einer Paarwellenfunktion zulässt, welche den räumlichen und zeitlichen Variationen der Spin-Spin-Wechselwirkung folgt (d.h. welche eine große Amplitude in den Raum-Zeit-Gebieten aufweist, in welchen attraktive Paarwechselwirkung vorliegt, und eine kleine Amplitude in Gebieten repulsiver Wechselwirkung). Es resultieren Singulett-Paarzustände ($S = |\mathbf{s} + \mathbf{s}'| = 0$ aufgrund der antiferromagnetischen Kopplung der Spins) mit einem Gesamtbahndrehimpuls $L \neq 0$. Die Paarzustände mit der niedrigsten Energie, welche diese Bedingungen an S und L erfüllen, sind Zustände mit d-Wellen-Symmetrie ($S = 0, \; L = 1$). Die die Supraleitung vermittelnden virtuellen Quasiteilchen sind überdämpfte, kurzreichweitige antiferromagnetische Spinfluktuationen, sog. Paramagnonen.

Die unkonventionelle Natur des supraleitenden Zustandes wurde für eine Reihe von Schwere-Fermionen-Supraleiter experimentell bestätigt. Auch konnte in einigen Fällen sehr eindrucksvoll gezeigt werden, dass die Supraleitung in unmittelbarer Nähe einer antiferromagnetischen Instabilität auftritt, so z.B. in $CePd_2Si_2$ und $CeIn_3$ [Mat98], vgl Abb. 2.6 in Kap. 2.4.3. Eine direkte experimentelle Bestätigung von magnetisch vermittelter Supraleitung ist jedoch sehr schwierig und konnte bisher nur in Einzelfällen erbracht werden ([Sat01, Sto11], s.u.). Die Kenntnis des Quasiteilchen-Anregungsspektrums kann potentiell entscheidende Hinweise auf die Natur des supraleitenden Zustandes liefern. RTS ist eine sehr sensitive Methoden zur Bestimmung der elektronischen Struktur in der Nähe der Fermienergie, welche zusätzlich den Vorteil einer *lokalen* Sonde bietet. In der Vergangenheit konnte RTS in einer Vielzahl verschiedener Materialien wichtige Beiträge zum Verständnis der Supraleitung beitragen. Im folgenden Abschnitt wird die Anwendung von RTS auf Supraleiter an einigen Beispielen dargestellt. Besonderes Augenmerk liegt dabei auf den Kuprat-Hoch-T_c-Supraleitern, sowie auf dem Schwere-Fermionen-Supraleiter UPd_2Al_3. Anschließend werden die im Rahmen dieser Arbeit durchgeführten Experimente an zwei Schwere-Fermionen-Supraleitern diskutiert: $CeCu_2Si_2$ und $CeCoIn_5$. Im Gegensatz zu den Kupraten gibt es bisher kaum veröffentlichte Tunnelspektroskopie-Resultate von Schwere-Fermionen-Supraleitern. Die hier dargestellten Daten von $CeCoIn_5$ demonstrieren erstmals die Messung der Quasiteilchen-Zustandsdichte eines Ce-basierten Schwere-Fermionen-Supraleiters mittels Tunnelspektroskopie. Unter Annahme eines d-wellenartigen Ordnungsparameters können die Daten über einen Temperaturbereich von einer Dekade im Rahmen der BCS-Theorie beschrieben werden. Darüber hinaus liefert das Bestehen der Energielücke bis zu Temperaturen überhalb T_c einen Hinweis auf einen Zustand, welcher an die Pseudogap-Phase in den lochdotierten Kuprat-Supraleitern erinnert. Diese Beobachtung ist in bemerkenswerter Übereinstimmung mit früheren experimentellen Befunden.

5.1 Tunnelspektroskopie an Supraleitern

In seinen bahnbrechenden Arbeiten aus den 1960er Jahren zur Tunnelspektroskopie an Festkörper-Schichtstrukturen entdeckte I. Giaever, dass der Tunnelstrom zwischen einer supraleitenden und einer normalleitenden Elektrode in direktem Zusammenhang mit dem Quasiteilchen-Anregungsspektrum des Supraleiters in Zusammenhang steht [Gia60b, Gia60a, Gia61, Gia62]. Abbildung 5.2 zeigt die originalen Daten der differentiellen Leitfähigkeit an einem Aluminium–Aluminiumoxid–Blei-Schichtkontakt, die erstmalige Beobachtung der supraleitenden Energielücke mittels Tunnelspektroskopie. Wenig später wurde theoretisch gezeigt [Nic60], dass die Tunneldaten quantitativ innerhalb der BCS-Theorie der Supraleitung (Ref. [Bar57], vgl. Kapitel 2.4.1) beschrieben werden können. Gemäß Gleichung (3.8) in Kapitel 3.2 ist die differentielle Leitfähigkeit $g(U)$ für kleine Spannungen U direkt proportional zur thermisch verschmierten Zustandsdichte in der supraleitenden Elektrode. Dieser Befund

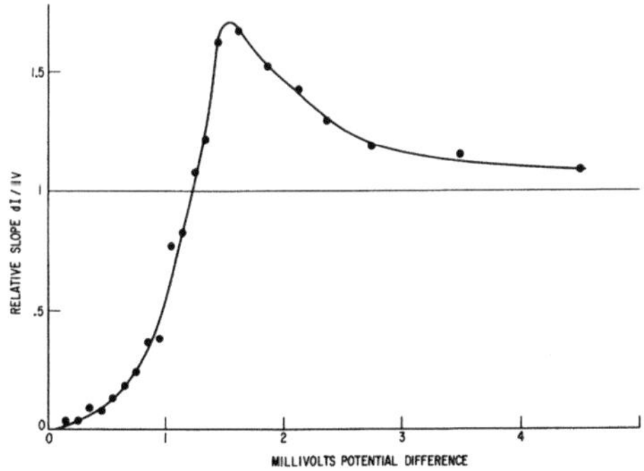

Abbildung 5.2: **Erstmalige Beobachtung der supraleitenden Energielücke mittels Tunnelspektroskopie.** Aufgetragen ist die differentielle Leitfähigkeit als Funktion der äußeren Spannung an einem Al–AlO_x–Pb Tunnelübergang bei $T = 1.6$ K. Aus Ref. [Gia60b]

stellte einerseits eine wichtige experimentelle Bestätigung der BCS-Theorie dar, und eröffnete andererseits ein völlig neues Feld zur Untersuchung von Supraleitern. Beispielhaft dafür sei die Berechnung des effektiven Phononenspektrums $\alpha^2F(\omega)$ aus den Tunnelspektren von stark gekoppelten konventionellen Supraleitern genannt, welche wichtige Einblicke in den der Supraleitung zugrunde liegenden Kopplungsmechanismus lieferte [Row62, Sch63, McM65]. Eine wichtige Neuerung in der Experimentiertechnik war die Entwicklung des RTM durch G. Binnig und H. Rohrer am Anfang der 1980er Jahre [Bin82b, Bin82a]. Dadurch wurde es möglich, Tunnelspektroskopie über eine *kontrollierbare* Vakuumbarriere durchzuführen. Zudem eröffnete sich durch die einzigartige Möglichkeit, die *lokalen* elektronischen Eigenschaften auf der atomaren Skale zu messen. Ein neues Forschungsfeld bot sich mit den etwa zeitgleich entdeckten Kuprat-Hoch-T_c-Supraleitern [Bed86]. Schnell zeichnete sich ab, dass der RTS eine zentrale Rolle bei der experimentellen Untersuchung dieser neuen Klasse von Supraleitern zukam. Aufgrund anfänglicher technischer Schwierigkeiten, insbesondere in Bezug auf die Probenqualität und die Entwicklung der RTM-Technik, dauerte es jedoch mehrere Jahre, ehe reproduzierbare Daten es erlaubten, die intrinsischen Merkmale der Tunnelspektren an den Hochtemperaturesupraleitern zu etablieren und Rückschlüsse auf die fundamentalen Prozesse zu ziehen, welche der Supraleitung in diesen Materialien zugrundeliegen. Seither hat sich eine enorme Anzahl von Publikationen zu diesem Thema angehäuft (siehe z.B. Übersichtsartikel [Fis07]), und bislang ungeklärte Fragestellungen machen es auch gegenwärtig zu einem aktiven Arbeitsfeld. Da es weitreichende Ähnlichkeiten mit den Schwere-Fermionen-Supraleitern gibt, insbesondere [Nak07] mit den in dieser Arbeit untersuchten CeMIn$_5$-Materialien, sollen im folgenden einige generelle Aspekte der Tunnelspektroskopie an den Kupraten zusammengefasst werden.

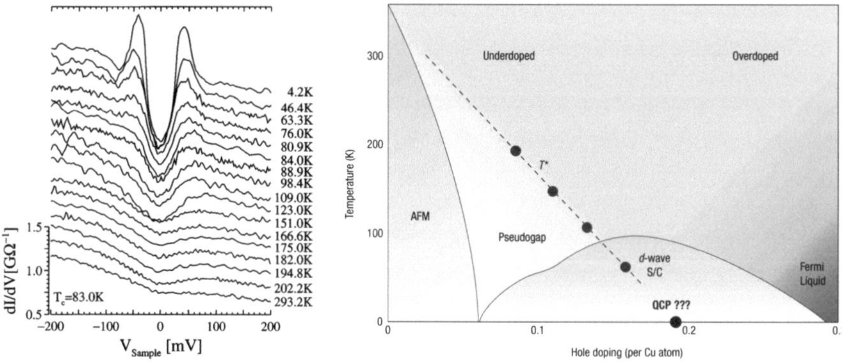

Abbildung 5.3: **Kuprat-Hochtemperatur-Supraleiter.** *Links:* Die Spektren der differentiellen Leitfähigkeit in unterdotiertem $Bi_2Sr_2CaCu_2O_{8+\delta}$ für verschiedene Temperaturen zeigen den typischen V-förmigen Verlauf innerhalb der Energielücke, den asymmetrischen Hintergrund, die „Dip-Hump"-Struktur (ansatzweise erkennbar im 4.2 K-Spektrum bei einer Probenspannung von etwa -100 mV) sowie das Bestehen einer Pseudolücke oberhalb $T_c = 83\,\mathrm{K}$, siehe Text. Aus Ref. [Ren98]. *Rechts:* Schematisches Temperatur-Dotierungs-Phasendiagramm der lochdotierten Kuprat-Supraleiter. Es skizziert eine antiferromagnetisch geordnete Phase in unmittelbarer Nähe des Mott-Isolator-Zustandes der undotierten Verbindung. Die supraleitende Phase tritt im Anschluss an die Unterdrückung des AFM durch zunehmende Dotierung auf. Bei der zu $T = 0$ extrapolierten Übergangsskale T^* des Pseudolücke wird die Existenz eines QKP diskutiert, welcher von der supraleitenden Phase überdeckt ist. Abbildung entnommen aus Ref. [Bro08]

Besonderheiten der Tunnelspektroskopie an Kuprat-Hoch-T_c-Supraleitern

- Die Linienform der Tunnelspektren im supraleitenden weicht substantiell von der in konventionellen, isotropen BCS-Supraleitern ab. Insbesondere beobachtet man eine endliche Zustandsdichte innerhalb der Energielücke sowie in den meisten Fällen einen V-förmigen Verlauf für kleine Anregungsspannungen [Ren95]. Dies ist ein Hinweis auf das Auftreten von Knoten im Ordnungsparameter (vgl. Kapitel 2.4.2). In Übereinstimmung mit den Resultaten anderer experimenteller Methoden [Tsu00, Dam03] und theoretischen Befunden [Won94] wird weitgehend davon ausgegangen, dass der Ordnungsparameters in den Kuprat-Supraleitern $d_{x^2-y^2}$-Symmetrie hat. Dies ist konform mit dem weitgehend anerkannten Szenario einer durch magnetische Fluktuationen vermittelten Supraleitung [Miy86, Sca86, Mon94]. Dennoch ist die Natur des Paarbildungsprozesses noch nicht abschließend aufgeklärt [Leg06].

- Die Energielücke ist einem asymmetrisch verlaufenden Hintergrund überlagert, welcher die Elektron-Loch-Asymmetrie aufgrund der Dotierungsverhältnisse reflektiert.

- Eine ausgeprägte Struktur der Spektren außerhalb der Energielücke (sog. *Dip-Hump-Struktur*) [Ren94, DeW98] wurde mit dem Einfluß der zugrundeliegenden Bandstruktur oder starken Kopplungseffekten in Verbindung gebracht [Yus98, Shu01, Zas03]. RTS-Untersuchungen der Strukturen auf atomarer Skale [Lee06a] deuten auf eine Phononenmode hin, deren Zusammenhang mit der supraleitenden Kopplung jedoch nicht geklärt ist (siehe z.B. Ref. [Sca06]).

- Eine starke räumliche Inhomogenität der Breite der beobachteten Energielücke ist mit großer Wahrscheinlichkeit auf materialextrinsische Effekte zurückzuführen, möglicherweise aufgrund der Dotierung [How01, Lan02, McE05]. Im Gegensatz zu konventionellen Supraleitern gibt es keinen strikten Zusammenhang zwischen der gemessenen Energielücke Δ_0 und der Sprungtemperatur T_c [Fis07].

- Aufgrund der ausgeprägten Lagenstruktur der Kuprate beschreibt die überwiegende Mehrzahl der Veröffentlichungen Tunnelexperimente auf Oberflächen, welche der kristallographischen *ab*-Ebene entsprechen. Eine weitaus geringere Anzahl von Experimenten wurden bislang auf Oberflächen senkrecht zur *ab*-Ebene durchgeführt. Bei letzteren zeigte sich eine signifikante Abhängigkeit der Spektren von der Richtung des Tunnelstromes. Insbesondere wurde in bestimmten Richtungen eine ausgeprägte Anomalie bei $U = 0$ beobachtet (siehe z.B. Ref. [Mis02]). Das Auftreten dieses sog. *Zero-Bias-Peaks* ist konsistent mit der Anisotropie eines *d*-Wellen-Ordnungsparameters [Löf01].

- Eine der markantesten Beobachtungen ist die Tatsache, dass sich in einem weiten Bereich der Dotierung die Energielücke wider Erwarten nicht bei T_c schließt, sondern sich vielmehr kontinuierlich in eine Pseudolücke bei $T > T_c$ entwickelt [Ren98], siehe Abbildung 5.3. Man beobachtet eine rapide Unterdrückung der Kohärenzmaxima nahe T_c und ein nur langsames Verschwinden der Pseudolücke auf einer Temperaturskale T^*. Auch mittels anderer experimenteller Techniken wurden Anzeichen der Pseudolücke beobachtet (für einen Überblick siehe z.B. Ref. [Tim99]). Es gibt eine Reihe von Hinweisen darauf, dass ein unmittelbarer Zusammenhang zwischen der Pseudogap-Phase und dem supraleitenden Zustand besteht [Din96, Loe96, Ren98, Cor99, Deu99, Xu00, Kug01, Wan05, Wan06, Lee09b]. Die Breite der (räumlich inhomogenen) Energielücke skaliert lokal mit T^*, woraus sich schließen läßt, dass T^* eine fundamentale Energieskale der Supraleitung darstellt [Gom07b]. Dies stützt den theoretischen Ansatz supraleitender Paarkorrelationen ohne Phasenkohärenz in der Psaudogap-Phase (d.h. einer Art „Vorstufe“ zur Supraleitung, sog. *Precursor*), siehe z.B. Referenzen [Eme95, Ran98]. Alternative Erklärungen der Pseudogap-Phase werden jedoch ebenfalls diskutiert [Tal01, Nor05, Lee06b].

Die den Pseudogap-Zustand begrenzende Temperatur T^* ist im schematischen Phasendiagramm der lochdotierten Kuprate in Abbildung 5.3b) eingetragen. Ein Pseudogap tritt im unterdotierten Bereich auf. Man erkennt eine deutliche Abhängigkeit vom Dotierungsgrad: Mit zunehmender Lochdotierung sinkt T^*, und ist nahe des optimalen Dotierunggrades, wo T_c maximal wird, zu T=0 unterdrückt. Wie in vielen Schwere-Fermionen-Supraleitern wird auch hier die Existenz eines quantenkritischen Punktes im Inneren der supraleitenden Phase spekuliert[Bro08, Seb10].

Neben den Kuprat-Supraleitern wurden viele Eigenschaften weiterer unkonventioneller und „exotischer" Supraleiter mittels RTS erfolgreich untersucht. Beispiele dafür sind die Multigap-Supraleitung in MgB_2 [Rub01, Mar03a], die Supraleitung in den magnetischen Nickel-Borocarbid-Verbindungen $R\mathrm{Ni_2B_2C}$ (R=Y, Lu [Eki96, Mar03b], Er [Cre06], Tm [Sud01]), die mögliche Realisierung der Triplett-Supraleitung in Sr_2RuO_4 [Upw02, Lup05, Sud09] sowie die Hoch-T_c-Supraleitung in Fe-basierenden Verbindungen [Mil08, Boy08, Pan08, Yin09b, Yin09a, Kat09b]. RTS gehört aufgrund seiner hohen Energieauflösung und atomaren Ortsauflösung beinahe zum Standard bei der Untersuchung neuer supraleitender Materialien. Um so überraschender mag es scheinen, dass bislang kaum Tunnelspektroskopie-Resultate von Schwere-Fermionen-Supraleitern veröffentlicht wurden, insbesondere da unkonventionelle Supraleitung vor mehr als drei Jahrzehnten in einem Schwere-Fermionen-Metall entdeckt wurde: in $CeCu_2Si_2$ [Ste79]. Als möglichen Gründe dafür sind u.a. das notwendige hohe spektroskopische Auflösungsvermögen (und in Verbindung damit die Forderung nach tiefen Temperaturen, vgl. Abschnitt 3.3) sowie die herausfordernde Herstellung von Grenz- und Oberflächen zu nennen, siehe Kapitel 4.

Eine direkte Beobachtung der supraleitenden Energielücke durch Festkörpertunneln ist in der Schwere-Fermionen-Verbindung UPd_2Al_3 gelungen [Jou99]. In UPd_2Al_3 weisen die $5f$-Elektronen des U einen dualen Charakter auf [Cas93, Fey94, Tak96, Zwi03]: Zwei der drei f-Elektronen sind lokalisiert und formiern unterhalb $T_\mathrm{N} \approx 14\,\mathrm{K}$ ein geordnetes magnetisches Moment von $0.85\mu_\mathrm{B}/\mathrm{U}$, während das dritte $5f$-Elektron durch Hybridisierung mit den Leitungselektronen itineranten Schwere-Fermionen-Charakter aufweist (Sommerfeld-Koeffizient $\sim 140\,\mathrm{mJ/mol\,K^2}$). 1991 wurde in UPd_2Al_3 Supraleitung mit einer Sprungtemperatur $T_c = 2\,\mathrm{K}$ entdeckt [Gei91]. Potenzgesetze in den Temperaturabhängigkeiten von spezifischer Wärme [Sak94], thermischer Leitfähigkeit [Hir97] und der NMR Spin-Gitter-Relaxationsrate $1/T_1$ [Tou95, Mat97] sind indikativ für unkonventionelle Supraleitung mit linienförmigen Knoten im Ordnungsparameter. Ein Absinken des μSR-Knightshifts unterhalb T_c [Fey94] deutet auf Spin-Singulett-Supraleitung hin. Abbildung 5.4 zeigt Spektren der differentiellen Leitfähigkeit der Tunnelexperimente an UPd_2Al_3 aus Ref. [Jou99]. Das dort verwendete Festkörper–Tunnelelement bestand aus dünnen Schichten von UPd_2Al_3 und Pb, welche durch eine isolierende AlO_x-Tunnelbarriere getrennt waren. Das angelegte Magnetfeld von $\mu_0 H = 0.3\,\mathrm{T}$ ist ausreichend, um die Supraleitung in der Pb-Elektrode zu unterdrücken,

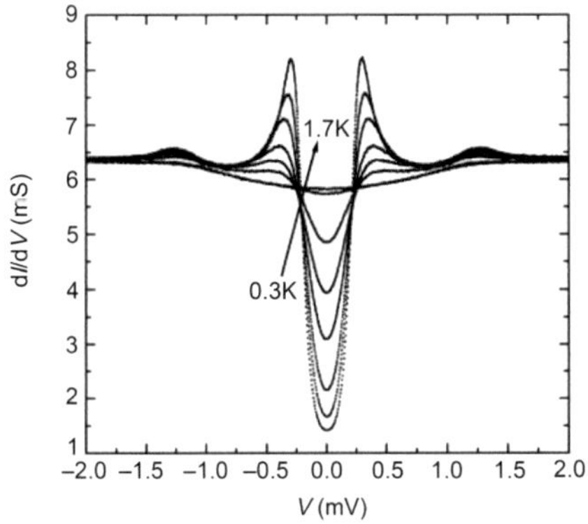

Abbildung 5.4: Differentielle Leitfähigkeit einer UPd_2Al_3–AlO_x–Pb Tunnelbarriere bei verschiedenen Temperaturen und einem Magnetfeld von 0.3 T, welches die Supraleitung in Pb, nicht aber in UPd_2Al_3 unterdrückt. Abbildung entnommen aus Ref. [Jou99]

so dass die beobachtete Energielücke von UPd_2Al_3 stammt. Aus einem s-Wellen-BCS-Fit der Daten ergab sich eine Energielücke von $\Delta_0 = 0.235\,\text{meV}$. Mit einem T_c der verwendeten Probe von 1.6 K entspricht $2\Delta_0/k_\text{B}T_c = 3.5$ der Vorhersage der BCS-Theorie für schwache Kopplung. Eine spätere theoretische Analyse ergab [Par07], dass die Daten mit einem Ordnungsparameter mit linienförmigen Nullstellen aufgrund von Cooperpaarung vermittels Spinfluktuationen [Won04], aber auch magnetischer Excitonen [McH04] konsistent sind. Die zentrale Aussage der Ref. [Jou99] ist das Auftreten von Maxima in den Leitfähigkeitskurven außerhalb der Energielücke bei $|U| = 1.22\,\text{mV}$. Die Autoren interpretieren diese als Signaturen der Paarkopplung analog der Phononenmoden in konventionellen Supraleitern mit starker Kopplung. Konventionelle phononische Kopplung wird hier dadurch ausgeschlossen, dass die relevanten Phononenenergien deutlich größer sind. Auf der anderen Seite wurde in INS-Experimenten [Sat97, Met98] im supraleitenden Zustand von UPd_2Al_3 eine magnetische Anregung bei einer vergleichbaren Energie $E = 1.5\,\text{meV}$ gefunden. Sato et al. [Sat01] identifizierten die Anomalie in den INS-Daten aufgrund ihrer Dispersion als magnetische Anregungsmode, welche stark mit den die Supraleitung tragenden „schweren" Elektronen wechselwirkt (sog. magnetische Exzitonen). Die Kombination der INS-Daten mit den Tunnelresultaten aus Ref. [Jou99] läßt den Schluß zu, dass diese magnetischen Anregungen für die effektive Paarwechselwirkung in UPd_2Al_3 verantwortlich sind. Damit war UPd_2Al_3 das erste Schwere-Fermionen-System, in welchem magnetisch vermittelte Supraleitung experimentell untermauert wurde. Die Interpretation der Anomalien in den Tunnelspektren als Beleg magnetisch vermittelter Supraleitung sind jedoch nicht unumstritten: wie theoretisch gezeigt wurde [Gee07], könnten die betreffenden Signaturen auch mit Effekten erklärt werden, welche durch das Faltungsintegral der Zustandsdichten *beider* Elektroden, des Transmissionskoeffizienten und der Fermi-Dirac-Funktion bei der Berechnung des Tunnelstromes gemäß Gleichung (3.6) auftreten.

5.2 Supraleitung in $CeCu_2Si_2$

Mit $CeCu_2Si_2$ gelang es Dr. F. Steglich und Mitarbeitern 1979 erstmals, Supraleitung in einem Schwere-Fermionen-Metall nachzuweisen [Ste79], also in einer Verbindung, welche lokale magnetische Momente in gitterperiodischer Anordnung enthält. Wie eingangs dieses Kapitels bereits angesprochen wurde, widersprach diese Entdeckung der zu dieser Zeit etablierten Vorstellung von Supraleitung und Magnetismus als antagonistische Phänomene. Die offensichtlich neuartige, „unkonventionelle“ Supraleitung, aber auch die ungewöhnlichen Eigenschaften des normalleitenden Zustandes, aus welchem die supraleitende Phase hervorgeht, machten $CeCu_2Si_2$ zu einem intensiv untersuchten Material, welches bis heute an Aktualität nichts verloren hat.

Eigenschaften von $CeCu_2Si_2$ Bei hoher Temperatur werden die magnetischen Eigenschaften von $CeCu_2Si_2$ durch den Curie-Weiss-Paramagnetismus der Ce^{3+}-Ionen bestimmt [Sal76, Ste84]. In der tetragonalen kristallographischen Umgebung der $ThCr_2Si_2$-Struktur erfährt der sechsfach entartete $4f^1$-Zustand mit $J = 5/2$ eine KEF-Aufspaltung in ein Grundzustands-Dublett und ein Quasiquartett mit einer Anregungsenergie von 30 meV [Gor93]. Das Wechselspiel aus KEF-Anregungen und Kondoeffekt zwischen Leitungs- und f-Elektronen manifestiert sich in einem breiten Maximum im elektrischen Widerstand bei etwa 100 K [Fra78, Ste83]. Ein weiteres Maximum bei etwa 20 K wird mit der Streuung am Grundzustands-Dublett assoziiert. Beim weiteren Absinken der Temperatur fällt der Widerstand rapide mit einer T^2-Abhängigkeit, was ein Anzeichen dafür ist, dass zunehmend Koharenzeffekte in der Wechselwirkung der Leitungselektronen mit dem Gitter der f-Momente relevant werden [Ste83, Cox88]. Das Wechselspiel der verschiedenen Energieskalen führt dabei zu einem komplexen Phasendiagramm in Abhängigkeit der Kopplungsstärke bei tiefen Temperaturen (siehe Abbildung 5.5): Während für schwache Kopplung die RKKY-Wechselwirkung langreichweitige magnetische Ordnung stabilisiert, führt für stärkere Kopplung der Kondoeffekt zu einer Abschirmung der lokalen Momente des Ce^{3+} und somit zur Ausbildung eines paramagnetischen Zustandes weit unterhalb der Kondotemperatur $T_K \approx 15$ K [Dep04]. Ein faszinierender Aspekt dabei ist, dass sich $CeCu_2Si_2$, im Gegensatz zu vielen anderen Schwere-Fermionen-Systemen, bereits unter Normalbedingungen in unmittelbarer Nähe eines magnetischen QKP befindet [Geg98]. Dort kompensieren sich Kondo- und RKKY-Wechselwirkung gerade, sodass niederenergetische Anregungen dominieren und zur Herausbildung neuer Phasen führen können, so z.B. zum Auftreten von unkonventioneller Supraleitung. Die unmittelbare Nähe von $CeCu_2Si_2$ zu einer magnetischen Instabilität und die damit verbundene

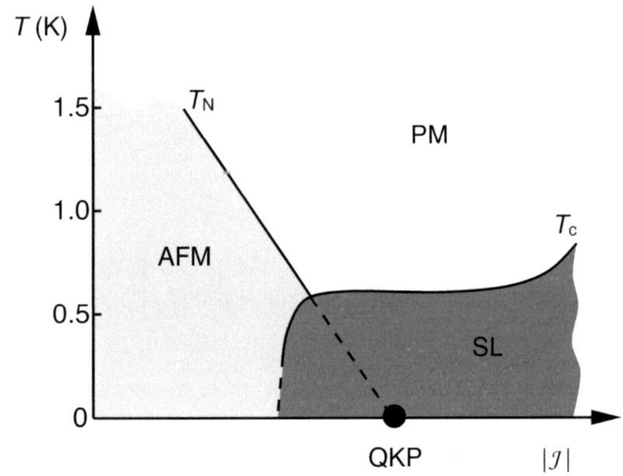

Abbildung 5.5: **Schematisches Phasendiagramm von $CeCu_2Si_2$** in der Nähe des QKP nach Referenzen [Geg98, Sto11]. Mit zunehmender Kopplungsstärke $|\mathcal{J}|$ zwischen Leitungsband- und f-Zuständen wird die Ordnungstemperatur T_N der antiferromagnetischen Phase unterdrückt. Nahe des QKP bei $T_N \to 0$ tritt Supraleitung auf. Experimantell läßt sich die Kopplungsstärke durch einem chemischen oder hydrostatischen Druck verändern. Die für große $\mathcal{J}$ (bzw. hohem Druck) zu beobachtende Erhöhung des Anstieges von T_c ist ein Anzeichen einer zweiten, separaten supraleitenden Phase [Yua03], welche weiter unten im Text näher diskutiert wird.

Konkurrenz der Energieskalen führen dazu, dass bereits kleine Änderungen der Hybridisierungsstärke $\mathcal{J}$ zwischen f- und Leitungselektronen die Grundzustandseigenschaften beeinflussen können [Geg98]. Dies wird durch das $T - \mathcal{J}$-Phasendiagramm in Abbildung 5.5 veranschaulicht. Experimentell entspricht eine Zunahme von $\mathcal{J}$ in dieser Darstellung einem hydrostatischen [Spa98] oder (positiven) chemischen [Gei97] Druck: In Ce-basierenden Systemen führt ein äußerer Druck über eine Verkleinerung des Volumens der Elementarzelle zu einer Stabilisierung des unmagnetischen $4f^0$-Zustandes des Ce^{4+} gegenüber dem magnetischen $4f^1$ des Ce^{3+}. Dies äußert sich in einer Unterdrückung der Ordnungstemperatur T_N. Neben einem geringen äußeren Druck ist auch eine leichte Variation der Stöchiometrie ($< 1\%$) innerhalb des engen Homogenitätsbereiches der 1:2:2-Phase ausreichend, um die verschiedenen Grundzustände von $CeCu_2Si_2$ zu erzeugen [Mod95, Ste96]. Eine wichtige Rolle dabei spielt dabei das Verhältnis von Cu und Si in der Verbindung: So zeigen Proben mit einem kleinen Si-Überschuss langreichweitige AFM Ordnung unterhalb T_N (sog. A-Typ), während ein Cu-Überschuß die Ausbildung von Volumen-Supraleitung unterhalb T_c zur Folge hat (sog. S-Typ). In nahezu stöchiometrischen Proben beobachtet man sowohl magnetische Ordnung bei T_N als auch Supraleitung bei $T_c < T_N$. Verschiedene experimentelle

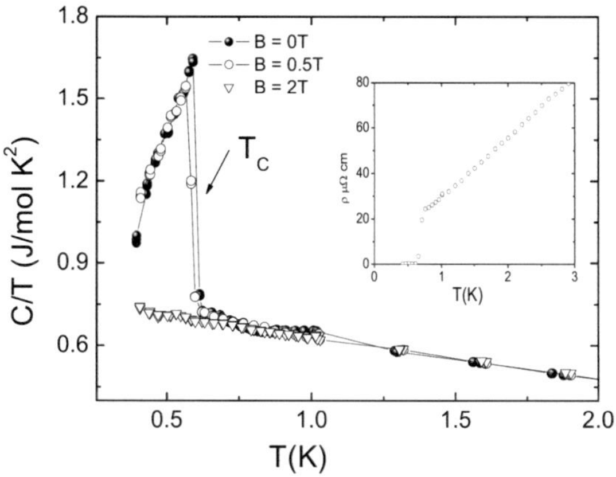

Abbildung 5.6: **Supraleitender Übergang von $CeCu_2Si_2$ des S-Typs.** Abgebildet sind die spezifische Wärme C/T für verschiedene Magnetfelder $B = 0,\ 0.5\,\mathrm{T} < B_{c2}$ und $B = 2\,\mathrm{T} > B_{c2}$, sowie der elektrische Widerstnd ρ eines Einkristalls aus der Züchtung 57008AI1, aus welcher auch die mittels RTM untersuchten Proben des S-Typs stammten. Abbildung entnommen aus Ref. [Jee10]

Befunde indizieren, dass Supraleitung und Antiferromagnetismus hierbei nicht mikroskopisch koexistieren, vielmehr kommt es zur Phasenseparation supraleitender und magnetisch geordnteter Volumina [Fey97, Ish99, Sto06a].

Das geordnete Moment in der magnetischen A-Phase beträgt nur etwa $0.1\mu_B$ pro Ce [Uem89]. Durch Neutronendiffraktions-Messungen konnte die magnetische Ordnung als Spin-Dichte-Welle (SDW) identifiziert werden [Sto04]. Der inkommensurable Propagations-Wellenvektor der SDW $\tau \approx (0.215,\ 0.215,\ 0.53)$ wird dabei nicht von der Periodizität des Kristallgitters bestimmt, sondern entspricht einem Nesting-Wellenvektor der (durch die starken elektronischen Korrelationen renormierten) Fermifläche [Zwi93]. Die Beobachtung inkommensurabler langreichweitiger Ordnung gibt einen Hinweis darauf, dass auch der magnetische QKP in $CeCu_2Si_2$ seinen Ursprung in einer Instabilität zur Ausbildung einer SDW hat. Diese Vermutung wird dadurch bestärkt, dass die im paramagnetischen normalleitenden Zustand beobachteten Abweichungen vom LFF-Verhalten[Geg98, Spa98, Yua03] (Potenzgesetze in den Temperaturabhängigkeiten von elektrischem Widerstand ($\rho(T) \propto T^{3/2}$) und spezifischer Wärme ($C/T \propto \gamma_0 - \beta T^{1/2}$)) den Erwartungegen für dreidimensionale kritische Spinfluktuationen entsprechen [Her76, Mil93, Mor95]. Die Eingenschaften der magnetischen Phase wirken sich auch auf den supraleitenden Zustand in der Nähe des QKP aus.

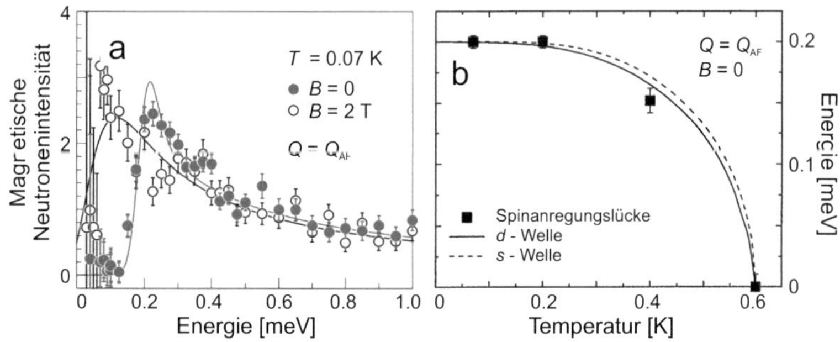

Abbildung 5.7: **Inelastische Neutronenstreuung an $CeCu_2Si_2$** des S-Typs [Arn10, Sto11]. **a)** Energiescans im supraleitenden ($B = 0, T = 70\,\mathrm{mK}$ und und im normalleitenden Zustand ($B = 2\,\mathrm{T}$) beim Impulsübertrag $\mathbf{Q} = \mathbf{Q}_{\mathrm{AF}}$, welcher dem Nesting-Wellenvektor τ entspricht. Gezeigt ist der magnetische Anteil der Intensität. **b)** Temperaturabhängigkeit der Energie der Spinanregungslücke bei Q_{AF} (Quadrate). Die Linien entsprechen den Temperaturverläufen des supraleitenden Energielücke gemäß BCS-Theorie s- bzw. d-Wellensymmetrie. Abbildungen entnommen aus Ref. [Arn10, Sto11]

In Abbildung 5.6 sind die spezifische Wärme und der elektrische Widerstand für $CeCu_2Si_2$ des S-Typs im Bereich des supraleitenden Phasenübergangs bei $T_c \simeq 600\,\mathrm{mK}$ dargestellt. Die Probe wurde durch H. S. Jeevan am MPI CPfS hergestellt und entstammt der gleichen Züchtung, aus welcher auch die Proben des S-Typs für RTM-Messungen im Rahmen dieser Arbeit entnommen wurden. Das obere kritische Feld B_{c2} wurde mit $1.7\,\mathrm{T}$ bestimmt [Arn10]. Dementsprechend ist in der spezifischen Wärme bei $B = 2\,\mathrm{T}$ die Supraleitung vollständig unterdrückt (blaue Symbole in Abb. 5.6). Die zu $T = 0$ extrapolierte spezifische Wärme im normalleitenden Zustand ist mit $C/T \approx 800\,\mathrm{mJ/mol\,K^2}$ groß verglichen mit typischen Werten für „klassische“ Metalle [Kit88], was auf eine stark erhöhte Quasiteilchenmasse aufgrund elektronischer Korrelationen schließen lässt. Die Höhe des Sprunges $\Delta C/T$ am supraleitenden Übergang ist vergleichbar mit C/T im normalleitenden Zustand (d.h. für $T \gtrsim T_c$ bzw. $T < T_c$ bei $B > B_{c2}$), was belegt, dass die schweren Quasiteilchen das supraleitende Kondensat bilden.

In Experimenten der inelastischen Neutronenstreuung (INS) an Einkristallen des S-Typs wurden im supraleitenden Zustand kurzreichweitige magnetische Korrelationen detektiert [Arn10, Sto11], deren Korrelationslänge im Bereich der supraleitenden Kohärenzlänge liegt [Rau87]. Bemerkenswert ist, dass die Anregungen genau bei dem Vektor des Impulsübertrages Q_{AF} gefunden wurden, welcher dem Nesting-Wellenvektor τ entspricht [Sto04]. Energiescans bei Q_{AF} im supraleitenden Zustand sind charakterisiert durch ein inelastisches Signal verbunden mit einer Spinanregungslücke bei kleinen Energien, vgl. Abbildung

5.7a), während die Messung bei einem beliebigen Q-Vektor gleichen Betrages ausschließlich inkohärent-elastische Streuung zeigt. Im normalleitenden Zustand (d.h. für $T > T_c$ bzw. $B > B_{c2}$) wird das Signal *quasielastisch*, d.h. die Spinanregungslücke verschwindet, siehe Abbildung. Dies weist auf eine direkte Verbindung zwischen der Supraleitung und dem Auftreten die Spinanregungslücke hin. Die Temperaturabhängigkeit der Energie $\hbar\omega_0$ der Lücke folgt dem laut BCS-Theorie erwarteten Verlauf der Energielücke $\Delta(T)$, was eine Äquivalenz von magnetischer und elektronischer Energieskale beweist. Unter der Annahme, dass $\hbar\omega_0 = 2\Delta$, ergibt sich $2\Delta/k_{\mathrm{B}}T_c = 0.2\,\mathrm{meV}/0.6\,\mathrm{K} \cdot k_{\mathrm{B}} \approx 3.9$, was im Bereich des Wertes für schwach gekoppelte s- bzw. d-Wellen-Supraleitung (3.5 bzw 4.3) liegt. Ein Vergleich der beobachteten Spinanregungen unterhalb und oberhalb T_c zeigen, dass die magnetische Austauschenergie bei Eintritt in den supraleitenden Zustand eine Absenkung erfährt, welche die supraleitenden Kondensationsenergie deutlich überwiegt. Damit ist gezeigt, dass die aufgrund ihrer Dispersion als Paramagnonen identifizierten magnetischen Anregungen für die Bildung des supraleitenden Züstandes verantwortlich sind. Somit ist $CeCu_2Si_2$ des S-Typs der erste Supraleiter, in welchem durch Paramagnonen vermittelten Supraleitung [Miy86, Sca86] experimentell nachgewiesen werden konnte.

Das Auftreten der Spinresonanz in den INS-Daten ist ein Anzeichen für einen Vorzeichenwechsel des supraleitenden Ordnungsparameters auf der Fermifläche [Ere08]. Dies ist konform mit d-Wellen-Supraleitung, welche auch durch das Paramagnonenbild unterstützt wird. Die genaue Identität des Ordnungsparameters in $CeCu_2Si_2$, also dessen Betrag und Symmetrie, ist bislang jedoch nicht bestätigt. Eine vierzählige Anisotropie des supraleitenden oberen kritischen Feldes H_{c2} innerhalb der tetragonalen ab-Ebene weist auf d-Wellen-Symmetrie des Ordnungsparameters hin [Vie10]. Die Ergebnisse einer Auswertung der Winkelabhängigkeit im Rahmen eines auf der verallgemeinerten BCS-Theorie basierenden Modells sind mit der im Paramagnonenbild erwarteten $d_{x^2-y^2}$-Symmetrie jedoch nicht kompatibel und deutet stattdessen auf d_{xy}-Symmetrie hin [Vie11]. Gegensätzliche Resultate liefern thermodynamische Messungen unter hohen hydrostatischen und chemischen Drücken. Der supraleitende Zustand in $CeCu_2Si_2$ erstreckt sich über einen breiten Druckbereich, welcher sich nicht auf den Gebiet um die magnetische Instabilität beschränkt. Innerhalb dieses Bereiches weist T_c einen ungewöhnlichen, nichtmonotonen Verlauf auf (Referenzen [Tho93, Hol03], ansatzweise erkennbar im Phasendiagramm in Abb. 5.5), der die Existenz zweier *verschiedener*, dicht beieinanderliegender supraleitender Phasen suggeriert. In Ge-substituiertem $CeCu_2Si_2$ ist die Beobachtung zweier voneinander getrennter supraleitender Gebiete gelungen [Yua03]. Während in der bei niedrigem Druck auftretenden Phase aufgrund der Nähe zur QKP magnetisch vermittelte Supraleitung vorliegt, werden in der bei höherem Druck auftretenden Phase kritische Valenzfluktuationen als Paarbindungsmechanismus diskutiert [Hol04, Hol07]. Messungen der Wärmekapazität an reinem $CeCu_2Si_2$ unter hydrostatischem Druck deuten darauf hin, dass als Funktion des Druckes ein Wechsel des Ordnungsparameters auftritt [Len09], was ebenfalls die Existenz zweier supraleitender Phasen bekräftigt. Eine theoretische Analyse ergab, dass die Daten bei niedrigen Drücken am Besten durch einen Ordnungsparameter mit $d_{x^2-y^2}$-Symmetrie beschrieben werden können, während für höhere Drücke d_{xy}-Symmetrie wahrscheinlicher ist.

Frühere PKS-Experimente an $CeCu_2Si_2$ lieferten keine eindeutige Aussage über den Ordnungsparameter [DeW94]. Jüngste, bisher unveröffentlichte PKS-Daten durch E. Lengyel scheinen zu bestätigen, dass sich die Symmetrie des Ordnungsparameters unter Einwirkung eines hydrostatischen Druckes ändert [Len]. Einer ersten Auswertung zufolge hat die Energielücke einen Betrag von etwa $\Delta_0 \approx 300\,\mu$V.

Tunnelspektroskopie an $CeCu_2Si_2$ Eine direkte Messung des supraleitenden Anregungsspektrums von $CeCu_2Si_2$ mittels Tunnelspektroskopie steht bislang aus. R. A. Goschke et al. haben RTS-Messungen an $CeCu_2Si_2$-Einkristallen bei $T = 300\,$mK durchgeführt [Gos96, Gos97]. Die Proben wurden in LN_2 gespalten und anschließend unter N_2-Atmosphäre in ein RTM im Inneren eines Kryostaten eingebaut. Die Tunnelspektren zeigten keinerlei Signaturen der supraleitenden Energielücke. Im Laufe dieser Arbeit wurden RTS-Experimente an mehreren $CeCu_2Si_2$-Einkristallen des S-Typs durchgeführt. Die Proben wurden entlang verschiedener kristallographischer Richtungen unter UHV-Bedingungen bei Raumtemperatur gespalten, vgl. Kapitel 4.4.1 und s.u. Die Messungen wurden im Kryogenen RTM bei Basistemperatur (320 mK) durchgeführt. Die Topographie zeigte ausnahmslos rauhe Oberflächen, atomar geordnete Gebiete wurden nicht beobachtet (siehe Abschnitt 4.4. Repräsentative Tunnelspektroskopie-Daten sind in Abbildung 5.8 zusammengestellt. Die abgebildeten Kurven entstammen Messungen an Proben, welche für das Spalten senkrecht zur [110]-Richtung orientiert auf den Probenträger montiert worden waren. Qualitativ zeigte sich aber auch für alle anderen untersuchten Orientierungen das gleiche Verhalten der Spektoskopie. Die in Teilbild a) abgebildeten $I(U)$-Kurven über einen großen Spannungsbereich von $|U| \leq 0.4\,$V wurden an verschiedenen Positionen auf der selben Probe aufgenommen. Die durchgezogene rote Kurve zeigt näherungsweise die für ein Metall wie $CeCu_2Si_2$ erwartete lineare $I-U$-Abhängigkeit. Dieses Verhalten wurde in der überwiegenden Mehrzahl der Spektren beobachtet. Gelegentlich ($< 10\%$ der untersuchten Probenpositionen) zeigten die Spektren einen eher für Halbleiter typischen exponentiellen Verlauf (blaue unterbrochene Linie). Der endliche Anstieg, gleichbedeutend mit einer endlichen Leitfähigkeit bei $U = 0$, weist dennoch auf metallischen Charakter hin. Die Ursache der unterschiedlichen Charakteristika der Tunnelspektren konnte nicht festgestellt werden, ein Einfluß der chemischen Identität der Oberfläche kann nicht ausgeschlossen werden. Das weitaus häufigere Auftreten der Kennlinien mit metallischem Charakter legt jedoch nahe, dass diese eher mit dem Probenmaterial $CeCu_2Si_2$ in Verbindung stehen. In einzelnen Fällen wurde eine Absenkung der Leitfähigkeit in einem Bereich von etwa 20-30 mV um $U = 0$ beobachtet, siehe Teilbild b). Auch hier ist die Ursache nicht bekannt. So könnte es sich um probenintrinsische Eigenschaften handeln (z.B. Kondoeffekt, vgl die Spektren von $YbRh_2Si_2$ in Kapitel 6), aber

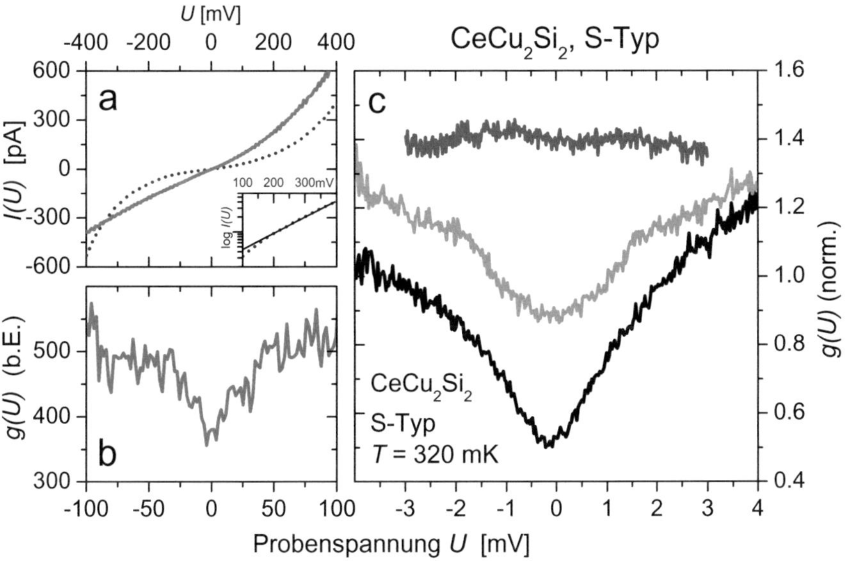

Abbildung 5.8: **Tunnelspektren von $CeCu_2Si_2$**, aufgenommen bei $T = 320\,\mathrm{mK}$ an Proben des S-Typs, gespalten bei Raumtemperatur. Aus Gründen der Vergleichbarkeit wurden Proben ausgewählt, welche alle entlang der selben Richtung [110] orientiert waren. **a)** Auf einem großen Spannungsbereich zeigen sich zwei verschiedene Typen von $I(U)$-Kennlinien: Kurven mit metallischem Charakter *(durchgezogene rote Linie)* und mit eher halbleitendem Charakter *(unterbrochene blaue Linie)*. Letzteres zeigt sich im exponentiellen Verlauf für große U, siehe kleines Bild. **b)** Die Leitfähigkeit $g(U) \sim dI(U)/dU$ weist in einem engeren U-Bereich eine Absenkung um $U = 0$ auf. **c)** Leitfähigkeitsspektren im Bereich weniger mV $U = 0$, aufgenommen an verschiedenen Positionen auf der selben Probe

ein Einfluß des Tunnelkontaktes (z.B. Coulomb-Blockade) kann ebensowenig ausgeschlossen werden, nicht zuletzt aufgrund der schlechten Reproduzierbarkeit der Spektren.

Teilbild c) zeigt mehrere Spektren auf kleiner Energieskale, im Bereich weniger meV. Wie auch bei vorangegangenen Untersuchungen anderer Gruppen wurden bei *keiner* der in dieser Arbeit untersuchten Proben innerhalb der experimentellen Auflösung Anzeichen der supraleitenden Energielücke beobachtet. In den meisten Fällen war die Leitfähigkeit nahezu konstant (oberste Kurve im Teilbild c)), wie man es für ein normalleitendes Metall erwarten würde. Wiederholt zeigte sich eine (unterschiedlich stark ausgeprägte) Absenkung der Leitfähigkeit um $U = 0$, wie etwa in den unteren beiden Kurven im Teilbild c), jedoch auf sehr viel größerer Skale ($\sim 2\,\mathrm{mV}$), als sie für die supraleitende Energielücke zu erwarten wäre ($\Delta \sim 100\,\mu\mathrm{eV}$). Ein ähnliches Verhalten wurde bereits in früheren Tunnelexperimenten an $CeCu_2Si_2$ und anderen Schwere-Fermionen-Supraleitern beobachtet [Aar94, Gos96] und könnte ein gemeinsames Merkmal der Tunnelleitfähigkeit in diesen Materialien sein. Das Fehlen der supraleitenden Energielücke in den Leitfähigkeitsspektren könnte verschiedene Ursachen haben, von welchen einige im Folgenden diskutiert werden.

Messtemperatur und Energieauflösung. Die supraleitende Übergangstemperatur T_c in den untersuchten Proben beträgt etwa 600 mK, wobei sowohl spezifische Wärme als auch elektrischer Widerstand auf scharfe Übergänge hinweisen (Übergangsbereich $\lesssim 50\,\mathrm{mK}$, vgl. Abb. 5.6). Geht man zur Abschätzung der Energielücke von einem Ordnungsparameter mit d-Wellensymmetrie und schwacher Kopplung aus, so ergibt sich $2\Delta_0(T = 0) \approx 4.3\,k_\mathrm{B}T_c = 220\,\mu\mathrm{eV}$. Damit konsistent ist die Energie der Spinanregungslücke $\hbar\omega_0 \approx 0.2\,\mathrm{meV}$ in den oben diskutierten INS-Daten. Die Näherungsformel (2.31) für die T-Abhängigkeit eines Ordnungsparameters mit Vorzeichenwechsel entlang der Fermifläche liefert dann $2\Delta_0(T = 320\,\mathrm{mK}) \lesssim 180\,\mu\mathrm{eV}$ Dem gegenüber steht die endliche Energieauflösung des Experimentes. Entsprechend Gleichung (3.17) in Kapitel 3.3 ergibt sich für das gesamte Auflösungsvermögen des Kryogenen RTM unter Berücksichtigung der Messtemperatur, des spektroskopischen Auflösungsvermögens des RTM und einer Modulationsamplitude des Lockinverstärkers von $20\,\mu\mathrm{V}$

$$\Delta E = \left[(0.19\,\mathrm{meV})^2 + (2.5\mathrm{e} \cdot 0.02\,\mathrm{mV})^2 + (3k_\mathrm{B} \cdot 320\,\mathrm{mK})^2\right]^{0.5} \approx 210\,\mu\mathrm{eV}$$

Allein diese Abschätzung ist bereits von der gleichen Größenordnung wie die zu erwartende Signatur der Energielücke, sodass eine erhebliche Minderung, möglicherweise sogar eine vollständige Unterdrückung der Signaturen in den Leitfähigkeitsspektren nicht ausgeschlossen werden kann. Auf der anderen Seite zeigen die Messungen der supraleitenden Energielücke von Al (siehe Abb. 3.8 in Kapitel 3.3), dass trotz der endlichen Auflösung Strukturen in der Zustandsdichte im unteren $100\,\mu\mathrm{V}$-Bereich aufgelöst werden können. Die *vollständig ausgebildete* Energielücke von $CeCu_2Si_2$ sollte demnach zumindest *sichtbar* sein, wenn auch deutlich abgeschwächt.

Symmetrie des Ordnungsparameters. Ein möglicher Grund dafür dass die Energielücke von $CeCu_2Si_2$ in der Tunnelleitfähigkeit nicht vollständig ausgebildet sein könnte (d.h. eine nur schwach ausgeprägte Signatur in der Leitfähigkeit liefert), ist die Symmetrie des supraleitenden Ordnungsparameters, genauer das Auftreten von Nullstellen mit Vorzeichenwechsel entlang der Fermifläche. Die Zustände im **k**-Raum, für welche die Energielücke verschwindet, können *ohne* Überwinden einer Energielücke angeregt werden. Für den Fall der d-Wellensymmetrie führt das zu einem (über alle Winkel im **k**-Raum gemittelten) Einteilchen-Anregungsspektrum, wie es in Abb. 2.5b) in Kapitel 2.4.2 abgebildet ist. Diese Zustandsdichte unterscheidet sich vom isotropen Fall der s-Welle vor allem im Auftreten von angeregten Zuständen mit Energien $E < \Delta_0$ (typische „V-Form“) sowie dementsprechend geringerem spektralen Gewicht in den Kohärenzmaxima. Die im Vergleich zum s-Wellen-Supraleiter geringere spektrale Umverteilung in der Zustandsdichte (oder, in anderen Worten, die schwächer ausgeprägte Signatur des supraleitenden Zustandes in der Tunnelleitfähigkeit) könnte nahe der spektralen Auflösungsgrenze des Experimentes dazu führen, dass die Energielücke nicht detektiert werden kann.

Ein weiterer, möglicherweise nicht zu vernachlässigender Punkt ist die *Richtungsabhängigkeit des Tunnelstromes*. In vielen Fällen wird bei der Interpretation von Tunneldaten zur Vereinfachung davon ausgegangen, dass es keine Vorzugsrichtung beim Tunnelprozess gibt, die Tunnelwahrscheinlichkeit also für alle **k**-Zustände in Probe bzw Spitze gleich ist. In diesem Fall ergäbe sich auch für eine anisotrope Energielücke keine Abhängigkeit des Tunnelsignals von der kristallographischen Richtung, entlang welcher der Tunnelstrom fließt. Diese vereinfachende Annahme ist jedoch in realen Tunnelgeometrien nicht erfüllt. Vielmehr tragen die Zustände mit einer Gewichtung gemäß ihrer Richtung im **k**-Raum zum Tunnelstrom bei [Beu81]. Sehr eindrucksvoll zeigt sich dies in RTS-Messungen an Kuprat-Supraleitern, bei denen die Richtung des Tunnelstromes parallel zu einer kristallographischen Richtung innerhalb der Basalebene liegt, s.o. im Abschnitt 5.1. Eine solche Richtungsabhängigkeit des Tunnelstromes könnte auch im vorliegenden Fall des (vermeintlichen) d-Wellen-Supraleiters $CeCu_2Si_2$ zum Tragen kommen. In Abbildung 5.9 sind die axialen Verteilungsfunktionen der beiden für $CeCu_2Si_2$ diskutierten Ordnungsparameter-Symmetrien $d_{x^2-y^2}$ und d_{xy} innerhalb der $k_x - k_y$-Ebene dargestellt. Entlang k_z haben beide Ordnungsparameter keine Abhängigkeit. Für $d_{x^2-y^2}$ befindet sich die maximale Energielücke entlang der [100]- bzw. [010]-Richtung, während entlang [110] eine Nullstelle liegt (für d_{xy} analog unter Rotation um $\pi/4$). Nimmt man an, dass diejenigen Probenzustände bevorzugt zum Tunnelstrom beitragen, deren Impuls $\hbar\mathbf{k}$ parallel zur Richtung des Tunnelstromes ist [Beu81] (also in erster Näherung senkrecht zur Probenoberfläche), könnte es, je nach Symmetrie des Ordnungsparameters, eine Abhängigkeit von der Richtung des Tunnelstromes innerhalb der Basalebene geben. Zwar trägt immer zumindest ein gewisser Raumwinkelbereich zum Tunnelstrom bei, dennoch könnte die supraleitende Signatur in der Leitfähigkeit beim Tunneln entlang einer Knotenrichtung erheblich von dem abweichen, was entlang eines Maximums der Ener-

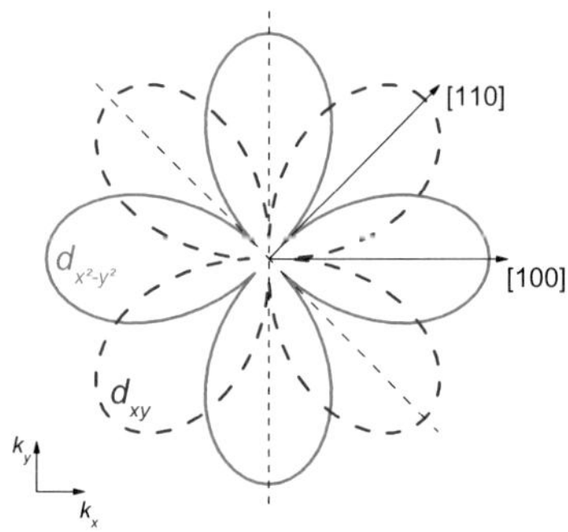

Abbildung 5.9: **Winkelabhängigkeit der Ordnungsparameter** mit $d_{x^2-y^2}$- bzw. d_{xy}-Symmetrie in der $k_x - k_y$-Ebene, welche im Realraum der tetragonalen Basalebene entspricht. Dargestellt ist jeweils der Betrag des **k**-abhängigen orbitalen Anteils, vgl. Abschnitt 2.4.2. Zusätzlich sind die [110]- und [100]-Richtungen *(Pfeile)* sowie die Schnittgeraden zu diesen Richtungen orthogonalen Ebenen mit der $k_x - k_y$-Ebene *(unterbrochene Linien)* eingezeichnet.

gielücke beobachtet wird (durch eine Schwächung des Signals oder sogar durch zusätzliche Charakteristika, wie der Zero-Bias Conductance Peak, welcher in den Kupraten beobachtet wurde). Da beim Tunneln entlang der [001]-Richtung über die Winkelabhängigkeit in der $k_x - k_y$-Ebene gemittelt wird, erwartet man in diesem Fall aus der Symmetrie des Ordnungsparameters keine Einschränkungen für den Tunnelstrom, man sollte also eine Zustandsdichte entsprechend Abbildung 2.5 beobachten können. Allerdings könnte auch die genaue Struktur der Fermifläche, entlang derer der Ordnungsparameter variiert, einen Einfluß auf die Beobachtbarkeit haben.

Im Laufe dieser Arbeit wurde Spektroskopie an $CeCu_2Si_2$-Proben durchgeführt, welche zum Spalten bei Raumtemperatur entlang verschiedener kristallographischer Richtungen orientiert waren: drei Proben entlang der [110], zwei entlang [100], zwei entlang [001] (durch S. Seiro), sowie eine nicht-orientierte Probe[1,2]. In *keinem* Fall wurde jedoch eine Signatur der Supraleitung detektiert, sodass eine Richtungsabhängigkeit des Tunnelstromes als *alleinige* Ursache ausgeschlossen werden kann. Eine weitere systematische Untersuchung der

[1]Es wurden an etwa doppelt so vielen Proben *in situ*-Spaltversuche durchgeführt, von denen jedoch nicht an allen RTM/S möglich war, vgl. Kapitel 4.4

[2]Hinzu kommt noch, dass die untersuchten Probenoberflächen sehr uneben und teilweise stark geneigt waren, sodaß die tatsächliche *lokale* Orientierung der Probenoberfläche, durch welche der Tunnelstrom fließt, i.A. nicht der ursprünglichen Ausrichtung der Probe vor dem Spalten entspricht. Durch Variation der Position der Spitze entlang der Probenoberfläche wurden somit genau genommen statistisch viele verschiedene Oberflächen untersucht.

Abhängigkeit der Spektroskopie, aber auch des Spaltverhaltens der $CeCu_2Si_2$-Einkristalle ist erforderlich. Erst in jüngster Zeit wurden in der Materialentwicklungs-Gruppe des MPI CPfS durch Silvia Seiro neue hochreine und große $CeCu_2Si_2$-Proben herestellt, welche eine Fortführung der Experimente erlauben.

Störung der Supraleitung an der Probenoberfläche. Ein weiterer Grund für das Fehlen von Anzeichen der Supraleitung in den Tunnelspektren von $CeCu_2Si_2$ könnte in einer Unterdrückung des supraleitenden Zustandes an der Probenoberfläche liegen. Eine charakteristische Längenskala der Supraleitung ist die Kohärenzlänge ξ_0, ein Maß für die räumliche Variation der Paarwellenfunktion. Als Konsequenz existiert auch an der *idealen* Oberfläche eines Supraleiters ein Gebiert der Breite $\sim \xi_0$, in welchem keine Volumen-Supraleitung existiert. Diese Tatsache steht jedoch offenbar der Beobachtbarkeit der supraleitenden Energielücke mit der oberflächensensitiven RTS nicht prinzipiell entgegen, was zahllose Tunnelexperimente an konventionellen und unkonventionellen Supraleitern belegen.

Wie die RTM-Topograpien an $CeCu_2Si_2$-Proben in Kapitel 4.4.1 belegen, sind die Oberflächen der bei Raumtemperatur gespaltenen Einkristalle jedoch sehr weit von einer idealen Oberfläche entfernt. Wie dort bereits diskutiert, beobachtet man selbst auf ebenen Spaltflächen eine starke Unordnung auf atomarer Längenskala. Auch die an verschiedenen Probenpositionen aufgenommene $I(z)$-Spektroskopie weist auf eine inhomogene Beschaffenheit der Oberfläche hin. Dabei ist nicht klar, ob es sich um intrinsische Unordnung handelt oder ob die Unordnung durch den Spaltprozess selbst induziert wurde. Insbesondere kann nicht bestimmt werden, ob und in welchem Ausmaß der Kristall in der Nähe der Oberfläche strukturell geschädigt ist. Eine geänderte Struktur nahe der Oberfläche bringt potentiell auch physikalische Eigenschaften mit sich, welche u.U. signifikant von denen des Festkörpers abweichen. Diese Aussage gilt allgemein für alle Materialien, hat aber möglicherweise besondere Relevanz für Schwere-Fermionen-Supraleiter. Die physikalischen Eigenschaften dieser stark korrelierten Elektronensysteme hängen sensitiv vom Verhältnis verschiedener konkurrierender Wechselwirkungen ab. Das Gleichgewicht der einzelnen Energieskalen (KEF-Anregungsenergien, Kondotemperatur und RKKY-Austausch über die Hybridisierungsstärke) ist eng mit der Kristallstruktur verbunden. $CeCu_2Si_2$ ist ein prototypisches Beispiel für diese sensitive Abhängigkeit: Bereits kleinste Abweichungen der Stöchiometrie innerhalb des engen Homogenitätsbereiches der 1:2:2-Phase oder Änderungen der Gitterparameter (unter Beibehaltung der Struktur) z.B. durch äußeren Druck können zu vollkommen anderen Grundzustandseigenschaften führen, so auch zum Auftreten oder Verschwinden von Supraleitung. Besitzt der Kristall in der Nähe der Oberfläche eine gegenüber dem Festkörper signifikant gestörte, möglicherweise ungeordnete Struktur, ist es also denkbar, dass dadurch die elektronischen Korrelationen beeinflusst bzw. unterdrückt werden – und mit ihnen auch der supraleitende Zustand.

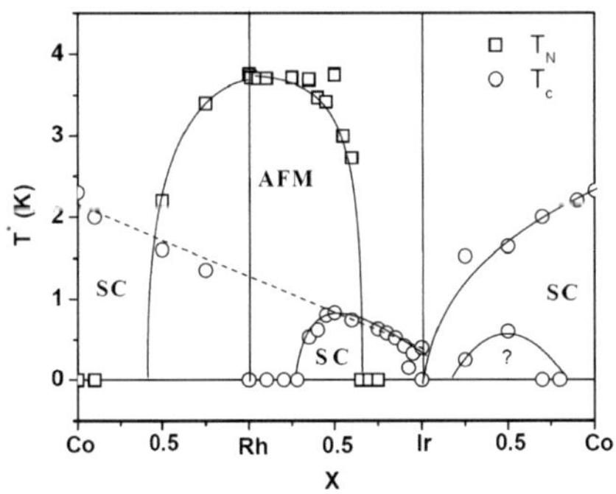

Abbildung 5.10: **Phasendiagramm von Ce(Co,Rh,Ir)In_5**, entnommen aus Ref. [Pag02]. Dabei bezeichnet x die Komposition der entsprechenden Co–Ir-, Rh–Ir- und Rh–Co-Verbindungen. Eingetragen sind jeweils die antiferromagnetischen (AFM) und supraleitenden (SC) Ordnungstemperaturen, T_N und T_c, abgeleitet aus Messungen der spezifischen Wärme

Zusammenfassung Um mögliche Ursachen für das Fehlen der Energielücke in den Tunnelspektren von $CeCu_2Si_2$ zu eliminieren und ggf. zu umgehen, sind weitere RTS-Experimente vonnöten. Zum einen sollten weitere Einkristalle entlang verschiedener Orientierungen gespalten werden. Dadurch könnte das Spaltverhalten der Proben weiter untersucht und mit einer besseren Statistik unterlegt werden. Außerdem kann durch Variation der Richtung des Tunnelstromes eine eventuelle **k**-Raumabhängigkeit der Energielücke in den Tunnelspektren untersucht werden. Eine mögliche Weiterentwicklung der Oberflächenbearbeitung könnte im Spalten der Proben bei kryogenen Temperaturen liegen. Im Fall von $YbRh_2Si_2$ hat dies systematische RTM- und RTS-Untersuchungen erst ermöglicht (siehe die Kapitel 4.4.2 und 6). Zwar schienen erste vorläufige Versuche an Tieftemperatur-gespaltenen $CeCu_2Si_2$-Proben keine Verbesserung zu zeigen, für eine signifikante Aussage sind jedoch weitere Messungen erforderlich. Auch die Verwendung leicht dotierter Proben könnte helfen, die Oberflächenbearbeitung voranzutreiben. Beispielsweise könnte eine Substitution von Ce gegen La die mechanischen Eigenschaften so verändern, dass die Proben leichter (bzw. überhaupt) spalten. Dabei müsste natürlich die Dotierung so gering sein, dass die elektronischen Eigenschaften, insbesondere die Supraleitung, nicht signifikant beeinflusst würden. Möglicherweise wird es notwendig, RTS-Messungen an anderen Geräten durchzuführen, um tiefere Temperaturen bzgl. T_c zu erreichen und damit auch die Energieauflösung zu verbessern.

5.3 Energielücke und Precursor-Zustand in $CeCoIn_5$

Lange Zeit blieb $CeCu_2Si_2$ die einzige Ce-basierte Schwere-Fermionen-Verbindung, in welcher Volumen-Supraleitung *unter Umgebungsdruck* nachgewiesen werden konnte. Dies änderte sich erst mit der Entdeckung von Supraleitung in den Materialien der CeMIn$_5$-Familie (M = Co, Rh, Ir) [Heg00, Pet01a, Pet01b]. Seither haben diese und verwandte Schwere-Fermionen-Verbindungen [Sar07] großes wissenschaftliches Interesse auf sich gezogen. CeMIn$_5$ kristallisiert in der flächenzentriert-tetragonalen $HoCoGa_5$-Struktur [Gri79] (siehe Abb. 4.7 auf S. 69), welche formal als alternierende Folge von $CeIn_3$- und MIn$_2$-Lagen beschrieben werden kann. Das der 1:1:5-Struktur zugrunde liegende kubische $CeIn_3$ ist ein Schwere-Fermionen-Antiferromagnet und zeigt Supraleitung unter Einfluss eines hydrostatischen Druckes [Wal97]. Während $CeCoIn_5$ und $CeIrIn_5$ bereits unter Normaldruck Supraleiter sind (T_c = 2.3 K bzw. 0.4 K), hat $CeRhIn_5$ einen antiferromagnetisch geordneten Grundzustand ($T_N = 3.8$ K) und wird erst oberhalb eines Druckes von etwa 1.6 GPa supraleitend [Heg00] ($T_c^{max} = 2.2$ K bei $p = 2.5$ GPa [Mur01]). Die Entwicklung der unterschiedlichen Grundzustände innerhalb der 1:1:5-Verbindungen ist im Dotierungs-Phasendiagramm in Abbildung 5.10 dargestellt. Das Auftreten der Supraleitung in stöchiometrischem $CeCoIn_5$ unter Normaldruck und bei – für Schwere-Fermionen-Verbindungen – vergleichsweise hoher Temperatur macht gerade diese Verbindung potentiell geeignete für die Untersuchung von Schwere-Fermionen-Supraleitung mittels RTM/S.

Eigenschaften von $CeCoIn_5$ Die magnetischen Eigenschaften von $CeCoIn_5$ bei hohen Temperaturen ($\gtrsim$ 200 K) können durch den Paramagnetismus lokalisierter Momente beschrieben werden. Aus dem Curie-Weiss-Verhalten der magnetischen Suszeptibilität folgt ein effektives Moment, welches mit $\mu_{\text{eff}} = 2.59\mu_B$/Ce nahe an dem gemäß der Hund'schen Regeln erwarteten Wert für freie Ce^{3+}-Ionen mit $J = \frac{5}{2}$ liegt. Die Suszeptibilität, aber auch der elektrische Widerstand weisen eine Anisotropie bzgl. der Richtung des äußeren Magnetfeldes zwischen der kristallographischen c-Achse und der ab-Ebene auf [Pet01b]. Im Vergleich zu vielen anderen tetragonalen Systemen ist diese jedoch moderat ausgeprägt (etwa ein Faktor 2). Der sechsfach entartete $4f^1$-Zustand des Ce^{3+} wird im tetragonalen KEF in drei Kramers-Dubletts aufgespalten. Mit sinkender Temperatur zeigt der elektrische Widerstand $\rho(T)$ ein für Schwere-Fermionen-Metalle typisches Verhalten: Bedingt durch inkohärente Kondostreuung am Ce^{3+}-Multiplett folgt $\rho(T)$ einer logarithmischen Abhängigkeit $\rho(T) - \rho_0 \propto -\ln T$, durchläuft ein breites Maximum bei $T_{\text{max}}^{\rho(T)} \approx 50$ K, gefolgt von einem rapiden Absinken zu niedrigeren Temperaturen. Letzteres resultiert aus der zunehmenden Entvölkerung der angeregten KEF-Zustände und dem damit einhergehenden Einsetzenden kohärenter Kondostreuung am Grundzustands-Dublett [Cox88]. Im Temperaturbereich zwischen etwa 20 K und dem Eintritt in die supraleitende Phase bei $T_c = 2.3$ K folgt $\rho(T)$ einer linearen Abhängigkeit [Pet01b, Pag03], im Unterschied zu einer quadratischen Temperaturabhängigkeit, welche im Rahmen der Landau'schen Fermi-Flüssigkeits- (LFF-) Theorie erwartet wird. Nicht-Fermi-Flüssigkeitsverhalten zeigt sich auch in der logarithmischen Divergenz der elektronischen spezifischen Wärme, $C_{\mathrm{el}}/T \propto -\ln T$ (gemessen bei $B = 5\,\mathrm{T}$ parallel zur c-Richtung, knapp oberhalb des oberen kritischen Feldes $B_{c2}(T = 0) = 4.9\,\mathrm{T}$ entlang dieser Richtung) [Bia03] sowie im Temperaturverhalten der nuklearen Spin-Gitter-Relaxationsrate $1/T_1 \propto T^{1/4}$ [Koh01]. Für $T > T_c$ steigt der Koeffizient der spezifischen Wärme, $\gamma = C_{\mathrm{el}}/T$ mit sinkender Temperatur an. Ein hoher Wert von $\gamma = 290\,\mathrm{mJ/mol\,K^2}$ bereits bei $T = 2.5\,\mathrm{K}$ weist auf eine durch elektronische Korrelationen stark renormierte Quasiteilchenmasse hin.

Der supraleitende Zustand in $\mathrm{CeCoIn_5}$ geht unter Normaldruck aus diesem nicht-LFF-Normalzustand hervor. Dass der supraleitende Zustand in $\mathrm{CeCoIn_5}$ tatsächlich von den schweren Quasiteilchen getragen wird, lässt sich aus dem im Verhältnis zum normalleitenden Wert großen Sprung in der elektronischen spezifischen Wärme schließen: $\Delta C/\gamma T_c \approx 4.5$. Gleichzeitig ist dieses große Verhältnis ein deutliches Anzeichen für starke Kopplung der Cooperpaare. Es gibt deutliche experimentelle Hinweise auf unkonventionelle Supraleitung: So weist die spezifische Wärme im supraleitenden Zustand keine exponentielle T-Abhängigkeit auf, sondern folgt einem Potenzgesetz, $C/T \propto T$ [Mov01]. Ebenso deutet die T-Abhängigkeit der thermischen Leitfähigkeit, $\kappa \propto T^{\alpha}$ mit $\alpha \approx 3$ [Mov01], auf Linien von Knoten (Nullstellen mit Vorzeichenwechsel) im supraleitenden Ordnungsparameter hin. Unterstützt wird dies durch die Beobachtung eines T^3-Verhalten der Spin-Gitter-Relaxationsrate in der ^{115}In-NMR, $1/T_1 \propto T^3$ [Koh01]. Eine Reduktion des NMR-Knightshift unterhalb T_c [Koh01] läßt auf Spinsingulett-Supraleitung schließen. Die genaue Symmetrie des Ordnungsparameters in $\mathrm{CeCoIn_5}$ wurde lange Zeit kontrovers diskutiert. Die Messung der thermischen Leitfähigkeit κ als Funktion des Winkels zum äußeren Magnetfeld zeigt innerhalb der tetragonalen Basalebene eine vierzählige Modulation, aus deren Ausrichtung auf eine $d_{x^2-y^2}$-Symmetrie geschlossen wurde [Iza01]. Demgegenüber deutete eine Analyse der spezifischen Wärme als Funktion des Winkels zum Magnetfeld auf eine d_{xy}-Symmetrie hin, welche eine ggü. $d_{x^2-y^2}$ um $\pi/4$ rotierte Position der Knoten aufweist. Eine Auflösung des Widerspruchs konnte von theoretischer Seite zu Gunsten der $d_{x^2-y^2}$-Symmetrie erreicht werden [Vor06]. Unterstützt wird diese Aussage durch Messungen der Punktkontakt-Spektroskopie [Par09], der inelastischen Neutronenstreuung (INS) [Sto08, Ere08] sowie der Auswertung neuer winkelaufgelöster Wärmekapazitätsmessungen [An10].

Ein charakteristisches Merkmal unkonventioneller Supraleitung ist, dass die Bildung der Cooperpaare nicht auf der Elektron-Phonon-Wechselwirkung beruht. Wie schon zu Eingang dieses Kapitels diskutiert, wurde bereits in der Mitte der 1980er Jahre theoretisch gezeigt, dass antiferromagnetische Fluktuationen zur Bildung von Singulett-Paarzuständen mit d-Wellensymmetrie führen können [Miy86, Sca86]. Als der robusteste Ordnungsparameter (d.h. der mit dem höchsten T_c) wurde für Systeme mit tetragonaler Kristallsymmetrie die $d_{x^2-y^2}$-Welle identifiziert [Mon01], welche eben auch in $\mathrm{CeCoIn_5}$ realisiert ist. In der Tat gibt es experimentelle Belege aus NQR [Koh01] und INS [Sto08] für starke antiferromagnetische Spinfluktuationen in $CeCoIn_5$ bei tiefen Temperaturen sowie auf deren enge Beziehung zur Supraleitung. Messungen von spezifischer Wärme und elektrischem Widerstand im Magnetfeld deuten darauf hin, dass sich $CeCoIn_5$ in der $H-T$-Ebene des Phasenraumes in unmittelbarer Nähe zu einer Instabilität zur antiferromagnetischen Ordnung befindet [Bia03, Pag03]. Unterstützt wird dies durch Messungen an $CeRhIn_5$ unter hydrostatischem Druck [Sid02, Kne04] bzw. an Materialien der Dotierungsreihe $Ce(Co_{1-x}Rh_x)In_5$ [Pag02, Jef05], durch welche eine Verbindung zwischen den Phasendiagrammen des magnetisch geordneten $CeRhIn_5$ und des nichtmagnetischen, supraleitenden $CeCoIn_5$ hergestellt wurde. Ebenso zeigt sich die Nähe zur magnetischen Ordnung im Effekt einer Cd-Dotierung von $CeCoIn_5$: Eine Substitution der In-Atome durch Cd im Bereich weniger Prozent führt bereits zur Unterdrückung der Supraleitung und zur Herausbildung magnetischer Ordnung [Pha06]. In reinem $CeCoIn_5$ unter Normaldruck wird der magnetische Grundzustand durch die supraleitende Phase „überdeckt“ [Pag03]. Messungen des elektronischen Transportes lassen darauf schließen, dass der magnetische QKP sich in der Nähe des supraleitenden oberen kritischen Feldes $H_{c2}(T=0)$ befindet [Ron05, Sin07].

Die Nähe zu einer antiferromagnetischen Instabilität begünstigt das Auftreten von magnetisch vermittelter Supraleitung in $CeCoIn_5$ [Mon01]. Außerdem wird ein Zusammenhang zwischen hohen Sprungtemperaturen T_c und dem Auftreten zweidimensionaler elektronischer Strukturen diskutiert [Mon01, Nic, Cur05, Sar07]. Aus Messungen der Quantenoszillationen in de Haas-van Alphen- (dHvA-) Experimenten an $CeCoIn_5$ [Set01, Shi02] wurden nahezu zylindrische, quasi-2D Fermiflächen bestimmt, welche den Charakter itineranter $4f$-Zustände mit hohen Zyklotronmassen besitzen. Als dominante Hybridisierung, welche zur Delokalisierung der f-Zustände vermittels der Kondo-Wechselwirkung führt, wurde diejenige zwischen den Ce $4f$ und den In $5p$-Zuständen bestimmt [Kum04]. Die Hybridisierungsstärke schlägt sich im erhöhten Sommerfeld-Koeffizienten γ nieder, und dieser wiederum ist proportional zur Spinfluktuations-Temperatur T_{sf} [Mor95]. Ein hohes T_{sf} begünstigt das Auftreten magnetisch vermitteter Supraleitung [Mon01]. In der Tat wurde ein direkter Zusammenhang der Hybridisierung mit dem T_c der Supraleitung in der $CeMIn_5$-Serie beobachtet [Kum04]. Dies unterstreicht den Einfluß der elektronischen Korrelationen auf die Supraleitung in $CeCoIn_5$ und bietet, zusammen mit dem Auftreten stark anisotroper Spinfluktuationen und vor allem den quasi-2D elektronischen Strukturen in $CeCoIn_5$, eine Erklärung für das verhältnismäßig hohe T_c. Die genaue Natur des Wechselspiels zwischen Supraleitung und Magnetismus ist jedoch bislang nicht vollständig verstanden. Die Bestimmung des supraleitenden Anregungsspektrums mittels RTS kann wertvolle Beiträge zum Verständnis der Supraleitung in $CeCoIn_5$ liefern.

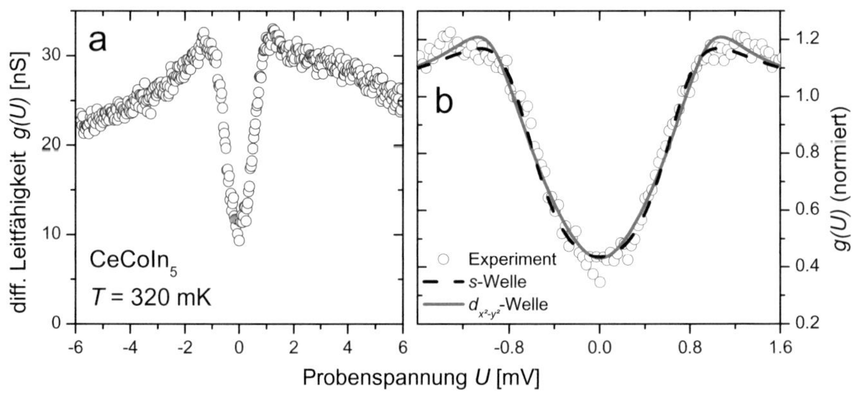

Abbildung 5.11: **Leitfähigkeits-Spektrum von $CeCoIn_5$**, aufgenommen bei $T = 320\,\mathrm{mK}$ ($U = 14\,\mathrm{mV}$, $I_{set} = 340\,\mathrm{pA}, \mu_0 H = 0$). **a)** zeigt die Rohdaten (Ausgangssignal des Lockin-Verstärkers bei $U_{mod} = 70\,\mu\mathrm{V}$, $f_{mod} = 180\,\mathrm{Hz}$). In der vergrößerten Darstellung **b)** wurde auf einen geringen linearen Hintergrund normiert. Zusätzlich sind BCS-Fits für s- und $d_{x^2-y^2}$-Wellensymmetrie mit Δ bzw. Δ_0 sowie Γ als freie Fitparameter enthalten (Werte siehe Text). Die Messung erfolgte zusammen mit V. Dolocan

RTS-Resultate

Im Laufe dieser Arbeit wurden an zehn $CeCoIn_5$-Proben RTM/S-Messungen am MPI CPfS durchgeführt, teilweise in Zusammenarbeit mit Dr. V. Dolocan. Die Proben wurden hergestellt durch Dr. A. Bianchi und Prof. Z. Fisk. Zusätzlich fanden Experimente am MK-RTM in Zusammenarbeit mit I. Guillamón, Dr. H. Suderow und Prof S. Vieyra an der Universidád Autonoma de Madrid, Spanien statt, teilweise an Proben hergestellt von Dr. D. Aoki bzw. Dr. G. Lapertot. Die Einkristalle wurden im In-Fluß gezüchtet und hatten typische Ausdehnungen von $\sim 1 - 1.5\,\mathrm{mm}^2$ in der Basalebene und $\lesssim 300\,\mu\mathrm{m}$ entlang der c-Richtung. Die Proben wurden entweder lediglich vor dem Einschleusen in die UHV-Kammer des Kryogenen RTM in Aceton und Isopropanol gereinigt, oder *in-situ* bei Raumtemperatur gespalten.

Abbildung 5.11a) zeigt ein Spektrum der differentiellen Leitfähigkeit, gemessen an $CeCoIn_5$ bei $T = 320\,\mathrm{mK}$. Die Kurve wurde auf einer *ex-situ* gereinigten, ungespaltenen Probe aufgenommen. Gut sichtbar ist eine V-förmige Energielücke der Breite $\sim 1\,\mathrm{meV}$ und einer Leitfähigkeit bei $U = 0$ (*Zero-bias conductance*, ZBG) von etwa 30% des normalleitenden Wertes außerhalb der Lücke. Zusätzlich ist ein nichtlinearer Hintergrund zu erkennen, dessen Ursache nicht eindeutig geklärt werden konnte. Möglicherweise handelt es sich um den Einfluß der zugrunde liegnden normalleitenden Zustandsdichte. In PKS-Experimenten an $CeCoIn_5$ wurde ein ähnlicher asymmetrischer Hintergrund beobachtet [Par08, Par09]. Dieser wurde einer sog. Fano-Resonanz (siehe Kapitel 6) zugeschrieben, welche durch die Quanteninterferenz zwischen zwei parallelen Tunnelkanälen entsteht, in diesem Fall zwischen dem Tunneln in lokalisierte f-Zustände und in das Leitungsband [Fog10]. In unseren Messungen wiesen an verschiedenen Probenpositionen aufgenommene Spektren z.T. stark unterschiedliche Formen des Hintergrundsignals auf, was möglicherweise durch Variationen des Formparameters q der Fanoresonanz erklärt werden kann. Weitere Messungen über einen breiteren Spannungsbereich sowie auch im Normalleitenden Zustand sind nötig, um die genaue Ursache der Asymmetrie zu identifizieren. In der vergrößerten Darstellung des Spektrums im Bereich der Energielücke, Teilbild b), wurde zur Korrektur des Hintergrundes lediglich eine Gerade verwendet. Die Linien in der Abbildung repräsentieren Fits der Leitfähigkeit $g(U)$ gemäß

$$g(U,T) = N \int_{-\infty}^{\infty} d\varepsilon \, \rho_{\mathrm{SL}}(\varepsilon - eU) \left(-\frac{df(\varepsilon,T)}{d\varepsilon} \right) , \tag{5.2}$$

vgl. Gleichung (3.8). Die Annahme einer konstanten Zustandsdichte der Spitze ist ohne Weiteres gerechtfertigt, da eine *in situ* gereinigte W-Spitze verwendet wurde. $f(E,T)$ ist die Fermi-Funktion bei der Temperatur T, N ein Normierungsfaktor. Für die Quasiteilchen-Zustandsdichte ρ_{SL} im supraleitenden Zustand wurden die entsprechenden BCS-Ausdrücke verwendet: Gleichung (2.21) für den isotropen Fall eines s-Wellen-Supraleiters, und Gleichung (2.27) für einen Ordnungsparameter mit $d_{x^2-y^2}$-Wellensymmetrie, wie er in $CeCoIn_5$ zu erwarten ist. Ein zusätzlicher imaginärer Beitrag $i\Gamma$ zur Energievariablen beschreibt den Effekt einer endlichen Lebensdauer der supraleitenden Quasiteilchen durch inelastische Streuprozesse [Dyn78]. Die Auswirkung des heuristischen Parameters Γ auf die Tunnelzustandsdichte (d.h. das Anregungsspektrum, wie es im Tunnelexperiment bei $T = 0$ gemessen wurde) eines $d_{x^2-y^2}$-Wellen-Supraleiters ist in Abbildung 5.12 dargestellt. Zum einen kommt es zu einer Reduktion der Kohärenzmaxima, vor allem aber zu einem Auffüllen der Zustandsdichte innerhalb der Energielücke. Wie bereits in Abschnitt 3.3 beschrieben wurde, kann so eine endliche ZBC modelliert werden, wie sie auch in den vorliegenden Spektren in $CeCoIn_5$ beobachtet wird. Im Fall einer d-Wellensymmetrie ergibt sich für die Zustandsdichte

$$\rho_{\mathrm{SL}}(E) \propto \mathrm{Re} \int_0^{2\pi} \frac{d\phi}{2\pi} \frac{E - i\Gamma}{\sqrt{(E-i\Gamma)^2 - \Delta_0^2 \cos^2(2\phi)}} \tag{5.3}$$

Δ_0 ist das Maximum der richtungsabhängigen Energielücke. Die Winkelfunktion $\cos(2\phi)$ beschreibt die vierzählige Anisotropie des Ordnungsparameters innerhalb der Azimutalebene, welche in diesem Fall der kristallographischen ab-Ebene entspricht. Die Integration über den Winkel ϕ trägt der Tatsache Rechnung, dass Elektronen mit beliebigem Impuls $\hbar\mathbf{k}$ zum Tunnelstrom beitragen. Die entsprechende Integration über den Polarwinkel θ liefert lediglich einen konstanten Faktor, da der Ordnungsparameter keine Abhängigkeit vom Impuls in

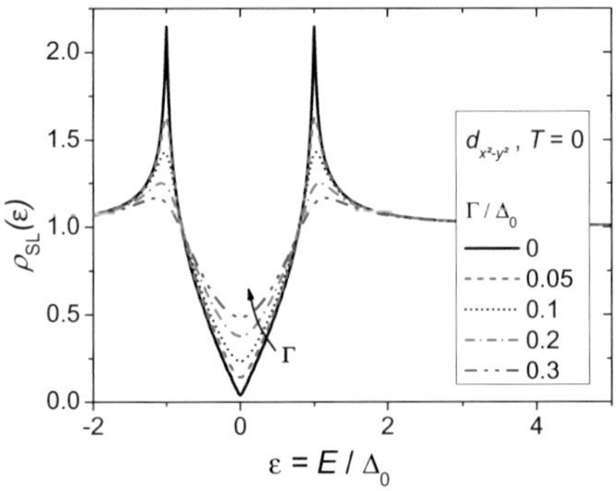

Abbildung 5.12: **Einfluß des Streuparameters Γ auf die Tunnelzustandsdichte** für den Fall der $d_{x^2-y^2}$-Symmetrie, berechnet für $T = 0$.

k_z-Richtung in besitzt, und außerdem angenommen wird, dass im Tunnelstrom keine Gewichtung der Zustände nach deren Impuls in Form einer Gewichtungsfunktion $f(\theta)$ [Beu81] zum Tragen kommt.

Für den Fall der s-Welle ergab der Fit in Abbildung 5.11 $\Delta = 0.78\,\text{meV}$ und $\Gamma = 0.41\,\text{meV}$, für $d_{x^2-y^2}$ $\Delta_0 = 0.96\,\text{meV}$ und $\Gamma = 0.25\,\text{meV}$. Berücksichtigt man die endliche Energieauflösung der Meßapparatur und die Modulationsspannung des Lockin-Verstärkers, wie in Abschnitt 3.3 diskutiert wurde, durch eine Gauss-Verschmierung der Breite $\sigma = \sqrt{\tilde{\sigma}^2 + (2.5\,U_{\text{mod}})^2} = \sqrt{(0.18\,\text{meV})^2 + (2.5 \cdot 0.07\,\text{meV})^2} = 0.25\,\text{meV}$, so ergibt sich eine Reduktion von Γ auf $0.19\,\text{meV}$ bei nahezu unverändertem $\Delta_0 = 0.98\,\text{meV}$ (nicht abgebildet). Die Qualität des Fits konnte dadurch jedoch nicht signifikant verbessert werden. Aus dem Vergleich der beiden Fitkurven in Abb. 5.11b) wird deutlich, dass auf Grundlage der vorliegenden Daten nicht zwischen s- und d-Wellensymmetrie unterschieden werden kann: Beide Kurven beschreiben die Daten innerhalb deren Streuung gut, und das Residuum der Summe der Abweichungsquadrate, charakteristisch für die Qualität der Approximation, ist in beiden Fällen nahezu identisch ($1.1 \cdot 10^{-6}$ bzw. $1.2 \cdot 10^{-6}$). Es kann anhand der Fits nicht vollständig ausgeschlossen werden, dass es sich um die Energielücke einer supraleitenden Verunreinigung auf der Oberfläche handelt. Die für $CeCoIn_5$ wahrscheinlichste Verunreinigung ist In aus der Einkristallherstellung. In ist ein konventioneller s-Wellen-Supraleiter mit einem $T_c = 3.4\,\text{K}$. In Tunnelexperimenten wurde die Energielücke auf $\Delta = 0.52\,\text{meV}$ bestimmt [Gia60a], also wesentlich geringer als der für den s-Wellen-Fit erhaltene Wert $0.78\,\text{meV}$. Ein weiterer Punkt, der gegen die In-Verunreinigungen als Ursache für die Lücke in $g(U)$ spricht, ist deren schwache Magnetfeldabhängigkeit: Das kritische Feld von In beträgt $28.5\,\text{mT}$ [Sha60]. Zwar könnte durch Verunreinigungen oder in dünnen Schichten das (obere) kritische Feld entschieden höher sein[3]. Die Lücke wurde jedoch noch für Felder $> 1\,\mathrm{T}$ beobachtet, was In als Ursache unwahrscheinlich macht.

Abbildung 5.13 zeigt die Entwicklung der Tunnelspektren im Temperaturbereich zwischen 0.3 und 3 K. Zur besseren Unterscheidbarkeit wurden die einzelnen Kurven jeweils um einen konstanten Betrag vertikal verschoben. Die Linien in der Abbildung sind wiederum BCS-Fits für $d_{x^2-y^2}$-Symmetrie, entsprechend der Formeln (3.8) und (5.3). Obwohl neben dem Normierungsfaktor nur zwei freie Parameter Δ_0 und Γ verwendet wurden, beschreiben die Fits die experimentellen Daten sehr gut über den gesamten Temperaturbereich. Die extrahierten Fitparameter sind in Teilbild b) der Abb. 5.13 als Funktion von T aufgetragen. Erwartungsgemäß sinkt $\Delta_0(T)$ mit steigender Temperatur, während Γ leicht ansteigt. Letzteres lässt sich durch eine erhöhte Streurate bei höherer Temperatur deuten [Dyn78]. Die Fehlerbalken von $\Delta_0(T)$ wurden aus den Residuen der summierten Abweichungsquadrate sowie den jeweiligen Schwankungen bei Variation des Fitbereiches abgeschätzt. Die Linie in Teilbild b) entspricht einem Fit von $\Delta_0(T)$ mit der bereits in Abschnitt 2.4.2 eingeführten Näherungsformel für die T-Abhängigkeit eines supraleitenden Ordnungsparameters mit linienförmigen Nullstellen (*Line nodes*) entlang der Fermifläche [Dór01, Won05]:

$$\Delta_0(T) = \Delta_0(0)\sqrt{1-(T/T^*)^3} \tag{5.4}$$

Innerhalb der Fehlerbereiche folgen die Daten dem funktionalen Verlauf. Der zu $T = 0$ extrapolierte Wert der maximalen Energielücke beträgt $\Delta_0(0) = (0.93\pm0.05)\,\mathrm{meV}$. Das daraus resultierende Verhältnis $2\Delta_0(0)/k_\mathrm{B}T_c \approx 10$ ist stark erhöht gegenüber dem Wert von 4.3 aus der Theorie für schwach gekoppelte anisotrope Supraleitung. Dies ist konsistent mit dem großen Sprung in der spezifischen Wärme [Pet01b], welcher ebenso auf starke Paarkopplung schließen läßt. Bislang fehlen (nach Kenntnis des Autors) Daten von Tunnelexperimenten anderer Forschungsgruppen, welche einen Vergleich der gemessenen Energielücken zulassen würden. In Punktkontakt-Spektroskopie-Experimenten an $CeCoIn_5$ wurden vergleichbare Werte ermittelt, es gab jedoch auch stark abweichende Berichte. Eine Zusammenstellung der experimentell ermittelten Energielücken befindet sich in Tabelle 5.1. Der höchste Wert $\Delta_0 = 0.95\,\mathrm{meV}$ ist in guter Übereinstimmung mit dem in dieser Arbeit ermmittelten von 0.93 meV. Allerdings wird Interpretation der Daten in Ref. [Rou05] kontrovers diskutiert [She06, Par06], insbesondere die spekulierte Existenz *zweier* supraleitender Ordnungsparameter. In Ref. [Sum08] werden stark streuende Werte der Energielücke für verschiedene Positionen auf ein und derselben Probe berichtet. Die Autoren spekulieren, dass die Variation von Δ Inhomogenitäten der Oberflächenbeschaffenheit zuzuschreiben sei. Zusätzlich sei die untersuchte Signatur in der Leitfähigkeit sehr klein ($\leq 5\%$ der Leitfähigkeit im normalleitenden Zustand). Eine Vergrößerung des Signals und infolgedessen eine zuverlässigere Analyse sei möglicherweise ebenfalls durch eine Verbesserung der Oberflächenbearbeitung

[3] Durch Verunreinigungen wird In zum Typ-II-Supraleiter

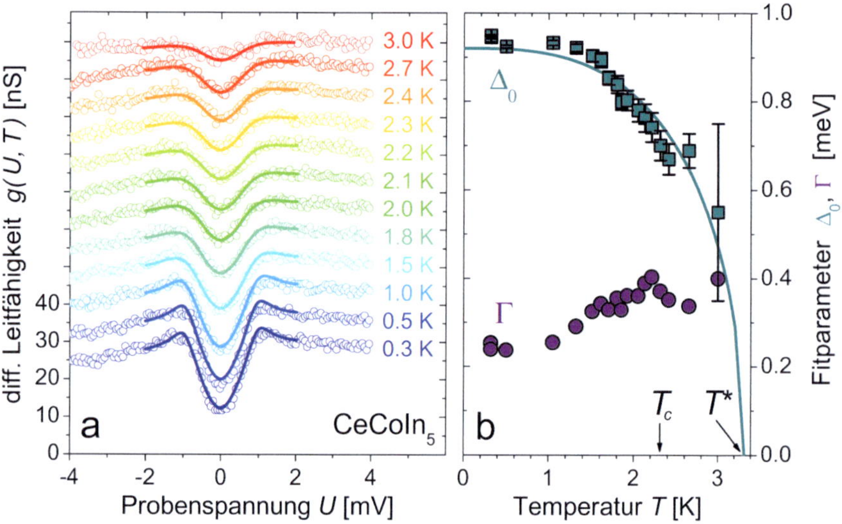

Abbildung 5.13: **Temperaturabhängigkeit der Energielücke in $CeCoIn_5$. a)** Leitfähigkeitsspektren im T-Bereich 0.32–3 K. Zur besseren Übersicht wurden die Kennlinien für $T > 0.32$ K kumulativ um jeweils 7.5 nS vertikal verschoben. Die Leitfähigkeitsskale entspricht dabei der 0.32 K-Kurve. Das Spektrum in Abb. 5.11 entstammt dem selben Datensatz. Mit Ausnahme der 3 K-Kurve wurden alle Spektren an einer Probenposition aufgenommen. Die Linien entsprechen $d_{x^2-y^2}$-Wellen-BCS-Fits mit Δ_0, Γ und einem Normierungsfaktor N als freie Parameter sowie einem linearen Hintergrund, welcher für alle Spektren mit Ausnahme des bei $T = 3$ K gemessenen konstant gehalten wurde. In **b)** sind die aus den Fits in **a)** extrahierten Fitparameter Δ_0 und Γ über T aufgetragen. Die Linie entspricht einem Fit von $\Delta_0(T)$ gemäß Gleichung (5.4) mit freien Parametern $\Delta_0(T = 0)$ und T^* (Werte siehe Text). Die Daten sind auch veröffentlicht in Ref. [Ern10]

$\Delta_0(0)$	Experiment	Referenz	Bemerkung
0.95 meV	PKS	[Rou05]	zwei Ordnungsparameter?
0.40–0.46 meV	PKS	[Par05]	
0.47–0.77 meV	PKS	[Sum08]	verschiedene Kontakte, s-Wellen-BCS-Fit
($\sim$ 1 meV)	PKS	[Gol03]	keine explizite Aussage über Δ_0, lediglich $2\Delta_0 > 3.5k_BT_c = 0.69$ meV
>0.3 meV	INS	[Sto08]	Energie der Spinresonanz $\hbar\omega_0 = 0.6$ meV $< 2\Delta_0$
0.93 meV	RTS	diese Arbeit	

Tabelle 5.1: **Experimentelle Bestimmung der Energielücke in $CeCoIn_5$.** Neben den Ergebnissen für Δ_0 aus Punktkontakt-Spektroskopie- (PKS-) Experimenten ist zum Vergleich auch die Energie der Spinresonanz aus der inelastischen Neutronenstreuung (INS) eingetragen, welche mit dem supraleitenden Ordnungsparameter in Verbindung gebracht wird.

zu erreichen[4]. Die Auswertung der Spektren in der Ref. [Sum08] erfolgte im Rahmen des BTK-Modells [Blo82] für s-Wellen-Supraleiter. Aufgrund der näherungsweisen Annahme eines *isotropen* Ordnungsparameters könnte die Analyse einen fehlerhaften Wert der Energielücke liefern. Wie bereits weiter oben diskutiert, ist im anisotropen Fall ist die spektrale Umverteilung im Anregungsspektrum signifikant geringer als im isotropen Fall. Daher kann ein s-Wellen-Fit eines Spektrums einen Wert der Energielücke Δ liefern, welcher wesentlich geringer ist als das aus einem d-Wellen-Fit bestimmte *Maximum* Δ_0 der anisotropen Energielücke $\Delta(\mathbf{k})$. So liefert der Fit der Daten in Abbildung 5.11 $\Delta_0 = 0.96$ meV für die d-Welle, jedoch nur $\Delta = 0.78$ meV für s-Welle. Bemerkenswert ist, dass das so aus *unseren* Daten bestimmte $\Delta = 0.78$ meV für s-Wellensymmetrie gut mit der Obergrenze der Werte für die Energielücke in Ref. [Sum08] übereinstimmt. In der Tabelle 5.1 ist auch die Energie der in INS-Experimenten an $CeCoIn_5$ beobachteten Spinresonanz aufgeführt. Ein direkter Vergleich zwischen $\hbar\omega_0$ und Δ_0 ist jedoch nicht einfach möglich, da die Resonanz nicht direkt mit dem Aufbrechen von Cooperpaaren verbunden wird (wie die Spinlücke im oben diskutierten Fall von $CeCu_2Si_2$ [Arn10, Sto11], sondern mit einem gebundenen Zusstand zwischen kollektiven Spin- und elektronischen Freiheitsgraden (magnetisches Exciton), dessen Energie kleiner ist als die Bindungsenergie eines Cooperpaares. Daher liefert $\hbar\omega_0$ lediglich eine untere Grenze für $2\Delta_0$.

Eine weitere interessante Tatsache ist, dass die Energielücke in Abbildung 5.13 sich nicht beim $T_c = 2.3$ K schließt, wie es gemäß BCS-Theorie zu erwarten wäre. Vielmehr besteht

[4] In der Ref. [Sum08] wurden die Probenoberflächen durch *in-situ* Ar-Sputtern hergestellt

bei T_c mit $\Delta_0(T_c) = 0.75\Delta_0(0)$ noch ein erheblicher Teil der Energielücke, und man beobachtet eine kontinuierliche Entwicklung der Lücke für $T \geq T_c$. Erst bei einer (aus dem BCS-Fit extrapolierten) Temperatur $T^* = (3.3 \pm 0.2)\,\mathrm{K}$ ist die Lücke vollständig geschlossen. Dieses Verhalten ähnelt stark dem der Kuprat-Hoch-T_c-Supraleiter: Auch in diesem Fall entwickelt sich die supraleitende Energielücke bei T_c kontinuierlich aus einer Pseudolücke [Ren98, Gom07b], vgl. Abb 5.3. Diese Pseudolücke unterscheidet sich u.a. von der supraleitenden Lücke durch das Fehlen der Kohärenzmaxima. Auch die Tunnelspektren von $CeCoIn_5$ in Abbildung 5.13 weisen für $T > T_c$ keine Kohärenzmaxima auf, allerdings sind diese bereits bei niedrigeren Temperaturen (etwa 2 K) nicht mehr deutlich zu erkennen. Es gibt einige auffällige Ähnlichkeiten zwischen den Kupraten und den Schwere-Fermionen-Metallen der CeMIn$_5$-Familie, welche über strukturelle Gemeinsamkeiten hinausgehen: So gleichen sich beide Materialklassen nicht nur in der Tatsache, dass die Supraleitung unkonventioneller Natur ist und dass antiferromagnetische Spinfluktuationen mit dem Auftreten der Supraleitung in Verbindung gebracht werden. Auch die Nicht-LFF-Eigenschaften des elektronischen Transportes (Hall-Effekt, Magnetowiderstand) im normalleitenden Zustand deuten auf ein universelles Verhalten hin [Nak07]. Beide Materialklassen weisen quasi-2D elektronische Strukturen auf, beide befinden sich nahe an Phasenraumgebieten mit magnetischer Ordnung (vgl. schematisches Phasendiagramm in Abb. 5.3), und ähnlich wie in vielen Schwere-Fermionen-Supraleitern wird auch in den Kupraten die Existenz quantenkritischer Punkte diskutiert [Bro08, Sac10, Seb10]. Angesichts dieser gravierenden Ähnlichkeiten scheint es nicht abwegig, dass in den CeMIn$_5$-Verbindungen nahe der supraleitenden Phase Effekte auftreten, welche denen der Pseudolücke der Kuprate ähneln. In der Tat zeigten sich bereits in früheren Experimenten Anzeichen auf einen solchen der Supraleitung „vorausgehenden" *Precursor*-Zustand. So wurde bei Messungen an $CeCoIn_5$ unter hydrostatischem Druck festgestellt [Sid02], dass der elektrische Widerstand im normalleitenden Zustand über einen weiten Temperaturbereich eine lineare T-Abhängigkeit aufweist, bei einer Temperatur $T_{\mathrm{pg}}(p)$ jedoch von diesem Verhalten abweicht, bevor die Probe bei $T_c(p)$ in den supraleitenden Zustand eintritt, vgl. Abb. 5.14a). Die Autoren der Ref [Sid02] erklären dies in Analogie zu den Kupraten mit einem Pseudogap-Zustand für $T_c < T < T_{\mathrm{pg}}$. Die zu $p = 0$ extrapolierte Temperatur $T_{\mathrm{pg}}(0) \approx 3.3\,\mathrm{K}$ stimmt exakt mit dem T^* aus den Tunneldaten in Abbildung 5.13 überein. Hinweise auf die Existenz einer Vorstufe zur Supraleitung in $CeCoIn_5$ zeigten sich auch in Experimenten, welche nicht den *elektronischen* Transport messen (wie auch Tunnelspektroskopie), sondern *thermische* Transportgrößen: zum einen im Ettingshausen-Nernst-Effekt [Bel04], und zum anderen in der thermischen Leitfähigkeit κ als Funktion des Winkels zum äußeren Magnetfeld [Iza01]. Die vierzählige Modulation von κ in der tetragonalen Basalebene aufgrund der Lage der Knoten des Ordnungsparameters war noch für $T > T_c$, bis zu 3.2 K deutlich sichtbar. Das deutet darauf hin, dass die d-Wellensymmetrie des supraleitenden Zustandes in einem Temperaturbereich überhalb T_c besteht. Interpretiert man dies als Anzeichen für einen Precursor-Zustand, so

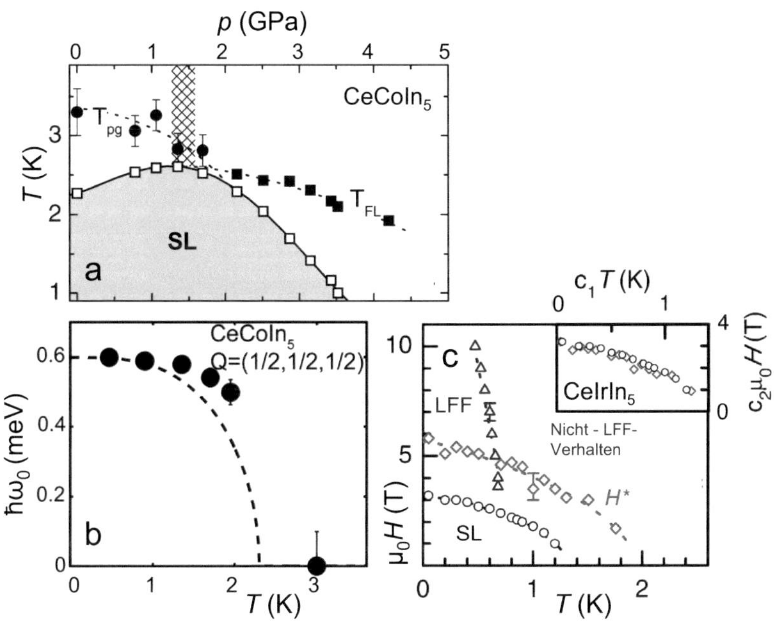

Abbildung 5.14: **Experimentelle Hinweise auf einen Precursor-Zustand in CeMIn$_5$.** **a)** $T-p-$Phasendiagramm, abgeleitet aus Messungen des elektrischen Widerstandes an CeCoIn$_5$ unter hydrostatischem Druck. SL bezeichnet die supraleitende Phase, $T_{\rm FL}$ markiert den Übergang vom Nicht-LFF-Verhalten (Widerstand $\rho \sim T^n$ mit $n = 1.5$) zum LFF-Verhalten ($n = 2$). $T_{\rm pg}$ wird als Signatur einer Pseudolücke interpretiert. (Abb. nach Ref [Sid02]) **b)** T-Abhängigkeit der Spinresonanz-Energie $\hbar\omega_0$ in den INS-Daten von CeCoIn$_5$. Die unterbrochene Linie markiert den BCS-Verlauf für einen d-Wellen-SL mit $T_c = 2.3\,\mathrm{K}$. (Abb. nach Ref. [Sto08]) **c)** $H-T$-Phasendiagramm von CeIrIn$_5$, abgeleitet aus Magnetotransport-Daten. Die Signatur des Precursor-Zustandes $H^*(T)$ umschließt das SL Gebiet vollständig und läßt sich auf $H_{c2}(T)$ skalieren, s. kleines Bild. (Abb. nach Ref. [Nai08])

ist es wahrscheinlich, dass beiden Phänomenen ein gemeinsamer Mechanismus zugundeliegt. Diese Schlußfolgerung wird auch durch die hier vorgestellten Tunneldaten unterstützt: So läßt sich die Lücke im gesamten untersuchten Temperaturbereich, inklusive der Temperaturen überhalb T_c, im Rahmen der BCS-Theorie beschreiben. Darüber hinaus folgt auch der Fitparameter Δ_0 innerhalb der Fehlerbereiche kontinuierlich dem Verlauf *eines* BCS-Ordnungsparameters. Ein Zusammenhang der Lücke für $T > T_c$ mit der Supraleitung ist damit sehr wahrscheinlich. Eine Besonderheit der thermischen Leitfähigkeit κ im Vergleich zu anderen physikalischen Transportgrößen ist deren Sensitivität auf thermodynamische Eigenschaften des Festkörpers, so auch auf *Volumen-Supraleitung*[5] [Mat06]. Das Auftreten des gleichen oszillatorischen Verhaltens von κ im Magnetfeld für $T > T_c$ schließt demnach die Möglichkeit aus, dass es sich bei dem Bestehen der Energielücke bei $T > T_c$ um einen reinen Oberflächeneffekt handelt.

Eine völlig andere Art von physikalischen Messungen, welche jedoch ebenfalls volumensensitiv sind, stellen Neutronenstreu-Experimente dar. Abbildung 5.14b) zeigt die Temperaturabhängigkeit der Energie $\hbar\omega_0$ der oben diskutierten Spinresonanz in den INS-Spektren aus Ref. [Sto08]. Diese Resonanz entsteht durch Spinfluktuationen, welche möglicherweise für die Ausbildung der Supraleitung verantwortlich sind. Wie aus der Abbildung hervorgeht, verschwindet die Resonanz ebenfalls nicht bei T_c, sondern bei einer höheren Temperatur $T \approx 3\,\mathrm{K}$

Auch in den anderen Vertretern der CeMIn$_5$-Materialien finden sich in verschiedenen Meßgrößen Anhaltspunkte für einen Precursor-Zustand. ^{115}In-NQR Messungen an CeRhIn$_5$ unter Druck zeigten Maxima in der Spingitterrelaxationsrate $1/T_1T$ [Kaw01], welche dem Pseudogap-Verhalten in den Kupraten sehr ähneln (siehe z.B. Ref. [Tim99]). Wie bei den Signaturen im elektrischen Widerstand von CeCoIn$_5$ unter Druck [Sid02] beobachtet man auch hier ein Absinken der Temperaturskale T_{pg} unter Erhöhung des hydrostatischen Druckes. Extrapoliert man $T_{\mathrm{pg}}(p)$ von CeRhIn$_5$ zu dem Druck, welcher einer Kompression auf das Einheitszellenvolumen von CeCoIn$_5$ entspricht, findet man interessanterweise eine Übereinsimmung der T_{pg}-Skalen beider Materialien [Sid02]. Starke Hinweise auf einen elektronischen Precursor-Zustand, welcher der Formierung des supraleitenden Kondensates vorausgeht, lieferten sensitive Magnetotransport-Messungen (Halleffekt und Magnetwiderstand) an CeIrIn$_5$ [Nai08]. Dort beobachtete man, dass der Hallwinkel $\cot\theta_{\mathrm{H}} = \rho_{xx}/\rho_{xy}$ bei tiefen Temperaturen gemäß $1/H$ vom Magnetfeld abhängt, unterhalb eines Feldes $H^*(T)$ in der Nähe zum Übergang in die supraleitenden Phase jedoch systematisch von diesem $1/H$-Verhalten abweicht. Dies ist gleichbedeutend mit einem Abweichen von $\cot\theta_{\mathrm{H}}$ von einer T^2-Temperaturabhängigkeit. In Analogie zu den Kupraten-Supraleitern, wo ein solches Abweichen vom T^2-Verhalten des Hallwinkels mit dem Öffnen der Pseudolücke in Verbindung

[5] Anders als der elektrische Widerstand verschwindet κ nicht im supraleitenden Zustand, da Cooperpaare nicht zum thermischen Transport beitragen. Daher mißt die thermische Leitfähigkeit die niederenergetischen Quasiteilchenanregungen des supraleitenden Kondensates

steht [Abe99, Xu99], wird auch in $CeIrIn_5$ das Einsetzen eines Precursor-Zustandes spekuliert. Bemerkenswert ist, dass der Bereich des Precursor-Zustandes die supraleitende Phase vollständig umhüllt, und die $H^*(T)$-Linie sogar exakt auf den supraleitenden Phasenübergang bei $H_{c2}(T)$ skaliert werden kann. Dies ist ein eindeutiger Hinweis darauf, dass beiden Phänomenen der gleiche Mechanismus zugrundeliegt. Als mögliche Ursache werden stark anisotrope Transport-Streuraten aufgrund der Kopplung starker anisotroper antiferromagnetischer Fluktuationen an die isotropen elektronischen Freiheitsgrade einer LFF diskutiert. In Zusammenhang damit steht auch der aus Messungen des elektrischen Widerstandes abgeleitete Befund eines *anisotropen* Zusammenbrechens der Fermifläche in der Nähe der antiferromagnetischen Instabilität in $CeCoIn_5$ für $T \to 0$ [Tan07], wie es ähnlich in der Pseudogap-Phase der Kuprate auftritt [Nor98]. Starke antiferromagnetische Spinfluktuationen könnten also als gemeinsame Ursache für die Supraleitung und den ihr vorausgehenden Precursor-Zustand in $CeCoIn_5$ sein.

An dieser Stelle soll erwähnt werden, dass auch in den Kuprat-Hoch-T_c-Supraleitern die Identität des Pseudogap-Zustandes und sein Zusammenhang mit der Supraleitung noch nicht abschließend geklärt sind. Theoretische Betrachtungen des 2D-Hubbardmodells, welches eine angemessene Beschreibung der Kuprate liefert, haben ergeben, dass es aufgrund der Spinfluktuationen in der Nähe einer AFM Instabilität nicht nur zur Cooperpaarbildung im $d_{x^2-y^2}$-Singulettkanal, sondern auch zur Ausbildung einer Pseudolücke in der Zustandsdichte für $T > T_c$ kommen kann [Dah95]. Auch experimentell deutet einiges auf eine Verbindung zwischen Supraleitung und Pseudogap-Phase hin [Din96, Loe96]. Ein deutlicher Hinweis ist die Tatsache, dass in vielen Fällen T_c und die Pseudogap-Temperatur T_p miteinander skalieren [Oda97, Nak98]. Darüber hinaus zeigt ein Vergleich verschiedener Kupratverbindungen, dass das Verhältnis[6] $2\Delta_0/k_\mathrm{b}T_p$ mit 4.3 dem BCS-Wert für d-Wellen-SL entspricht [Fis07]. In den Verbindungen $Bi_2Sr_2CaCu_2O_{8+\delta}$ ist es in bisher einzigartiger Weise gelungen, die Formierung von Pseudolücke und supraleitender Energielücke auf atomarer Skale zu verfolgen [Gom07b]. Diese Messungen wurden in einem eigens konstruierten RTM durchgeführt, in welchem der Effekt der thermischen Ausdehnung auf den Tunnelkontakt über einen weiten Temperaturbereich kompensiert wird. Somit ist es mit diesem Instrument möglich, ein und dieselbe Position auf der Probenoberfläche zwischen Raumtemperatur und etwa 10 K mit atomarer Genauigkeit zu verfolgen [Gom07a]. Auf diese Weise konnte gezeigt werden, dass sich die räumlich inhomogen Energielücke bei einer *lokalen* charakteristischen Temperatur T_p entwickelt, welche jeweils mit Δ_0 an dieser Probenposition im Verhältnis $2\Delta_0/k_\mathrm{B}T_p = 7.9$ skaliert. Diese Beobachtung beweist, dass T_p eine intrinsische Energieskale der supraleitenden Paarbildung darstellt.

In den Magnetotransport-Experimenten an $CeIrIn_5$ in Ref. [Nai08] wurde festgestellt, dass der Precursor-Zustand eine fundamentale Energieskale in diesem Material reflektiert. In

[6] basierend auf der Beobachtung dass sich die Lücke bei T_c kontinuierlich entwickelt, d.h. die Pseudolücke und die supraleitende Energielücke unterhalb T_c den selben Betrag Δ_0 haben

Übereinstimmung mit früheren experimentellen Befunden deutet der *kontinuierliche* BCS-Verlauf der aus den $CeCoIn_5$-Tunneldaten ermittelten Energielücke Δ_0 über den *gesamten* untersuchten Temperaturbereich (also auch für $T_c < T < T^*$) darauf hin, dass es sich hier möglicherweise um einen Ordnungsparameter handeln könnte, welcher die gemeinsame Ursache von Supraleitung und der ihr vorausgehende Precursor-Zustand beschreibt. Vergleicht man dementsprechend Δ_0 mit der charakteristischen Temperatur T^*, so ergibt sich ein Verhältnis

$$\frac{2\Delta_0(0)}{k_\mathrm{B}T^*} = \frac{2 \cdot 0.93\,\mathrm{meV}}{k_\mathrm{B} \cdot 3.3\,\mathrm{K}} \approx 6.8\,, \tag{5.5}$$

welches (in natürlicher Weise) deutlich kleiner ist als $2\Delta_0(0)/k_\mathrm{b}T_c \approx 10$, jedoch gegenüber dem BCS-Wert von 4.3 erhöht, was widerum auf eine starke Kopplung der Paarzustände hindeutet. Dazu muß bemerkt werden, dass die Bestimmung von T^* auf einer Extrapolation beruht. Über den genauen Verlauf von $\Delta_0(T)$ ist jedoch nichts bekannt, und aufgrund der großen Fehlerbereiche für $T \lesssim T^*$ kann auch eine andere Extrapopolation nicht vollständig ausgeschlossen werden kann. Allerdings wurde für $T > 3\,\mathrm{K}$ (innerhalb der Streuung der Daten) keine Lücke beobachtet

Eine wesentliche Beeinträchtigung der gezeigten Tunneldaten liegt in deren niedriger Reproduzierbarkeit, sowohl in Bezug auf die Häufigkeit, mit welcher an verschiedenen Probenpositionen eine Energielücke gefunden wurde, als auch in Bezug auf die erhebliche Variation in der Ausprägung („Tiefe“) und auch in der Breite der beobachteten Energielücke. Bei den an unterschiedlichen Probenpositionen (auch innerhalb einer Probe) gefundenen Lücken streute die Breite zwischen etwa 0.5 und 2 meV mit einer Häufung bei $\sim$ 1meV. Eine ähnliche (wenngleich nicht derart starke) Variation wurde bereits in den PKS-Experimenten in Ref. [Sum08] beobachtet. Die Autoren interpretierten diese als Variation des supraleitenden Ordnungsparameters, vermutlich hervorgerufen durch Inhomogenitäten entlang der Probenoberfläche. Die selbe Erklärung könnte auch auf die hier vorgestellten Tunneldaten zutreffen, zumal es Hinweise darauf gibt, dass sich die Schwierigkeiten bei der Oberflächenpräparation auch auf die Spektroskopie auswirken (siehe unten sowie Kap. 4). Es ist nicht auszuschließen, dass die auftretenden Lücken in den Tunnelspektren *teilweise* nicht durch Supraleitung hervorgerufen wurden, sondern durch andere, nicht probenintrinsische Effekte (z.B. eine Coulomb-Blockade der Tunnelbarriere). Das Auftreten von Kohärenzmaxima in den Spektren, die Qualität der Fits mit der BCS-Spektralfunktion sowie die BCS-ähnliche Temperaturabhängigkeit des extrahierten Parameters Δ_0 belegen jedoch, dass die Spektren in Abbildung 5.13 eine supraleitende Energielücke zeigen. Ähnliche Energielücken in den Leitfähigkeitsspektren wurden mehrfach beobachtet, an der Mehrzahl der verschiedenen Positionen auf den untersuchten Proben zeigten die Tunnelspektren jedoch keine Lücke. Auch dieser Umstand kann mit der Beschaffenheit der Probenoberflächen zusammenhängen. Bemerkenswert ist, dass offenbar durch das *in-situ*-Spalten der Proben (bei Raumtemperatur) in der Spektroskopie keine Qualitätsverbesserung zu erkennen war, weder in Bezug auf die Häufigkeit des Auftretens der Lücke, noch auf deren Ausprägung in den Spektren. So stammen die in den Abbildungen 5.11 und 5.13 dargestellten Daten von Messungen an einer nicht gespaltenen Probe. Nur in seltenen Fällen ist es gelungen, die Energielücke in Abhängigkeit von der Temperatur oder dem Magnetfeld zu messen; daher gibt es auch keine Daten bei Feldern $B \gtrsim B_{c2}$.

Eine zu geringe Energieauflösung des RTM, wie es bei $CeCu_2Si_2$ als Ursache für eine Fehlen der Energielücke diskutiert wurde, ist bei $CeCoIn_5$ ausgeschlossen, schließlich konnte die Energielücke ja an manchen Probenpositionen aufgelöst werden, und das auch bei gegenüber der Basistemperatur erhöhten Temperaturen. Ebenso erscheint eine Abhängigkeit der Ausprägung der Lücke von der Tunnelrichtung unwahrscheinlich, da alle Proben, auf denen getunnelt wurde, planparallel zur Basalebene montiert wurden - inklusive der Probe, von der die Spektren in Abb. 5.13 stammen. Angesichts der flachen, plättchenförmigen Einkristalle wäre eine eventuelle Richtungsabhängigkeit sehr schwierig zu umgehen. Da im Fall von $CeCoIn_5$ keine atomar aufgelöste RTM-Topographie erreicht wurde, konnte die tatsächliche Beschaffenheit der Probenoberflächen nicht abschließend geklärt werden, insbesondere die Rolle eventuell vorhandener Inhomogenitäten, welche sich u.U. auch auf die Spektroskopie auswirken, vgl. Ref. [Sum08]. Eine strukturelle Schädigung der Oberfläche als mögliche Ursache für ein Fehlen der Energielücke an den meisten Probenpositionen kann nicht ausgeschlossen werden, ist jedoch im Hinblick auf die Resultate an der isostrukturellen Verbindung $CeIrIn_5$ fraglich. Dennoch scheint es die vielversprechendste weitere Vorgehensweise zu sein, die Oberflächenbearbeitung weiterzuentwickeln. Ähnlich wie bei $YbRh_2Si_2$ könnte das Spalten bei tiefen Temperaturen zum Erfolg führen, u.U. in Kombination mit der Verwendung leicht dotierter Proben [Pas].

$CeIrIn_5$. Auch in der zu $CeCoIn_5$ isostrukturellen Ir-Verbindung wurden RTM- und RTS-Messungen durchgeführt. Trotz struktureller Gemeinsamkeiten weisen die Pasendiagramme der beiden Verbindungen erhebliche Unterschiede auf, insbesondere in Bezug auf das Verhältnis von Supraleitung und Magnetismus. In $CeCoIn_5$ sowie auch in $CeRhIn_5$ ist das Auftreten der Supraleitung verbunden mit einer Unterdrückung der magnetischen Ordnung. In $CeCoIn_5$ befindet sich ein magnetischer QKP in unmittelbarer Nähe des supraleitenden oberen kritischen Feldes H_{c2} [Pag03, Bia03, Sin07]. Durch eine Erhöhung des Magnetfeldes über den QKP hinaus wird ein unmagnetischer LFF-Zustand stabilisiert. Im Gegensatz dazu führt eine Erhöhung des Magnetfeldes in $CeIrIn_5$ über $H_{c2} \sim 3\,\mathrm{T}$ hinaus zu einer *Unterdrückung* der Übergangs-Temperaturskale des LFF-Zustandes [Cap04, Nai08] (auch sichtbar im Phasendiagramm in Abb. 5.14c)). Dieses Verhalten wird als Hinweis darauf gewertet, dass sich in der $H-T$-Ebene des Phasendiagramms von $CeIrIn_5$ eine magnetische Instabilität bei etwa $25\,\mathrm{T}$ befindet, also wohlsepariert von der supraleitenden Phase. Der supraleitende Zustand in $CeIrIn_5$ ist ebenfalls unkonventioneller Natur, und als wahrscheinliche Symmetrie des Ordnungsparameters wurde wie in $CeCoIn_5$ eine d-Welle identifiziert [Mov01, Koh01, Kas09]. Das Verhalten des elektronischen Transportes im normalleitenden Zustand [Nai09a] unterstreicht den Einfluss anisotroper magnetischer Fluktuationen auf den Teil des Phasendiagramms in der Nähe des supraleitenden Zustandes [Nai09b]. Eine Analyse der ^{115}In-NMR Spingitter-Relaxationszeit deutet darauf hin, dass sich $CeIrIn_5$ bei Temperaturen $T < 30\,K$ im quantenkritischen Regime einer antiferromagnetischen Instabilität des 3D-SDW-Typs befindet [Kam10]. Als mögliche paarbildende Wechselwirkung werden neben magnetischen Fluktuationen auch kritische Valenzfluktuationen diskutiert [Hol07].

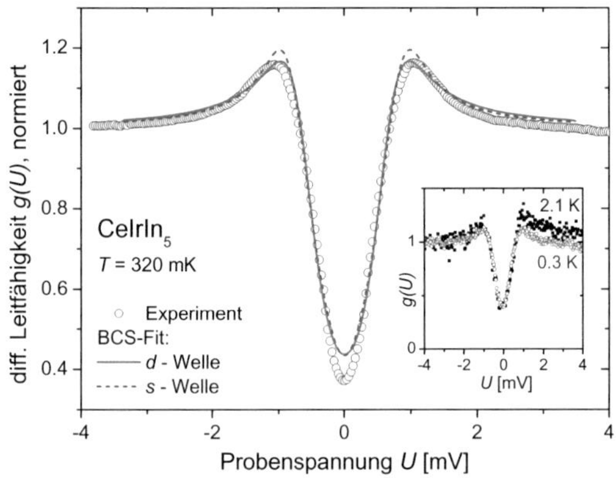

Abbildung 5.15: Differentielle Leitfähigkeits-Spektren, aufgenommen auf $CeIrIn_5$ mit einer Pt/Ir-Spitze ($T = 320\,mK$, $U_{mod} = 30\,\mu V$). Die Linien entsprechen BCS-Fits für die Symmetrien s-Welle ($\Delta = 0.65\,meV$, $\Gamma = 0.32\,meV$) und einer d-Welle ($\Delta_0 = 0.85\,meV$, $\Gamma = 0.21\,meV$). Das kleine Bild zeigt Spektren bei 0.32 und 2.1 K, welche mit den gleichen Parametern aufgenommen wurden.

Abbildung 5.15 zeigt Daten der differentiellen Leitfähigkeit, aufgenommen auf einem *in situ* bei Raumtemperatur gespaltenen $CeIrIn_5$-Einkristall (J. L. Sarrao und J. D. Thompson, Los Alamos National Laboratory, USA) bei $T = 320\,mK$. Das Auftreten von Kohärenzmaxima ist ein starker Hinweis auf Supraleitung als Ursache der Energielücke. Ein Fit gemäß der BCS-Quasiteilchen-DOS liefert eine vernünftige Beschreibung der Daten, wobei anhand der vorliegenden Daten widerum nicht zwischen d- und s-Wellensymmetrie unterschieden werden kann. Beim Vergleich mit einem bei $T = 2.1\,K$ aufgenommenen Spektrum siehe kleines Bild, zeigt sich jedoch keine T-Abhängigkeit der Lücke in diesem Temperaturbereich. Damit ist es mehr als fraglich, ob es sich um die supraleitende Energielücke von $CeIrIn_5$ handelt: Die aus thermodynamischen Meßgrößen bestimmte Übergangstemperatur zur Supraleitung liegt in $CeIrIn_5$ bei $T_c = 0.4\,K$. Bereits bei etwa $T_c^\rho = 1.2\,K$ wird ein Verschwinden des elektrischen Widerstendes beobachtet [Pet01a, Bia01], siehe auch das auf

Magnetotransport-Daten beruhende Phasendiagramm in Abbildung 5.14c). Da auch Tunneln ein Phänomen des elektronischen Transportes ist, könnte man erwarten dass der Tunnelstrom im RTM sensitiv auf die Supraleitung unterhalb T_c^ρ ist. In jedem Fall müßte die Lücke jedoch bei $T = 2.1\,\mathrm{K}$ geschlossen sein, oder im Hinblick auf die charakteristische Temperatur des Precursor-Zustandes $T^*(H = 0) \approx 2\,\mathrm{K}$ (vgl. Abb 5.14c)) zumindest signifikant reduziert. Stattdessen bleibt die Lücke in den Tunnelspektren zwischen 0.3 und 2.1 K konstant. Auch die Werte der reduzierten Energielücke $2\Delta/k_\mathrm{B}T_c = 51$ bzw. $2\Delta/k_\mathrm{B}T_c^\rho = 17$ sind unphysikalisch hoch. Hinzu kommt, dass die in Abb 5.15 gezeigte Lücke wiederum nur an vereinzelten Positionen auf der Probenoberfläche gefunden wurde. Als Ursache kommen In-Verunreinigungen in Frage, welche sich als Folge der Einkristallzucht als Einschlüsse in den Proben befanden. Die aus dem s-Wellen-Fit erhaltene Breite $\Delta = 0.65\,\mathrm{meV}$ stimmt mit der Energielücke $\Delta^\mathrm{In} = 0.52\,\mathrm{meV}$ von In [Gia60a] innerhalb der Energieauflösung ($\sim 0.2\,\mathrm{meV}$) überein. Bemerkenswert ist, dass in den atomar aufgelösten Gebieten in Abbildung 4.12 in Kapitel 4 *keine* Energielücke beobachtet wurde. Die in diesen Gebieten auftretenden Defekte in der atomaren Oberflächenstruktur können als Ursache für ein Fehlen der Energielücke in den Tunnelspektren ausgeschlossen werden: Wie bereits im Abschnitt 4.3 diskutiert, handelt es sich hierbei um *probenintrinsische* Versetzungsdefekte, welche mit hoher Wahrscheinlichkeit bereits vor dem Spalten in der Probe vorhanden waren. Die hohe Dichte dieser (statistisch gesehen nur zu einem geringen Anteil im Kristall vorhandenen) Defekte an der Oberfläche wird dadurch erklärt, dass die Proben mit hoher Wahrscheinlichkeit gerade dort spalten, wo der Kristall durch eine Anhäufung von Defekten geschwächt ist. Ob diese Häufung im Festkörper so bereits besteht (bedingt durch das Kristallwachstum), oder durch die Propagation der Defekte während des Spaltvoganges entsteht, ist nicht bekannt. In jedem Fall sind die Versetzungsdefekte an der Oberfläche selbst bereits Teil des Feskörpers, somit repräsentiert die Oberfläche (strukturell) Volumeneigenschaften[7]. Warum dennoch die supraleitende Energielücke nicht mittels RTS gemessen werden konnte, und inwieweit dies mit (über die beobachteten *materialintrinsischen* Versetzungsdefekte hinausgehenden) Inhomogenitäten in der Beschaffenheit der Probenoberflächen zusammenhängt, ist derzeit nicht bekannt.

5.4 Zusammenfassung: Tunnelspektroskopie an Schwere-Fermionen-Supraleitern

Es wurden Tieftemperatur-RTS-Messungen an den Schwere-Fermionen-Supraleitern $CeCu_2Si_2$, $CeCoIn_5$ und $CeIrIn_5$ durchgeführt. In einzelnen Fällen ist es gelungen, die su-

[7]Die durch volumensensitive experimentelle Methoden bestimmten Eigenschaften des Festkörpers können natürlich ebenfalls durch die Strukturfehler beeinflusst sein, womit sich die Frage stellt, wie die Materialeigenschaften *ohne* die Defekte aussehen würden.

praleitende Energielücke von $CeCoIn_5$ spektroskopisch abzubilden. Dies ist, nach bestem Wissen, die erste Realisierung von Vakuum-Tunnelspektroskopie an einem $4f$-basierenden Schwere-Fermionen-Supraleiter. Ein Fit der Spektren mit der Formel der BCS-Zustandsdichte für d-Wellensupraleiter liefert mit nur zwei freien Parametern Δ_0 und Γ eine gute Beschreibung der Daten im gesamten untersuchten Temperaturbereich zwischen 0.32 und 3 K. Weiterhin folgt die Temperaturabhängigkeit des aus den Fits extrahierten Maximalwertes der Energielücke Δ_0 innerhalb des Fehlerbereiches dem gemäß BCS-Theorie erwarteten Verlauf. Aus der Extrapolazion zu $T = 0$ ergibt sich $\Delta_0(0) = 0.93\,\mathrm{meV}$, welches im vergleichsweise breiten Streuungsbereich der in früheren Experimenten ermittelten Werte liegt. Eine gegenüber der BCS-Teorie stark erhöhtes Verhältnis $2\Delta_0/k_\mathrm{B}T_c$ unterstreicht die starke Paarkopplung in $CeCoIn_5$. Insofern sind die Daten sowohl in sich als auch mit anderen experimentellen Befunden konsistent.

Die wichtigste Beobachtung ist das Bestehen der Energielücke bis zu einer Temperatur $T^* = 3.3\,\mathrm{K} \approx 1.4\,T_c$. In Analogie zu den Kuprat-Hoch-T_c-Supraleitern und in bemerkenswerter Übereinstimmung mit Befunden früherer Experimente an den $CeMIn_5$-Materialien wird dies als Beleg für einen der Supraleitung vorausgehenden Zustand, einen sog. Precursor-Zustand, gewertet. Die kontinuierliche Entwicklung der Energielücke über T_c hinaus und deren gute Beschreibbarkeit im Rahmen der BCS-Theorie liefern weitere Indizien dafür, dass beide Phänomene, die Supraleitung und der ihr vorausgehende Precursor-Zustand, in Zusammenhang stehen, möglicherweise sogar eine gemeinsame Ursache besitzen.

Trotz erheblichen Aufwandes der Oberflächenpräparation konnte die supraleitende Lücke von $CeCoIn_5$ nur in seltenen Fällen beobachtet werden. Die Topographie-Daten von $CeCoIn_5$ Proben, welche bei Raumtemperatur gespalten wurden, weisen auf Inhomogenitäten in der Oberflächenbeschaffenheit hin, lassen aber keine Rückschlüsse auf die Ursachen zu. In $CeCu_2Si_2$ und $CeIrIn_5$ wurden keine Signaturen der Supraleitung in den Tunnelspektren gefunden. In letzterem Fall ist bemerkenswert, dass auch in den Gebieten keine Energielücke beobachtet wurde, in denen die atomar aufgelösten Topographie-Daten eine eindeutige Zuordnung der Oberfläche zur Volumen-Kristallstruktur des Probenmaterials erlaubten. Auch in diesem Fall war jedoch die Oberfläche inhomogen und bei weitem nicht ideal für RTS-Experimente. Ein Vergleich zum nicht-supraleitenden Schwere-Fermionen-Material $YbRh_2Si_2$ macht jedoch deutlich, wie wichtig eine wohldefinierte Oberfläche für die RTS ist: Die bei Raumtemperatur gespaltenen $YbRh_2Si_2$-Proben wiesen ebenfalls inhomogene Oberflächen auf, auf welchen keine Spektroskopie-Messungen möglich waren. Erst durch das Spalten bei tiefen Temperaturen konnten wohldefinierte, atomar geordnete Oberflächen hergestellt werden – was sich gleichzeitig als entscheidende Voraussetzung für spektroskopische Messungen herausstellte. Somit erscheint eine Weiterentwicklung der Oberflächenpräparation, insbesonder das Spalten der Proben *in-situ* bei tiefer Temperatur weitere Vorgehensweise auch für die supraleitenden Schwere-Fermionen-Materialien vielversprechend.

6 Rastertunnelspektroskopie am Kondogitter-System $YbRh_2Si_2$

Wie bereits im einführenden Kapitel 2 diskutiert wurde, zeichnen sich Schwere-Fermionen-Systeme durch starke elektronische Korrelationseffekte aus, welche auf der Hybridisierung zwischen den Transportelektronen und lokalen magnetischen Momenten beruhen. Aufgrund der Kondowechselwirkung schirmen die Spins der Leitungselektronen die lokalen Momente mit sinkender Temperatur zunehmend ab, bis sich ein unmagnetischer Singulett-Zustand ausbildet. Eine Besonderheit des Kondo-Gitters im Vergleich zum Einzelionen-Kondoeffekt ist, dass die kompositen Quasiteilchen aus Leitungselektronen und lokalen Momenten bei tiefen Temperaturen räumliche Kohärenz ausbilden. Die resonante magnetische Streuung an den magnetischen Gitterplätzen führt dabei entsprechend dem Bloch'schen Theorem zur Ausbildung schmaler Quasiteilchenbänder nahe der Fermikante. Die stark renormierte Bandmasse dieser zusätzlichen fermionischen Leitungsbänder spiegelt sich im charakteristischen Schwere-Fermionen-Verhalten in thermodynamischen und Transporteigenschaften wider, etwa in einem stark erhöhten Sommerfeld-Koeffizienten der spezifischen Wärme. Die schweren Quasiteilchen-Bänder hybridisieren mit Zuständen des Leitungsbandkontinuums. Als Folge der Luttinger'schen Summenregel [Lut60b, Lut60a], welche auch für ein stark wechselwirkendes Fermi-Flüssigkeits-System gilt, kommt es zur Aufspaltung in zwei Quasiteilchenbänder, welche durch eine Hybridisierungslücke voneinander getrennt sind [Mar82, Col02a], vgl. Abb 2.3 auf Seite 10. Mit dem Auftreten der schweren Quasiteilchen im Leitungselektronenspektrum einher geht eine Vergrößerung der Fermifläche.

Im Laufe der vergangenen Jahrzehnte wurden extensive Messungen an Kondogittersystemen durchgeführt. Vor allem thermodynamische, magnetische sowie Transporteigenschaften wurden eingehend studiert [Ste84, Ste01, Löh07]. Dennoch ist die mikroskopische Natur des kohärenten Tieftemperaturzustandes des Kondogitters noch immer nicht vollständig geklärt. Einer der Gründe aus experimenteller Sicht ist die begrenzte Verfügbarkeit von lokalen Messmethoden bei tiefsten Temperaturen und mit entsprechendem spektralen Auflösungsvermögen. In diesem Zusammenhang ist RTS eine vielversprechende Methode, da sie auf einzigartige Weise hochauflösende Spektroskopie der elektronischen Struktur mit einer räumlichen Auflösung auf atomarer Längenskale kombiniert. Innerhalb dieser Arbeit ist es gelun-

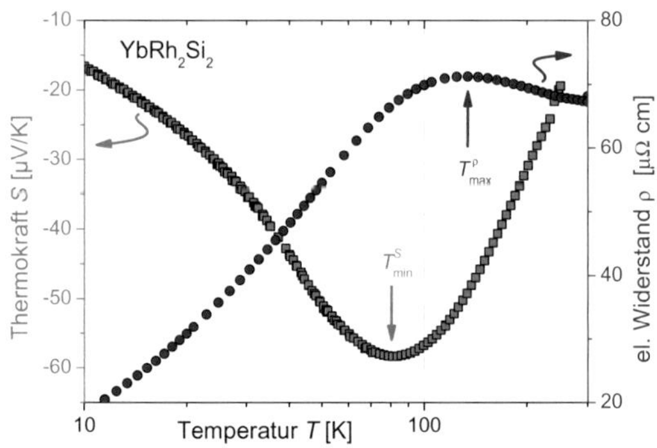

Abbildung 6.1: **Thermokraft S und elektrischer Widerstand ρ** im Bereich 10-300 K, gemessen an $YbRh_2Si_2$-Einkristallen aus der selben Züchtung (63109), an welcher auch RTM und RTS-Untersuchungen durchgeführt wurden. Die Pfeile markieren die im Text diskutierten Extremstellen. Daten: $S(T)$ – Dr. U. Stockert, $\rho(T)$ – Dr. C. Krellner.

gen, hochreine Einkristalle des $4f$-basierten Schwere-Fermionen-Metalls $YbRh_2Si_2$ bei tiefen Temperaturen zu spalten und Oberflächen großflächig atomar aufgelöst mittels RTM abzubilden. Wie in Abschnitt 4.4.2 diskutiert wurde, zeichnen sich die Oberflächen durch eine extrem niedrige Dichte von Störstellen aus. Die außergewöhnliche Qualität und Stabilität der Oberflächen belegt ideale Bedingungen für die RTS-Untersuchung von $YbRh_2Si_2$.

Nachfolgend werden zunächst die physikalischen Eigenschaften von $YbRh_2Si_2$ skizziert. Dies geschieht vor allem im Hinblick auf die Frage, warum gerade $YbRh_2Si_2$ ein geeignetes Kondogitter-Material für RTS-Untersuchungen darstellt. Der Abschnitt 6.2 vermittelt einen Überblick über bisherige Tunnelspektroskopie-Resultate an Kondosystemen, vor allem an einzelnen Kondoionen auf Oberflächen. Anschließend werden im Abschnitt 6.3 die eigenen RTS-Daten an $YbRh_2Si_2$ dargestellt und diskutiert.

6.1 Eigenschaften von $YbRh_2Si_2$

$YbRh_2Si_2$ ist ein stöchiometrisches Schwere-Fermionen-Metall mit tetragonaler Kristallstruktur [Ros79] des $ThCr_2Si_2$-Typs. Bei hohen Temperaturen ($\gtrsim$ 200 K) weist ein Curie-Weiss-Verhalten der magnetischen Suszeptibilität auf den Paramagnetismus freier Yb-Momente hin [Tro00a]. Das effektive magnetische Moment entspricht mit $\mu_{\text{eff}} = 4.4\mu_{\text{B}}$ nahezu dem für freie Yb^{3+}-Ionen mit Gesamtdrehimpuls $J = \frac{7}{2}$ erwarteten Moment [Kit88]. Die Suszeptibilität weist bereits in diesem Temperaturbereich eine starke Anisotropie zwischen der kristallographischen c-Richtung und der magnetisch „leichten“ Basalebene auf [Tro00b, Tro00a]. Der elektrische Widerstand ist in diesem Temperaturbereich nahezu konstant, weist jedoch ebenfalls eine klare Anisotropie auf: Bei $T = 300\,\mathrm{K}$ ist der Widerstand bei Stromfluß senkrecht zur c-Richtung nahezu um einen Faktor Zwei größer als bei Stromfluß senkrecht zu c [Cus04]. Im tetragonalen kristallelektrischen Feld (KEF) erfährt der achtfach entartete $4f^{13}$-Zustand des Yb^{3+} ($J = 7/2$) eine Aufspaltung in vier Kramers-Dubletts. Durch Messungen der INS wurden Anregungsenergien der KEF-Niveaus bei 17, 25 und 43 meV bestimmt [Sto06b].

Mit sinkender Temperatur setzt die lokale Kondo-Abschirmung der f-Momente durch die Leitungselektronen ein. Es kommt dabei zur räumlich inkohärenten Streuung sowohl am Grundzustands-Dublett als auch an den angeregten KEF-Zuständen des $4f^{13}$-Zustandes [Cor72]. Experimentell beobachtet man in der Temperaturabhängigkeit der Thermokraft $S(T)$ die Ausbildung eines breiten Minimums bei $T^S_{\mathrm{min}} \approx 80\,\mathrm{K}$ [Köh08], siehe Abbildung 6.1, welches mit der inkohärenten Kondostreuung am Yb^{3+} in Verbindung gebracht wird [Zla05]. Der elektrische Widerstand $\rho(T)$ weist bei einer vergleichbaren Temperatur $T^\rho_{\mathrm{max}} \approx 130\,\mathrm{K}$ ein breites Maximum auf, gefolgt von einem Absinken zu tieferen Temperaturen [Tro00a, Cus04, Kre09]. Dieses Verhalten resultiert aus der verminderten Kondostreuung bei Entvölkerung der thermisch angeregten KEF-Niveaus [Cox88, Tro00a]. Sowohl T^S_{min} als auch T^ρ_{max} sind also Charakteristika der inkohärenten Kondostreuung am Multiplett der lokalisierten Yb^{3+}-Ionen und können somit als Maß für die Einzelionen-Kondotemperatur der thermisch angeregten KEF-Zustände $T^{\mathrm{h}}_{\mathrm{K}}$ [Cor72] angesehen werden.

Unterhalb von etwa 10 K folgt der Widerstand nahezu einer linearen Temperaturabhängigkeit. Im selben Temperaturbereich divergiert die spezifische Wärme logarithmisch, $C/T \propto -\ln(T/T_0)$, mit einer charakteristischen Temperatur $T_0 = 24\,\mathrm{K}$ [Tro00b]. Beide Befunde indizieren Abweichungen vom Verhalten einer Landau'schen Fermi-Flüssigkeit (LFF). Durch Messungen der Wärmekapazität [Fer07] bzw. der Thermokraft [Köh08] wurde die Einzelionen-Kondotemperatur des KEF-Grundzustandsdubletts T_{K} auf 17 bzw. 29 K bestimmt. Ebenfalls Nicht-LFF-Verhalten zeigt sich in einem logarithmischen Temperaturverlauf der Thermokraft unterhalb 1 K [Har10]. Die magnetische Suszeptibilität folgt in diesem Temperaturbereich einem Curie-Weiss-Gesetz mit negativer charakteristischer Temperatur [Geg02].

Bei weiterem Absenken der Temperatur indiziert die Wechselfeld-Suszeptibilität einen Phasenübergang zur antiferromagnetischen Ordnung bei $T_{\mathrm{N}} = 70\,\mathrm{mK}$. In Übereinstimmung mit der niedrigen Ordnungstemperatur und der geringen Entropie beim Phasenübergang [Geg02] wurde ein sehr kleines geordnetes Moment von $\sim 2 \cdot 10^{-3}\,\mu_{\mathrm{B}}$ festgestellt [Ish02]. Dieser Wert liegt weit unterhalb des Momentes im paramagnetischen Zustand oberhalb T_{N}, was ein Hinweis darauf ist, dass auch in der geordneten Phase magnetische Fluktuationen vorherrschen. Der kleine Wert des geordneten Momentes ist, neben dem niedrigen T_{N} und dem hohen Neutronen-Absorptionsquerschnitt von Rh, einer der Gründe dafür, dass die magnetische Struktur des geordneten Zustandes bislang nicht mittels INS bestimmt werden konnte. Innerhalb der antiferromagnetischen Phase zeigt sich erneut LFF-Verhalten, jedoch

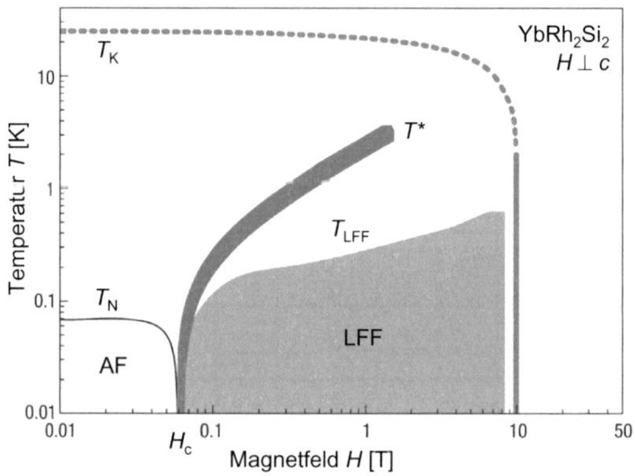

Abbildung 6.2: **Temperatur-Magnetfeld-Phasendiagramm von $YbRh_2Si_2$** ($H||c$). T_K ist die Einzelionen-Kondotemperatur des Grundzustandes. T_N bezeichnet die Ordnungstemperatur der antiferromagnetischen Phase (AF), T_{LFF} den Übergang zur schweren Landau-Fermiflüssigkeit (LFF). Am QKP bei $H = H_c$ ist T_N vollständig unterdrückt. Die T^*-Linie wird mit einer lokalen Energieskale im Modell der lokalen Quantenkritikalität in Verbindung gebracht. Abbildung nach Ref. [Geg08]

mit gegenüber hohen Temperaturen stark renormierten Parametern: So sättigt die Suszeptibilität bei $\chi_0 = 8.5 \cdot 10^{-6}\,\mathrm{m^3/mol}$ [Tro00b], und der $4f$-Anteil der spezifischen Wärme ist proportional zu T mit einem gegenüber klassischen Metallen stark erhöhten Sommerfeld-Koeffizienten (der zu $T = 0$ extrapolierte Wert beträgt $\gamma_0 = 1.7\,\mathrm{J/(mol\,K^2)}$ [Cus03]). Beide Befunde sind wiederum Indikationen für starke elektronische Korrelationen.

Die schwach ausgeprägte antiferromagnetische Ordnung des Grundzustandes begründet die unmittelbare Nähe von $YbRh_2Si_2$ zu einer magnetischen Instabilität: Ein Magnetfeld von $H_c \approx 60\,\mathrm{mT}$ senkrecht zur kristallographischen c-Achse ist ausreichend, um die Ordnungstemperatur T_N vollständig zu unterdrücken und das System an einen QKP zu bringen [Geg02], siehe Phasendiagramm in Abb. 6.2. Für größere Felder jenseits des QKP wird ein paramagnetischer Zustand erreicht, welcher als LFF schwerer Quasiteilchen beschrieben werden kann. Dieses LFF-Verhalten besteht auch bei endlichen Temperaturen, etwa bis zu einer charakteristischen Übergangstemperatur T_{LFF} (siehe blau markiertes Gebiet in Abb. 6.2). Abweichungen vom LFF-Verhalten beobachtet man in einem weiten Bereich des Temperatur-Magnetfeld-Phasendiagrammes oberhalb T_{LFF} und T_N [Cus03]. Beim quantenkritischen Feld H_c konnte das Nicht-LFF-Verhalten bis zu tiefsten Temperaturen verfolgt werden. Es bestehen Hinweise darauf, dass das Verhalten nahe des QKP in $YbRh_2Si_2$ nicht mit dem „konventionellen“ Spindichtewellen-Szenario der Quantenkritikalität [Her76, Mil93] in Einklang ist. Vielmehr wird die alternative Beschreibung des QKP im Rahmen eines

Kondo-Zusammenbruch-Modells [Si01, Col02b] diskutiert. In diesem Szenario wird die Existenz einer lokalen Energieskale postuliert, welche am QKP verschwindet. Diese Zusätzliche Energieskale markiert den Übergang zwischen Gebieten unterschiedlich großer Fermiflächen markiert: Im Regime mit großer Fermifläche hybridisieren die schweren Quasiteilchenbänder mit den Leitungselektronen und tragen zur Fermifläche bei. Demgegenüber ist im Regime mit kleiner Fermifläche die Kondo-Abschirmung auch im Grenzfall $T \to 0$ unvollständig. Die so entstehenden *lokalen* Momente tragen nicht zur Fermifläche bei und können bei tiefer Temperatur magnetisch ordnen. In der Tat wurden in Messungen verschiedener thermodynamischen und Transportgrößen übereinstimmende Signaturen einer charakteristischen Temperaturskala $T^*(H)$ beobachtet, welche mit dieser zusätzlichen lokalen Energieskale in Verbindung gebracht wird [Geg07]. Der Hallkoeffizient R_H zeigt im Phasendiagramm oberhalb des QKP einen Übergang, welcher im Magnetfeld für abnehmende Temperatur immer schmaler wird und für $T \to 0$ zu einem Sprung extrapoliert [Pas04]. Dies ist ein Hinweis auf eine *diskontinuierliche* Änderung des Fermivolumens, wie sie im Rahmen des Kondo-Zusammenbruchs-Szenarios auch erwartet wird. Messungen der Thermokraft bei tiefen Temperaturen im Magnetfeld bestätigen die sprunghafte Änderung der Fermifläche am QKP [Har10].

Neben dem Magnetfeld sind hydrostatischer und chemischer Druck weitere nicht-thermische Kontrollparameter, welche direkten Einfluss auf die Hybridisierung zwischen Leitungs- und f-Elektronen haben. Ein äußerer hydrostatischer Druck bedingt eine Kontraktion der kristallographischen Einheitszelle. In Yb-Systemen bewirkt dies eine Stabilisierung des magnetischen $4f^{13}$-Zustandes gegenüber dem unmagnetischen $4f^{14}$, im Gegensatz zu Ce-Systemen, in welchen unter Druck der nichtmagnetische $4f^{0}$-Zustand begünstigt wird. Infolge dessen führt äußerer Druck in $YbRh_2Si_2$ zu einer Absenkung der Kondotemperatur und zur Stabilisierung der magnetischen Ordnung, welche sich in einer höheren Ordnungstemperatur T_N und höheren kritischen Feld H_c niederschlägt. Als chemischen Druck bezeichnet man die Substitution durch isoelektronische Elemente. Der Vorteil dieser Methode ist, dass durch das Dotieren von Elementen mit größeren Atomradien eine Aufweitung der Einheitszelle erreicht werden kann, was dem Anlegen eines *negativen* Druckes entspräche. Auf der anderen Seite wird durch Substitution immer auch Unordnung im Kristall induziert. In $YbRh_2Si_2$ wurde gezeigt, dass Dotierung von La, Ir und Ge in kleinen Mengen äquivalent zu negativem hydrostatischem Druck ist [Nic10]. Isoelektronische Substitution von Si durch größere Ge-Atome [Med02] führt zur deutlichen Absenkung von T_N und H_c [Cus03]. Ähnlich unterdrückt Substitution von Rh durch Ir die magnetische Ordnung und führt zu einer Stabilisierung des Kondoeffektes. Demgegenüber entspricht Substitution von Rh durch kleinere Co-Atome einem positiven äußeren Druck [Hos05c, Kre09, Kli09, Kli11]. Durch eine Dotierung unmagnetischer Lu-Atome auf die Yb-Gitterplätze kann die Konzentration der magnetischen Momente verkleinert („verdünnt") werden, ohne dass die chemische Umgebung der verbleibenden Yb^{3+} signifikant beeinflusst wird, da das Volumen der Einheitszelle nahezu gleich bleibt.

Zusammenfassend wird nachfolgend dargestellt, warum $YbRh_2Si_2$ für die tunnelspektroskopische Untersuchung von Kondogitter-Systemen ausgewählt wurde.

- $YbRh_2Si_2$ ist ein reines und stöchiometrisches Schwere-Fermionen-Metall, wodurch der Einfluss von Unordnung durch Inhomogenitäten minimiert wird. Dies ist für lokale Messmethoden wie RTM von großer Wichtigkeit. Durch systematische Optimierung der Kristallzucht durch Dr. C. Krellner am MPI CPfS [Kre09] sind hochreine Einkristalle verfügbar. Die Qualität dieser Proben lässt sich an extrem geringen Restwiderständen von $1\,\mu\Omega\,\mathrm{cm}$ und besser, sowie den entsprechend hohen Restwiderstandsverhältnissen (bis zu 140) erkennen. Die plättchenförmigen Einkristalle haben regelmäßig Abmessungen von etwa $(0.5 - 1\,\mathrm{mm})^2$ innerhalb der tetragonalen Basalebene, so dass sich die Proben gut in der UHV-Kammer des RTM handhaben lassen.

- Die Beschaffenheit der Probenoberflächen ist von zentraler Bedeutung für RTM/S-Experimente. Aufgrund der ausgeprägten Anisotropie der chemischen Bindungen können $YbRh_2Si_2$-Einkristalle leicht parallel zur Basalebene gespalten werden. Dadurch entstehen große Gebiete mit flacher, atomar geordneter Oberfläche und extrem geringer Dichte von Defekten, vgl. Abschnitt 4.4. Die so erreichte Qualität der Probenoberflächen bietet gute Voraussetzungen für eine systematische RTS-Untersuchung von $YbRh_2Si_2$.

- Der Einzelionen-Kondoeffekt zwischen den $4f$-Momenten der Yb^{3+}-Ionen ist in $YbRh_2Si_2$ etabliert: Ein gegenüber klassischen Metallen deutlich erhöhter Sommerfeld-Koeffizient belegt, wie auch andere thermodynamische und Transportgrößen, eine stark renormierte Quasiteilchenmasse m^* aufgrund elektronischer Korrelationen. Das Auftreten einer wohl-definierten KEF-Aufspaltung zeigen den lokalen Charakter der $4f$-Zustände. Die charakteristische Kondotemperatur der thermisch angeregten KEF-Zustände ist in der Größenordnung $T_\mathrm{K}^\mathrm{h} \approx 80 - 100\,\mathrm{K}$, die des Grundzustands-Dubletts wurde auf $T_\mathrm{K} \approx 20 - 30\,\mathrm{K}$ bestimmt.

- Aufgrund des stöchiometrischen Charakters von $YbRh_2Si_2$ bildet sich bei tiefen Temperaturen, weit unterhalb T_K^h, ein räumlich kohärenter Zustand des Kondogitters aus.

- Bedingt durch die Konkurrenz von RKKY- und Kondowechselwirkung und die damit verbundene unmittelbare Nähe von $YbRh_2Si_2$ zu einer antiferromagnetischen Instabilität ist die magnetische Ordnung des Grundzustandes nur schwach ausgeprägt. Die Ordnungstemperatur $T_\mathrm{N} = 70\,\mathrm{mK}$ liegt weit unterhalb der charakteristischen Kondoskalen T_K und T_K^h. Somit können Messungen in einem Temperaturbereich durchgeführt werden, in welchem einerseits die Kohärenz der kompositen Quasiteilchen bereits zu erwarten ist, jedoch andererseits der Einfluss der magnetischer Ordnung, welche mit der Kondo-Singulett-Bildung konkurriert, gering ist.

- Seit jüngster Zeit existieren für $YbRh_2Si_2$ theoretische Berechnungen der elektronischen Struktur, welche von zwei komplementären Ansatzpunkten ausgehen(s.u.): renormierte Bandstruktur-Rechnungen liefern eine Beschreibung des Grundzustandes, während sich in der sog. *Non-Crossing Approximation* Anregungen bei endlichen Temperaturen im Einzelionen-Kondobild behandeln lassen. Durch die Möglichkeit, in einem weiten Temperaturbereich die Zustandsdichte experimentell zu bestimmen, können die Daten potentiell mit beiden theoretische Ansätzen verglichen werden. Möglicherweise können die experimentellen Daten dazu beitragen, eine Verbindung zwischen den beiden theoretisch erfassbaren Grenzfällen herzustellen.

Bevor die RTS-Resultate an $YbRh_2Si_2$ diskutiert werden, fasst der folgende Abschnitt einige der bereits veröffentlichten RTS-Ergebnisse an Kondo-Systemen zusammen.

6.2 Bisherige RTS-Resultate an Kondosystemen

Gegen Ende der 1990er Jahre gelang es zwei Forschergruppen etwa zeitgleich, die durch einzelne magnetische Verunreinigungen hervorgerufenen Modifikationen in der elektronischen Struktur von metallischen Oberflächen mittels RTS zu messen. In einem Fall befanden sich Co-Atome auf einer Au(111)-Oberfläche [Mad98], und im anderen Fall Ce-Atome auf Ag(111) [Li98]. Die Resultate beider Experimente sind in Abbildung 6.3 dargestellt. In letzterem Fall beobachtet man eine um $U = 0$ symmetrische Absenkung der differentiellen Leitfähigkeit („Antiresonanz"), siehe Teilbild b), während bei Co auf Au(111) eine asymmetrische Resonanz auftrat, Teilbild a). In beiden Fällen wurde gezeigt, dass die Signaturen kontinuierlich verschwanden, wenn die Spitze lateral von der Verunreinigung entfernt wurde. Zudem zeigte sich bei Co/Au, dass sich die Linienform der Resonanz als Funktion des lateralen Abstandes änderte. Die in den Referenzen [Sch00, Újs00, Mad01, Fig10] vorgeschlagene theoretische Erklärung der experimentellen Befunde basiert auf der Kondo-Wechselwirkung zwischen den lokalisierten magnetischen Momenten der Adatome und den Leitungsbandzuständen des Substrates. Wie in Kapitel 2.2 diskutiert wurde, führt die magnetische Streuung zur Ausbildung einer schmalen Resonanz in der Zustandsdichte nahe der Fermienergie (Kondoresonanz). Aufgrund dieser zusätzlichen Quasiteilchen-Zustände existieren nun zwei parallele Tunnelkanäle zwischen RTM-Spitze und Probe, veranschaulicht in Abbildung 6.3c): Zum können Elektronen in das Leitungsband-Kontinuum des Substrates tunneln, und zum anderen in die lokalen magnetischen Zustände. Beide Prozesse treten jeweiligen mit der Tunnelwahrsscheinlichkeit t_c bzw t_d auf. Durch die Quanteninterferenz beider Tunnelkanäle kommt es dabei zur Ausbildung einer sog. Fano-Resonanz [Fan61] in der Tunnelleitfähigkeit.

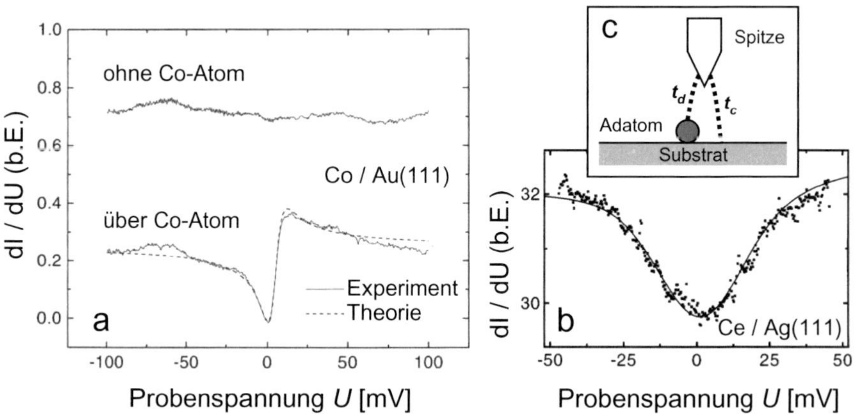

Abbildung 6.3: **RTS an einzelnen Kondoionen auf Metalloberflächen. a)** Co-Atome auf einer Au(111)-Oberfläche, vgl. Topographie im kleinen Bild. Im Vergleich zum Spektrummmmmmm der reinen Goldoberfläche (oben) zeigt sich bei einer Spitzenposition exakt über einem Co-Adatom (unten) die typische asymmetrische Kurvenform einer Fano-Resonanz. (aus Ref. [Mad98]) **b)** Demgegenüber weist die Leitfähigkeit für den Fall von Ce-Adatoman auf Ag(111) eine symmetrische Linienform auf. (aus Ref. [Li98]) **c)** Schematische Abbildung der Tunnelprozesse zwischen Spitze und dem Leitungsband im Substrat (t_c) bzw. den lokalisierten Zuständen des Kondoions (t_d). (nach Ref. [Sch00])

Im Grenzfall tiefer Temperaturen $T \ll T_\mathrm{K}$ hat diese die Form [Mad01]

$$g(U) = \frac{dI}{dU} \propto \rho_0(eU)\,\frac{(q+\varepsilon)^2}{1+\varepsilon^2} \quad \text{mit } \varepsilon = \frac{eU-\varepsilon_0}{\Gamma/2} \tag{6.1}$$

Dabei sind ε_0 die Position und Γ die volle Halbwertsbreite der Resonanz. Der Formparameter q bestimmt die Asymmetrie der Linienform und spiegelt die relative Stärke der beiden Tunnelkanäle t_d/t_c wider. Dementsprechend sind die unterschiedlichen Ergebnisse der Referenzen [Li98] und [Mad98] auf jeweils verschieden starke Kopplungen zwischen RTM-Spitze und Substrat bzw. magnetischem Atom zurückzuführen [Sch00, Újs00, Fig10]. Die Breite Γ der Fanoresonanz skaliert mit der Messtemperatur, ist für $T \to 0$ jedoch proportional zur Kondotemperatur T_K [Nag02]:

$$\Gamma = 2\sqrt{(\pi k_B T)^2 + 2(k_B T_K)^2} \tag{6.2}$$

Die wichtige Erkenntnis ist, dass sich die Wechselwirkung zwischen lokalisierten und Leitungselektronen im Tunnelspektrum widerspiegeln, und das auch für den Fall, dass ausschließlich Tunnelprozesse ins Leitungsband auftreten ($t_d = 0$) [Újs00]. Im Laufe des vergangenen Jahrzehnts wurden zahlreiche weitere RTM/S-Experimente mit einzelnen, aber auch mit Anordnungen mehrerer Kondoionen auf verschiedenen Probenoberflächen durchgeführt (siehe z.B. Referenzen. [Man00, Qua04, Wah04, Hir07, Ott08]; für eine Übersicht siehe Ref. [Ter09]) nicht zuletzt vorangetrieben durch die fortschreitende Entwicklung der Manipulation einzelner Atome mittels RTM [Eig90]. Erst in jüngster Zeit ist es jedoch gelungen, RTS-Messungen an Kondo-*Gitter*-Systemen durchzuführen. Etwa zeitgleich wurden von zwei Forschergruppen [Ayn10a, Sch10] RTS-Resultate am stark-korrelierten Material URu_2Si_2 [Pal85] veröffentlicht. In beiden Fällen zeigte sich in den Tunnelspektren wiederum eine Fano-Resonanz, welche die teilweise Abschirmung der $5f$-Momente des U durch die Leitungselektronen reflektiert. Aus der Breite der Resonanz in Ref. [Ayn10a] wurde eine Kondotemperatur von $T_K \approx 129\,K$ extrahiert. Dabei wird eine räumliche Modulation des Formparameters q der Fanoresonanz auf atomarer Skale beobachtet[Ayn10a]. Zusätzlich zur Fanoresonanz tritt in beiden Arbeiten bei tiefen Temperaturen eine Energielücke in der Zustandsdichte auf. Das Öffnen dieser Lücke wird mit dem Übergang in einen geordneten Zustand, die sog. „Hidden-Order"-Phase [Pal85, Map86], bei $T_0 = 17.5\,K$ in Verbindung gebracht wird. Die Identität des Ordnungsparameters dieser geordneten Phase ist trotz erheblichen theoretischen und experimentellen Aufwandes bislang nicht abschließend geklärt (siehe z.B. Ref. [Oka11] und darin enthaltene Referenzen). Eine räumliche Korrelation der Signaturen von Kondoeffekt und Hidden Order in den ortsaufgelösten RTS-Daten deuten darauf hin, dass beide Phänomene von identischen Zuständen getragen werden.

Die Referenzen [Ayn10a, Sch10] zeigen ohne Zweifel herausragende experimentelle Resultate. Wie auch die hier vorgestellten Messungen thematisieren sie die spektroskopischen Signaturen in Kondogitter-Systemen. Trotz identischer Kristallstruktur der untersuchten Materialien bestehen jedoch deutliche Unterschiede zu den Experimenten an $YbRh_2Si_2$, und es ist fraglich, inwieweit die RTS-Resultate in $YbRh_2Si_2$ und URu_2Si_2 vergleichbar sind. Die Wellenfunktionen der $5f$-Elektronen des U sind räumlich wesentlich ausgedehnter als die der $4f$-Elektronen in den Seltenerd-Verbindungen. Als Folge ist die Abschirmung der $5f$-Elektronen durch die Leitungselektronen weitaus schwächer, und die $5f$-Elektronen sind stärker delokalisiert als die $4f$-Elektronen [Gei96]. Zudem weisen die $5f$-Elektronen in U-Verbindungen einen dualen Charakter auf [Zwi03]. Aufgrund dessen ist das Verhalten der f-Elektronen in U-Systemen sehr komplex, und der Kondoeffekt des $5f$-Elektronen wird kontrovers diskutiert [Cox98]. Zusätzlich werden die Eigenschaften bei (im Vergleich zu T_N in $YbRh_2Si_2$) hohen Temperaturen durch das Auftreten der Hidden Order-Phase komliziert. Demgegenüber ist der $4f$-Kondoeffekt in $YbRh_2Si_2$ etabliert (siehe z.B. der hohe Sommerfeld-Koeffizient γ_0), und das System kann als prototypisches Kondogitter angesehen werden.

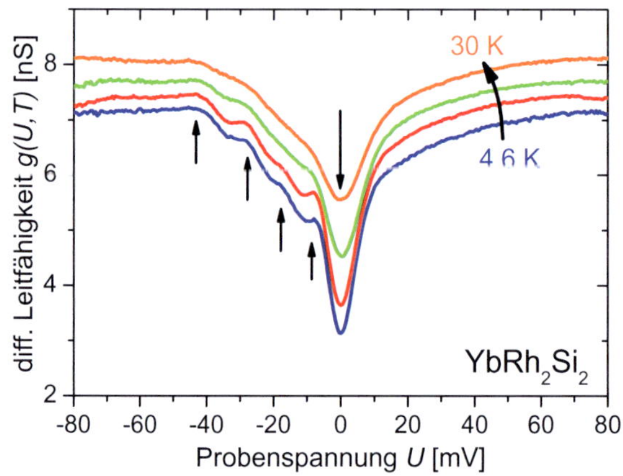

Abbildung 6.4: **Differentielle Leitfähigkeit in $YbRh_2Si_2$.** Übersicht über den Spannungsbereich bis ±80 mV bei tiefen Temperaturen ($T = 4.6$, 9, 19 und 30 K). Die Spektren wurden mittels Lockin-Verstärker aufgenommen ($U_{\mathrm{mod}} = 0.4$ mV, $f = 473.7$ Hz, Integrationszeit $\tau = 30$ ms, Verstärkung 24 dB; pro Spektrum 401 Punkte bei festgehaltender Spannung U à 200 ms) und entsprechen jeweils einer Flächenmittelung (siehe Abschnitt 6.3.5). Die einzelnen Kurven wurden bzgl. eines geringen linearen Hintergrundes korrigiert und zur besseren Erkennbarkeit jeweils um 0.3 nS vertikal verschoben. (Probe YRS150310, Züchtung 36129, gespalten bei ∼ 20 K; W-Spitze). Die Daten sind auch veröffentlicht in Ref. [Ern11].

6.3 Tunnelspektroskopie-Resultate an $YbRh_2Si_2$

6.3.1 Übersicht

In diesem Abschnitt werden RTS-Daten an $YbRh_2Si_2$-Einkristallen vorgestellt, welche *in situ* bei tiefer Temperatur senkrecht zur kristallographischen c-Richtung gespalten wurden (siehe Abschnitt 6.3.5 für experimentelle Details). Auf derartig präparierten Oberflächen konnte regelmäßig atomar aufgelöste RTM-Topographie beobachtet werden, vgl. Abschnitt 4.4. Dadurch wurde eine ausgezeichnete Qualität der Probenoberfläche verifiziert, eine Grundvoraussetzung für reproduzierbare Spektroskopie. Eine Analyse der in sehr geringer Zahl auftretenden Störstellen in den Topographiedaten erlaubte teilweise eine Identifikation der Probenoberfläche. Die nachfolgend dargestellten Spektroskopiedaten entstanden bei Messungen auf einer höchstwahrscheinlich Si-terminierten Probenoberfläche. Es wurden Messungen im Temperaturbereich von 4.6 K bis zu 120 K durchgeführt. Abbildung 6.4 zeigt Spektren der differentiellen Leitfähigkeit $g(U, T)$, zur besseren Übersicht zunächst für tiefe Temperaturen im Bereich von $T = 4.6$ K bis 30 K. Die Entwicklung der Spektren bis zu höheren Temperaturen ist weiter unten in Abbildung 6.6 dargestellt. In Abbildung 6.4 wurde von den Rohdaten lediglich jeweils ein linearer Hintergrund subtrahiert, um Änderungen der Meßbedingungen während der einzelnen Messungen, z.B. thermische Drift, auszugleichen. Die Pfeile dienen zur Markierung der verschiedenen in den Spektren beobachteten Charakteristika, welche in den folgenden Abschnitten separat ausgewertet werden:

1. Die Gesamtform der Spektren wird bestimmt durch eine breite, „V"-förmige Unterdrückung der Leitfähigkeit mit einem Minimum bei $U \approx 0$. Diese Lücke wird aus Gründen der Lesbarkeit im Folgenden als *Zero-Bias Gap* bezeichnet. Zu höheren Temperaturen schließt sich diese Lücke kontinuierlich.

2. Diesem Zero-Bias Gap überlagert befinden sich drei Maxima auf der Seite negativer Probenspannungen bei $U = -17\,\mathrm{mV}$, $-27\,\mathrm{mV}$ und $-43\,\mathrm{mV}$. Eine eingehende Analyse ergibt, dass diese Maxima schwach von T abhängen.

3. Darüber hinaus existiert ein weiteres schmales Maximum um $U = -6\,\mathrm{mV}$, welches weitaus stärker mit T variiert und bei etwa 30 K bereits vollständig unterdrückt ist.

6.3.2 Kristallfeld-Anregungen

Zunächst gilt die Aufmerksamkeit den drei Maxima nahe $U = -43$, -27 und $-17\,\mathrm{mV}$.

Die Bestimmung der Positionen der Maxima wird durch die Überlagerung mit dem nichtlinearen und temperaturabhängigen Verlauf des Zero-Bias Gap kompliziert. Abgesehen von den vier schmalen Peaks für $U < 0$ sind die Spektren in Abbildung 6.4 *nahezu* symmetrisch um $U = 0$, insbesondere für höhere Spannungen $|U|$. Spiegelt man daher die Spektren von der Seite der positiven Probenspannungen $U > 0$ zu negativen Spannungen $U < U$, so erhält man eine Abschätzung für den „Untergrund", welchem die drei hier betrachteten Maxima überlagert sind. Für $T = 4.6\,\mathrm{K}$ ist die durch Spiegeln erhaltene Kurve als unterbrochene Linie in Abbildung 6.5a) eingetragen. Die Positionen der Maxima wurden bestimmt, indem von den Spektren bei $U < 0$ die von $U > 0$ gespiegelten Kurven subtrahiert und die so erhaltenen Kurven $\Delta g(U,T)|_{U<0} = g(U,T) - g(-U,T)$ im Bereich der jeweiligen Maxima mit Gauß-Funktionen gefittet wurden. Der Fehlerbereich wurde auf $\pm 2\,\mathrm{mV}$ abgeschätzt[1].

In Abbildung 6.5b) ist exemplarisch der deutlich ausgeprägte Peak in $\Delta g(U,T)$ bei $U = -43\,\mathrm{mV}$ für verschiedene Temperaturen dargestellt. Aus der Temperaturentwicklung des Peaks wird folgendes deutlich: *(i)* Innerhalb des Fehlerbereiches ist keine Veränderung der Lage des Peaks als Funktion der Temperatur zu erkennen. *(ii)* Zwischen 4.6 und 40 K sinkt die Peakhöhe kontinuierlich auf etwa ein Drittel des Wertes bei 4.6 K, vgl. Abbildung 6.5c). Dieses Absinken kann zwei verschiedene Ursachen haben: Zum einen eine Temperaturabhängigkeit in der dem Peak zugrundeliegenden Struktur in der Zustandsdichte, und zum

[1] Zur Kontrolle wurden die Positionen auch durch Abziehen eines *linearen* Untergrundes bestimmt: Innerhalb des Fehlerbereiches ergaben sich die gleichen Werte

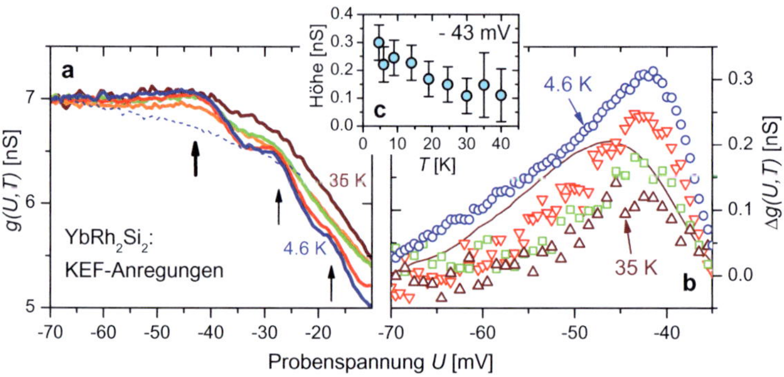

Abbildung 6.5: **Signaturen der KEF-Anregungen in der Tunnelleitfähigkeit. a)** $g(U,T)$ im betreffenden Spannungsbereich für $T = 4.6$, 9, 19, 24.5, 30 und 35 K (Daten entsprechen denen in Abb. 6.4 von Probe YRS150310). Die Pfeile markieren die nach Abziehen eines Hintergrundes (s. Text) ermittelten Positionen der Maxima bei $U = -17$, –27 und –43 mV. **b)** T-Abhängigkeit des Peaks bei $U = -43\,\text{mV}$, extrahiert durch Abziehen der von $U > 0$ gespiegelten Spektren als Hintergrund. Die durchgezogene Linie entspricht dem bei $T = 4.6\,\text{K}$ gemessenen und *nachträglich* numerisch zu $T = 35\,\text{K}$ verschmierten Spektrum (s. Text). **c)** T-Abhängigkeit der Peakhöhe aus Teilbild b).

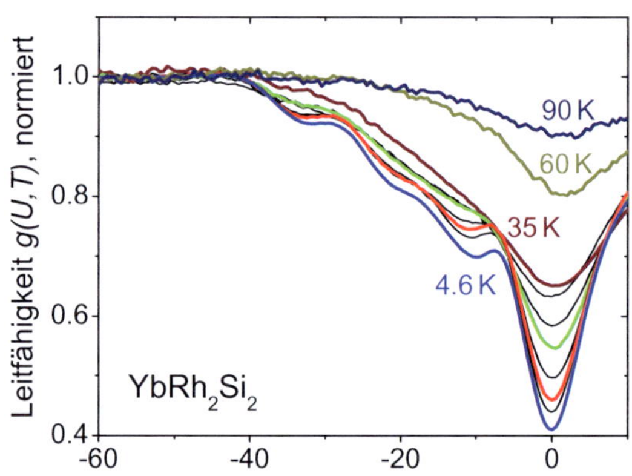

Abbildung 6.6: **Differentielle Leitfähigkeit in $YbRh_2Si_2$.** Vergrößerte Darstellung der normierten Spektren bei (von unten) $T = 4.6$, 6.5, 9, 14.5, 19, 24.5, 30, 35, 60 und 90 K. Die Kurven für $T \leq 35\,\text{K}$ entsprechen dem in Abb. 6.4 gezeigten Datensatz, für höhere T wurden die Messungen an einem Kristall der Züchtung 63109 (YRS210710) mittels speziellem Probenträger mit integriertem Heizer (s. Abschn. 3.3) durchgeführt. Vgl. Ref. [Ern11]

anderen die zunehmende thermische Verschmierung bei steigender Temperatur. Die durchgezogene Linie in Abbildung 6.5b) repräsentiert das bei dem tiefsten Temperatur $T = 4.6\,\mathrm{K}$ gemessenen Spektrum, bei welchem (durch Faltung mit der Ableitung der Fermifunktion gemäß Gleichung 3.8) die thermische Verschmierung bei $T = 35\,\mathrm{K}$ nachträglich simuliert wurde. Deutlich ist sichtbar, dass durch die thermische Verschmierung *allein* die Höhe des Peaks weit weniger stark abnimmt, als es in der bei $T = 35\,\mathrm{K}$ gemessenen Kurve der Fall ist. Daraus lässt sich schließen, dass die Signatur selbst ebenfalls von der Temperatur abhängt. Vergleicht man die Peakhöhe der bei 35 K gemessen Kurve mit der der nachträglich thermisch verschmierten Kurve, ergibt sich ein Absinken auf etwa 60-70%.

Die drei betreffenden Maxima bei $U = -17$, –27 und –43 mV haben ihre Ursache in KEF-Anregungen des $4f$-Zustandes der Yb^{3+}-Ionen: Die Positionen der Peaks stimmen mit den Energien überein, bei welchen in INS-Experimenten [Sto06b] KEF-Anregungen gefunden wurden (17, 25 und 43 meV). Die nur geringe Änderung der Signaturen in $g(U, T)$ mit der Temperatur (konstante Position, langsam variierende Höhe) ist konsistent mit der Interpretation als KEF-Anregungen. Zusätzlich zeigen sich auch Signaturen der KEF-Anregungen in der mittels renormierter Bandstrukturrechnung für $YbRh_2Si_2$ ermittelten Zustandsdichte, vgl. Abb. 6.11 (berechnet durch Prof. Dr. G. Zwicknagl).

Theoretische Untersuchungen von Kondogitter-Systemen mit mehreren lokalen magnetischen Orbitalen haben gezeigt, dass das Auftreten von Signaturen der KEF-Anregungen nahe der Fermienergie eine direkte Folge des Kondoeffektes ist [Kro03]. In der tetragonalen Kristallstruktur erfährt das atomare Multiplett des Yb^{3+} $4f^{13}$-Zustandes bei der Energie ε_d eine KEF-Aufspaltung: $\varepsilon_d^m = \varepsilon_d - \Delta_{\mathrm{KEF}}^m$, $m = 1, 2, 3$. Diese atomaren f-Niveaus mit Bindungsenergien von 2.5 eV und höher [Dan07, Wig07] liegen jedoch weit unterhalb E_{F}. Der Kondoeffekt führt nahe E_{F} zur Ausbildung von renormierten Quasiteilchen-Bändern bei $\tilde{\varepsilon}_d^m = \tilde{\varepsilon}_d - \Delta_{\mathrm{KEF}}^m$, wobei $\tilde{\varepsilon}_d$ die Position des zum Grundzustand korrespondierenden Bandes ist, und Δ_{KEF}^m den Energien der KEF-Anregungen des atomaren Zustandes entsprechen [Kro03, Fri10]. Der lochartige Charakter der $4f^{13}$-Zustandes bedingt, dass die Signaturen der KEF-Anregungen unterhalb E_{F}, im Bereich der besetzten Zustände, auftreten – wie es auch in den Tunnelspektren beobachtet wird.

Aus dem Auftreten der KEF-Anregungen des Yb^{3+} in den Tunnelspektren können die folgenden Schlussfolgerungen gezogen werden:

- Die hier gezeigten Daten veranschaulichen, dass mittels RTS die Energien der KEF-Anregungen mit hoher Genauigkeit ($\approx 1\,\mathrm{mV}$) bestimmt werden können.

- Die KEF-Anregungen sind charakteristisch für die *lokale* kristallographische Umgebung der Yb-Atome. Die Tatsache, dass die KEF-Anregungen in der Tunnelleitfähigkeit bei den gleichen Energien auftreten wie in den INS-Spektren, belegt zweifelsfrei, dass die RTS sensitiv auf die Eigenschaften des *Festkörpers* $YbRh_2Si_2$ ist. (Dies untermauert zugleich die Annahme einer Si-terminierten Probenoberfläche.)

- Das Auftreten von Signaturen der KEF-Anregungen nahe (unterhalb) der Fermienergie ist ein deutlicher Hinweis darauf, dass sich der Kondoeffekt der Yb^{3+}-Ionen in den Tunnelspektren niederschlägt.

Die konstante Position der Maxima als Funktion der Temperatur sowie die geringe, aber dennoch deutlich vorhandene Temperaturhabhängigkeit der Peakhöhe sind konsistent mit der Interpretation der Signaturen als KEF-Anregungen vermöge des Kondoeffektes.

6.3.3 Lokale Kondo-Resonanz

Gegenstand dieses Abschnittes ist die breite, V-förmige Lücke in der differentiellen Leitfähigkeit mit Minimum bei $U = 0$, das Zero-Bias Gap. Für die tiefste Temperatur, bei welcher Messungen durchgeführt wurden (4.6 K) beobachtet man eine Absenkung der Leitfähigkeit von 7 nS bei $|U| \gtrsim 80\,\mathrm{mV}$ auf 3 nS bei $U = 0$, siehe Abbildung 6.4. Die Entwicklung der Spektren mit der Temperatur im Bereich von $T = 4.6\,\mathrm{K}$ bis 90 K ist in Abbildung 6.6 dargestellt. Zur Veranschaulichung der Temperaturabhängigkeit wurden die Rohdaten so normiert, dass die Spektren für hohe Spannungen ($|U| \gtrsim 80\,\mathrm{mV}$) übereinstimmen[2]. Deutlich ist ein graduelles Auffüllen des Zero-Bias Gap zu höheren Temperaturen auf einer Temperaturskala von etwa 100 K zu beobachten (Diese Temperatur gibt zunächst lediglich die *Größenordnung* der Temperatur an, unterhalb welcher das Gap vorhanden ist. Wie später gerechtfertigt wird, folgt die Tiefe der Lücke grob einer logarithmischen T-Abhängigkeit, welche auf eine „charakteristische Temperatur“ von etwa 100 K hindeutet.) Bei einer vergleichbaren Temperatur $T^{\rho}_{\mathrm{max}} \approx 130\,\mathrm{K}$ wird im elektrischen Widerstand von $YbRh_2Si_2$ ein breites Maximum beobachtet [Tro00a], und auch die Thermokraft zeigt in diesem Temperaturbereich bei $T^{S}_{\mathrm{min}} \approx 80\,\mathrm{K}$ ein breites Minimum [Köh08]. Beide Messgrößen sind in Abbildung 6.1 für Einkristalle aus der selben Züchtung 63109 dargestellt, aus welcher auch die Proben entnommen wurden, an welchen die Spektren für $T > 30\,\mathrm{K}$ in Abb. 6.6 gemessen wurden. Die Extrema in $\rho(T)$ und $S(T)$ werden beide mit dem Wechselspiel aus inkohärenter Kondowechselwirkung und KEF-Anregungen der lokalen Momente der Yb^{3+}-Ionen in Verbindung gebracht. Dies ist ein Hinweis darauf, dass auch das Zero-Bias Gap mit dem Kondoeffekt in Zusammenhang steht. Vor einer weiteren Auswertung der Spektren wird nachfolgend zunächst diskutiert, wie es aufgrund des Kondoeffektes zu einer solchen Absenkung der Leitfähigkeit kommen kann.

In Abbildung 6.7 ist das Tunneln von Elektronen zwischen einer RTM-Spitze und einem Kondogitter-System schematisch dargestellt. Die herausstechende Besonderheit ist, dass aufgrund der elektronischen Korrelationen zwei unterschiedliche Arten von Ladungsträgern existieren, welche zum elektronischen Transport beitragen: zum einen (quasi-) freie

[2]Die Spektren wurden normiert auf Geraden, welche sich aus den asymptotischen Werte der Rohdaten der Leitfähigkeit für große Spannungen, $g(|U| \gtrsim 80\,\mathrm{mV})$, ergeben.

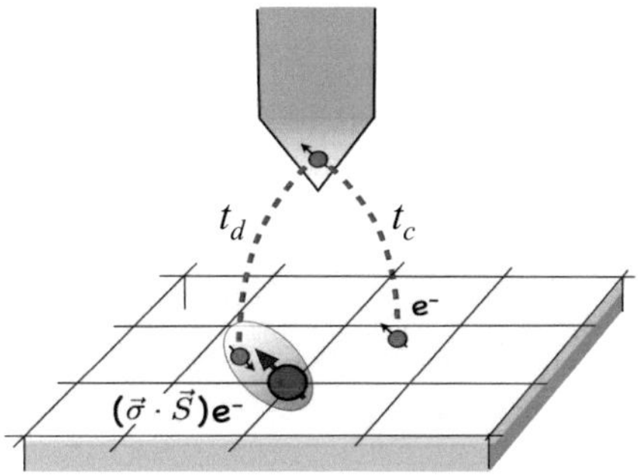

Abbildung 6.7: **Schematische Darstellung des Kotunnel-Prozesses in ein Kondogitter.** Der Tunnelprozess zwischen Spitze und Probe beinhaltet zwei parallele Kanäle: Tunneln in das Leitungsband-Kontinuum (t_c) und in komposite Fermionen aus Leitungselektronen und lokalen f-Momenten (t_d). Abbildung übernommen aus Ref. [Mal09].

Leitungselektronen, und zum anderen komposite Quasiteilchen, welche sich aus Leitungsbandzuständen und den lokalen magnetischen f-Momenten zusammensetzen [Mal09, Fig10, Ern11, Kir]. Dementsprechend existieren, wie in der Abbildung veranschaulicht, im allgemeinen zwei parallele Tunnelkanäle zwischen Spitze und Probe. Dabei beschreiben t_c und t_d die Tunnelwahrscheinlichkeiten für ein Elektron zwischen Spitze und Leitungsband bzw. kompositen Quasiteilchenzuständen[3]. Analog der in Abschnitt 6.2 beschriebenen Situation einzelner Kondoionen auf der Probenoberfläche kann es zur quantenmechanischen Interferenz beider Tunnelkanäle, dem sog. „Fano-Effekt", kommen. Infolgedessen kann die experimentell gemessene differentielle Leitfähigkeit im Allgemeinen *nicht* ohne weiteres mit der Leitungselektronen-Zustandsdichte identifiziert werden.

Zum besseren Verständnis der Tunneldaten werden im Folgenden einige Aspekte einer theoretischen Beschreibung des Tunnelns in ein Kondogitter vorgestellt, welche der Argumentation von Dr. S. Kirchner folgt. Mathematisch kann der Tunnelprozess durch den Hamiltonoperator

$$\mathcal{H} = \mathcal{H}_{\mathrm{s}} + \mathcal{H}_{\mathrm{p}} + \mathcal{H}_{\mathrm{s\text{-}p}} \tag{6.3}$$

beschrieben werden. Dabei beinhalten $\mathcal{H}_{\mathrm{s}}$ bzw. $\mathcal{H}_{\mathrm{p}}$ die Propagation der Ladungsträger in der Spitze bzw. der Probe, und $\mathcal{H}_{\mathrm{s\text{-}p}}$ stellt die Kopplung zwischen beiden her. Im vorliegenden Fall eines Kondogitters kann die Probe adäquat durch ein periodisches Anderson-Modell [And61] beschrieben werden, welches durch eine Erweiterung der Gleichung (2.3) in Abschnitt 2.2) entsteht. Die KEF-Aufspaltung des Yb^{3+} $4f^{13}$-Zustandes kann durch Einbeziehung entsprechend vieler f-Orbitale bei den Energien ε_d^m berücksichtigt werden, vgl. schematische Bandstruktur in Abbildung 6.8a). Der Tunnel-Hamiltonoperator $\mathcal{H}_{\mathrm{s\text{-}p}}$ hat die

[3] Die Indizierung „t_d" für die f-Elektronen orientiert sich an der Bezeichnung der lokalisierten Zustände im Anderson-Modell, Gl. (2.3), und ist insofern konsistent mit der analogen Definition von t_d im Fall einzelner magnetischer Atome in Abschnitt 6.2.

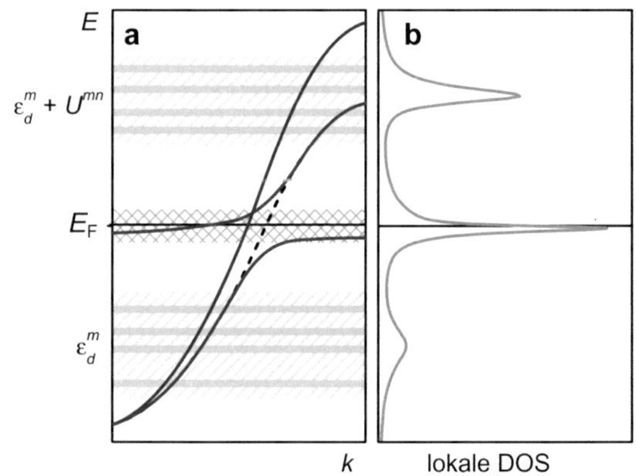

Abbildung 6.8: **a) Schematische Dispersion im Kondogitter-System $YbRh_2Si_2$.** Die vierfach KEF-aufgespaltenen Yb $4f^{13}$-Zustände bei ε_d^m liegen deutlich unterhalb E_F, die doppelt besetzten Zustände bei $\varepsilon_d^m + U^{mn}$ oberhalb E_F. Durch die Hybridisierung der lokalisierten Zustände mit Leitungsbandzuständen (unterbrochene Linie) kommt es bei tiefer Temperatur innerhalb der Vielteilchen-Resonanz zur Ausprägung einer Hybridisierungslücke, welche aufgrund des Lochcharakters des $4f^{13}$-Zustandes unterhalb von E_F liegt. **b)** Die mit der NCA-Methode berechnete *lokale* Zustandsdichte des Yb (exemplarisch dargestellt für $T/T_\mathrm{K}^\mathrm{h} = 0.4$) reflektiert die einfach- und doppelt besetzten Zustände (es wurden zwei KEF-Niveaus ε_d^m berücksichtigt, siehe Text) sowie die lokale ASR unterhalb E_F. Siehe Ref. [Ern11]

Form [Sch00]

$$\mathcal{H}_\text{s-p} = \sum_{\mathbf{p},\sigma} \left[t e^{-i\mathbf{p}\cdot\mathbf{R}} \psi_{\mathbf{p},\sigma} A_{\sigma,\mathbf{R}}^\dagger + t^* e^{i\mathbf{p}\cdot\mathbf{R}} A_{\sigma,\mathbf{R}} \psi_{\mathbf{p},\sigma}^\dagger \right] \tag{6.4}$$

$\psi_{\mathbf{p},\sigma}^\dagger$ erzeugt ein Elektron im Zustand $|\mathbf{p},\sigma\rangle$ in der Spitze, während $A_{\sigma,\mathbf{R}}^\dagger$ eine *Linearkombination* von elektronischen Anregungen (aus Leitungsband- und f-Zuständen) in der Probe am Fußpunkt der Spitze $\mathbf{R}$ erzeugt. Die Phasenfaktoren $e^{\pm i\mathbf{p}\cdot\mathbf{R}}$ reflektieren die Gitterperiodizität der lokalen Momente in der Probe. Unter der Annahme, dass die Kopplung $\mathcal{H}_\text{s-p}$ sich auf den der Spitze nächstliegenden Yb-Gitterplatz beschränkt, kann $A_{\sigma,\mathbf{R}}^\dagger$ als Linearkombination der im periodischen Andersonmodell vorkommenden Fermionen-Operatoren $c_{\mathbf{R},\sigma}^\dagger = \sum_\mathbf{k} e^{i\mathbf{k}\cdot\mathbf{R}} c_{\mathbf{k},\sigma}^\dagger$ und $d_{\sigma,m,i}^\dagger$ der Leitungs- und f-Elektronen ausgedrückt werden [Sch00, Mal09, Fig10, Kir]:

$$tA_{\sigma,\mathbf{R}}^\dagger = t_c c_{\mathbf{R},\sigma}^\dagger + \sum_m t_d^m d_{\sigma,m,i}^\dagger \,. \tag{6.5}$$

$c_{\mathbf{k},\sigma}^\dagger$ erzeugt ein Leitungselektron in der Probe, und $d_{\sigma,m,i}^\dagger$ besetzt einen Zustand im m-ten f-Niveaus bei ε_d^m im Yb^{3+}-Ion am Gitterplatz $\mathbf{r}_i$. (Somit entsprechen die $d_{\sigma,m,i}^\dagger$ den $d_\sigma^\dagger$ im Einzelionen-Andersonmodell in Gleichung 2.3)). t_c bzw. t_d^m sind die bereits in Abbildung

6.7 verwendeten Matrixelemente für das Tunneln in das Leitungsband bzw. die lokalisierten Zustände, wobei t_d^m alle m KEF-Niveaus berücksichtigt.

Die Zustandsdichte $\rho^{\mathrm{p}}(E)$ der Probe, welche in den Tunnelstrom bzw. die Leitfähigkeit entsprechend Gleichung (3.6) eingeht, kann durch Auswertung der totalen Greensfunktion $G_\sigma^{(\mathrm{p})}$ der Probe (d.h. bzgl. der Fermionen-Operatoren $A_{\sigma,\mathbf{R}}$) berechnet werden. Es ergibt sich ein allgemeiner Ausdruck der folgenden Form[Ern11, Kir]:

$$\begin{aligned}\rho_\sigma^{\mathrm{p}}(E,\mathbf{R}) &= \frac{1}{\pi}\mathrm{Im}\,\mathrm{Tr}\{G_\sigma^{(\mathrm{p})}(\varepsilon-i\delta)\}\\ &= \frac{1}{\pi}\mathrm{Im}\Big\{|t_c|^2 G_{\mathbf{RR},\sigma}^c(\varepsilon-i\delta)+\\ &\quad +\big[t_d^+ + t_c^* G_{\mathbf{R}\mathbf{r}_i,\sigma}^{cd}(\varepsilon-i\delta)V_h^+\big]G_\sigma^d(\varepsilon-i\delta)\big[t_d+t_cV_hG_{\mathbf{r}_i\mathbf{R},\sigma}^{dc}(\varepsilon-i\delta)\big]\Big\}\,.\end{aligned} \quad (6.6)$$

$G_{\mathbf{RR},\sigma}^c$ bezeichnet die volle Leitungselektronen-Greensfunktion, d.h. unter Berücksichtigung aller Vielteilchen-Effekte im periodischen Anderson-Modell. G_σ^d ist die *lokale* Greensfunktion der f-Elektronen am Yb-Gitterplatz $\mathbf{r}_i$, und $G_{\mathbf{R}\mathbf{r}_i,\sigma}^{cd} = (G_{\mathbf{r}_i\mathbf{R},\sigma}^{dc})^*$ beschreibt die Propagation eines Elektrons zwischen f-Level und Leitungsband. $V_h = (V_h^m)$ ist ein Vektor, welcher die Hybridisierung zwischen den f-Niveaus und den Leitungselektronen beinhaltet.

Gleichung 6.6 beschreibt die durch das Kotunneln über die beiden Tunnelkanäle mit den Matrixelementen t_c und t_d zustande kommende „Tunnelzustandsdichte", wie sie in der differentiellen Leitfähigkeit auftritt. Es wird deutlich, dass ρ^{p} sowohl von der vollen Leitungselektronen-Bandstruktur als auch von den elektronischen Korrelationen mit den f-Zuständen abhängt.

Die komplexe Formel (6.6) kann vereinfacht werden, indem folgende Näherungen betrachtet werden:

1. Es wird angenommen, dass direktes Tunneln in die f-Zustände vernachlässigt werden kann: $t_d = 0$. Dies wird u.a. dadurch gerechtfertigt, dass sowohl die RTM-Topograpie (vgl. Abb. 4.20) als auch, wie weiter unten noch diskutiert wird, die Spektroskopiedaten stark auf eine Si-terminierte Probenoberfläche hindeuten, so dass davon ausgegangen werden kann, dass Elektronen vorrangig in das Leitungsbandkontinuum tunneln,

2. Weiterhin wird angenommen, dass der Fußpunkt der Spitze $\mathbf{R}$ näherungsweise mit dem der Spitze am nächsten liegenden Yb-Gitterplatz übereinstimmt: $\mathbf{R} \approx \mathbf{r}_i$. Es wird also angesetzt, dass der Tunnelstrom nicht sensitiv davon abhängt, wo sich die Spitze in Bezug auf die Anordnung der Atome in einer Einheitszelle befindet. Innerhalb der experimentellen Auflösung wurde keine Ortsabhängigkeit der Spektren innerhalb einer Oberflächen-Einheitszelle festgestellt (s.u.).

Mit diesen vereinfachenden Annahmen kann die volle Leitungselektronen-Greensfunktion $G_{\mathbf{RR}}(E)$ in eine Form gebracht werden, welche die *„bloße"* Leitungselektronen-Greensfunktion $\mathcal{G}_{\mathbf{RR}}(E)$ (d.h. in Abwesenheit der Vielteilchen-Effekte aufgrund der Wechselwirkung mit den Yb-Momenten) sowie der sog. T-Matrix $T(E) = V_h^+\, G_\sigma^d(\varepsilon)\, V_h$ ausgedrückt werden. Die Berücksichtigung aller Gitterplätze $\mathbf{r}_i$ erfolgt durch die Summation über alle möglichen geschlossenen Trajektorien von Elektronen durch das Gitter (genauer durch sog. *Self-avoiding Random Walks*, d.h. solche vom Fußpunkt der Spitze $\mathbf{R}$ ausgehenden, geschlossenen Trajektorien, welche jeden Gitterplatz $\mathbf{r}_i$ höchstens einmal enthalten, symbolisiert durch $\sum^{\hat{\circ}}_{\mathbf{r}_1\ldots\mathbf{r}_n}$):

$$G_{\mathbf{RR}}(E) = \mathcal{G}_{\mathbf{RR}}(E) + \sum_{n=1}^{\infty} \sum_{\mathbf{r}_1\ldots\mathbf{r}_n}^{\hat{\circ}} \mathcal{G}_{\mathbf{Rr}_1}(E)\mathcal{G}_{\mathbf{r}_1\mathbf{r}_2}(E)\ldots\mathcal{G}_{\mathbf{r}_n\mathbf{R}}(E)\,[T(E)]^n\ . \tag{6.7}$$

Gleichung (6.7) macht deutlich, das selbst für den Fall, dass ausschließlich Tunnelprozesse in das Leitungsband betrachtet werden, die Hybridisierung V_h sowie die elektronische Struktur der lokalen f-Momente G^d_σ in die Tunnelzustandsdichte eingehen. Für hinreichend hohe Temperaturen haben die lokalen kompositen Quasiteilchen keine räumliche Kohärenz ausgebildet. Unter dieser Bedingung ist die resonante magnetische Streuung an einem einzelnen Yb-Moment unabhängig vom Verhalten der Momente an den restlichen Gitterplätzen. Damit genügt es jedoch, für die Auswertung von $G_{\mathbf{RR}}$ in der Doppelsumme in Gleichung (6.7) nur Terme mit $n = 1$ zu betrachten. Dies ist gleichbedeutend mit einem „Random Walk“, welcher nur den Yb-Gitterplatz $\mathbf{r}_i$ beinhaltet, welcher der Spitze am nächsten liegt.

Motiviert durch die experimentellen RTS-Resultate an $YbRh_2Si_2$ wurden durch Dr. Kirchner Modellberechnungen der differentiellen Leitfähigkeit durchgeführt. Abbildung 6.8b) zeigt die lokale Zustandsdichte an den Yb-Plätzen, berechnet im Rahmen der sog. *Non-Crossing Approximation (NCA)*. In dieser Näherung werden zur Auswertung von G^d_σ nur diejenigen Feynman-Diagramme berücksichtigt, welche keine Kreuzungen von Leitungselektronen-Linien aufweisen, d.h. nur zeitgeordnete (sog „Goldstone“-) Diagramme. Aufgrund dieser Einschränkung können aus der NCA keine Aussagen über den Grundzustand getroffen werden. Die resultierende Spektralfunktion in Abbildung 6.8b) zeigt neben den einfach bzw. doppelt besetzten Zuständen[4] bei ε^m_d bzw. $\varepsilon^m_d + U^{mn}$ die lokale Abrikosov-Suhl-Resonanz (ASR), welche sich aufgrund des Lochcharakters des Yb^{3+} geringfügig unterhalb der Fermienergie E_F befindet. Abbildung 6.9 zeigt für verschiedene Temperaturen aus der NCA-Zustandsdichte berechnete Spektren der differentiellen Leitfähigkeit. Es wurde nur der erste Term in Gleichung (6.7) berechnet, d.h. Effekte gitterkohärenter Streuung bleiben unberücksichtigt. Ähnlich den experimentellen Kurven zeigen die berechneten Spektren eine V-förmige, nahezu symmetrische Energielücke, welche sich steigender Temperatur graduell schließt.

Zum direkten Vergleich sind in Abbildung 6.10a) eine berechnete und eine experimentell bestimmte Kurve bei vergleichbarer Temperatur aufgetragen. Die theoretischen Rechnungen verwenden als Parameter die Temperatur im Verhältnis zur Kondotemperatur. Deren

[4]Die NCA-Methode wurde auf den Fall endlicher Coulombabstoßung U^{mn} zwischen mehreren Orbitalen ε^m_f verallgemeinert, um der KEF-Aufspaltung des Yb $4f^{13}$-Zustandes Rechnung zu tragen. Zur Vereinfachung wurde hier mit zwei Orbitalen ε^m_d gerechnet

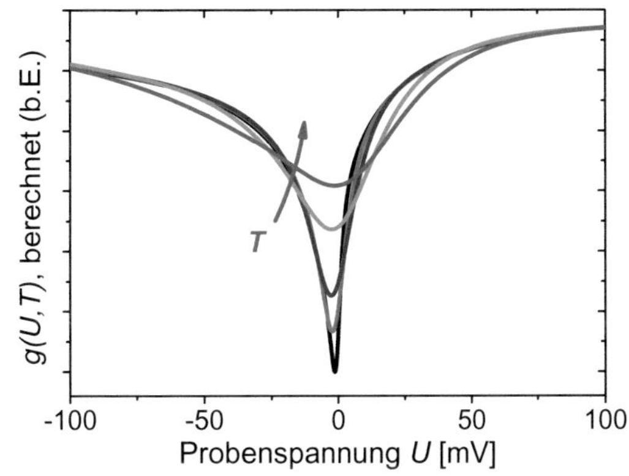

Abbildung 6.9: **Berechnete Spektren der Tunnelleitfähigkeit,** basierend auf der lokalen Zustandsdichte aus NCA-Rechnungen (vgl. Abbildung 6.8a), für verschiedene Temperaturen. Daten: Dr. S. Kirchner, siehe auch Ref. [Ern11]

Wert von 112 K wurde aus der Energiebreite der ASR in der bei $T = 1\,\mathrm{K}$ *berechneten* Spektralfunktion bestimmt, und ist vergleichbar mit der bereits in Abschnitt 6.1 eingeführten *lokalen* Kondotemperatur T_K^h.[5] Die theoretische Kurve beschreibt gut den Verlauf der experimentellen Daten für positive Probenspannungen U. Deutliche Abweichungen gibt es natürlicherweise für $U < 0$ im Bereich der zusätzlichen Maxima: Die Signaturen aufgrund der KEF-Anregungen sind im vereinfachten Modell nicht zu erwarten, und auch die Erklärung des scharfen Maximums bei $U = -6\,\mathrm{mV}$ geht über den hier diskutierten lokalen Kondoeffekt hinaus (s.u.). Subtrahiert man den zusätzlichen Peak nahe $U = -6\,\mathrm{mV}$ (unterbrochene schwarze Linie in der Abbildung: es wurde eine gefittete Lorentz-Kurve von den Daten subtrahiert, siehe nächster Abschnitt), so ähnelt der Verlauf des so erhaltenen Graphen auch im betreffenden Bereich ($-10\,\mathrm{mV} < U < 0$) der theoretischen Kurve. Auffällig ist, dass das Minimum im experimentell gemessenen Spektrum weniger scharf ausgeprägt ist (möglicherweise ein Effekt der begrenzten experimentellen Auflösung), und zudem gegenüber der theoretischen Kurve zu positiven Spannungen hin verschoben ist. Die Verschiebung um etwa 1 mV liegt jedoch innerhalb des Toleranzbereiches für Offset-Spannungen des TT-RTM [Omi07]. Darüber hinaus sollte noch angemerkt werden, dass es sich bei den theoretischen Kurven nicht um einen Fit (im Sinne einer Minimierung der Abweichungsquadrate) handelt, sondern um eine Rechnung mit Modellparametern.

[5] Der unmittelbare Vergleich der beiden Temperaturskalen ist nicht unproblematisch, da T_K^h die Einzelionen-Kondotemperatur darstellt, welche auch den Effekt der vierfachen KEF-Aufspaltung reflektiert, während in den Modellrechnungen lediglich zwei Niveaus berücksichtigt sind.

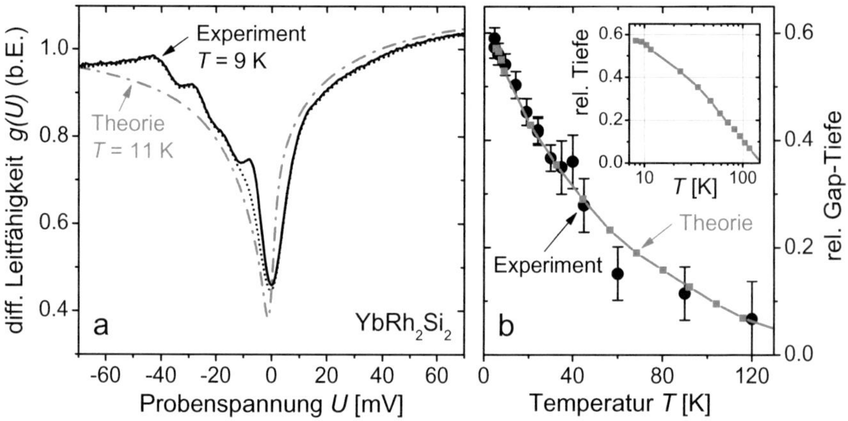

Abbildung 6.10: **Zero-Bias Gap: Vergleich von Theorie und Experiment. a)** Im Rahmen der NCA modellierte differentielle Leitfähigkeit $g(U,T)$ bei $T = 11\,\mathrm{K}$ *(rote Strich-Punkt-Linie)* und experimentelle gemessenes Spektrum bei $T = 9\,\mathrm{K}$ *(schwarze durchgezogene Linie)*. Die schwarze unterbrochene Linie zeigt die experimentellen Daten abzüglich des Fits an das Maximum nahe $U = -6\,\mathrm{mV}$ (s.u. im Abschnitt 6.3.4). Die Meßdaten entsprechen denen in Abb. 6.4, wobei zur besseren Vergleichbarkeit zum berechneten Spektrum ein geringer linearer Anstieg einbezogen wurde. **b)** Vergleich der relativen Tiefe des Zero-Bias Gap aus Theorie *(rote Quadrate)* und Experiment *(Kreise)* als Funktion der Temperatur. Die Tiefe wurde wie im Text beschrieben bestimmt. Das kleine Bild zeigt die berechneten Werte in halblogarithmischer Auftragung im entsprechenden Temperaturbereich

Abbildung 6.10b) zeigt eine Gegenüberstellung der Tiefe des Zero-Bias Gap aus Experiment und Theorie. Die experimentellen Werte wurden aus den Spektren in Abbildung 6.6 bestimmt, sind also jeweils auf den Wert $g(U = 0, T)$ normiert, welcher einem vollständig geschlossenen Gap entspricht. Da die theoretischen Rechnungen keine absoluten Werte liefern, wurde die theoretisch ermittelte Gaptiefe vertikal skaliert. Innerhalb des experimentellen Fehlerbereiches liegen die experimentellen Werte auf der berechneten Kurve. Das kleine Bild in Abb. 6.10b) zeigt die Temperaturabhängigkeit der theoretisch ermittelten Gaptiefe in halblogarithmischer Auftragung. Der nahezu logarithmische Verlauf für $T \gtrsim 30\,\mathrm{K}$ entspricht der im Fall des Einzelionen-Kondoeffektes erwarteten Temperaturabhängigkeit der Höhe der ASR für Temperaturen nahe der Kondotemperatur [Cos00].

Die gute Übereinstimmung von funktionalem Verlauf und Temperaturabhängigkeit der Spektren in Theorie und Experiment liefert einen deutlichen Hinweis darauf, dass es sich beim Zero-Bias Gap in der Leitfähigkeit tatsächlich um eine Signatur der *lokalen, inkohärenten* Kondostreuung der Leitungselektronen am Yb^{3+}-Multiplett handelt. Genauer gesagt stellt es die entsprechende Fano-Resonanz für den Grenzfall dar, dass das Tunneln nur (oder zumindest überwiegend) in das Leitungsband stattfindet. Vereinfacht ausgedrückt reflektiert die Lücke die Minderung der für das Tunneln verfügbaren Zustandsdichte im Leitungsband aufgrund des Kondoeffektes: Ist ein Leitungselektron im Kondo-Singulett „gebunden“, steht es für den Tunnelprozess nicht mehr zur Verfügung. (Bereits in den 1970er Jahren wurde gezeigt, dass als Folge der starken Streuung an individuellen magnetischen Momenten die lokale Leitungselektronen-Zustandsdichte in einem Bereich der Einzelionen-Kondoskale um die Fermienergie unterdrückt wird [Mez71].) Die aus den NCA-Rechnungen ermittelte Kondotemperatur von 112 K entspricht in etwa der Temperaturskale, unterhalb welcher sich das Zero-Bias Gap öffnet, und bei welchen auch die oben erwähnten Extrema in Widerstand [Tro00a] und Thermokraft [Köh08] auftreten. Die „effektive“ Einzelionen-Kondotemperatur T_K^h der thermisch angeregten KEF-Zustände ergibt sich näherungsweise aus dem geometrischen Mittel der relevanten Energieskalen: der Einzelionen-Kondoskale T_K des Grundzustands-Dubletts und der Energien der KEF-Anregungen Δ_i^KEF [Cor72, Han85, Dio06, Köh07]. Mit $T_\mathrm{K} = 30\,\mathrm{K}$ und den KEF-Anregungsenergien von $YbRh_2Si_2$ ($\Delta_1^\mathrm{KEF} = 17\,\mathrm{meV}$, $\Delta_2^\mathrm{KEF} = 25\,\mathrm{meV}$ und $\Delta_1^\mathrm{KEF} = 43\,\mathrm{meV}$ [Sto06b]) ergibt sich $T_\mathrm{K}^\mathrm{h} \approx (T_\mathrm{K} \cdot \Delta_1^\mathrm{KEF} \cdot \Delta_2^\mathrm{KEF} \cdot \Delta_3^\mathrm{KEF})^{1/4} \approx 170\,\mathrm{K}$. Betrachtet man lediglich die beiden untersten KEF-Anregungen, so beschreibt $T_\mathrm{K}^\mathrm{h} \approx (T_\mathrm{K} \cdot \Delta_1^\mathrm{KEF} \cdot \Delta_2^\mathrm{KEF})^{1/3} \approx 120\,\mathrm{K}$ besser die Befunde der Widerstands- und Thermokraft-Experimente [Dio06, Köh07] und stimmt gut mit der Kondotemperatur aus den NCA-Rechnungen und der charakteristischen Temperaturskale des Zero-Bias Gap überein.

Die auf der NCA basierenden Modellrechnungen sind in der Lage, den V-förmigen, nahezu symmetrischen Verlauf des Zero-Bias Gap sowie dessen Temperaturabhängigkeit zu reproduzieren. Die Näherung liefert jedoch keine Aussagen über den Grundzustand. Um niederenergetische Anregungen des Kondogitters bei tiefen Temperaturen adäquat beschreiben zu können, muss man eine Methode verwenden, welche den *gitterkohärenten* Zustand berücksichtigt. Eine solche Methode ist die Theorie der renormierten Bänder (siehe z.B. Ref. [Zwi92, Tha05]). Diese Methode kombiniert materialspezifische *ab-initio* Berechnungen der elektronischen Struktur mit phänomenologischen Betrachtungen. Konventionelle Bandstruktur Rechnungen, basierend z.B. auf der *Local Density Approximation (LDA)*, sind gut geeignet, um Metalle mit schwach gekoppelten, quasi-freien Elektronen zu beschreiben. Starke Korrelationen können in solchen Methoden jedoch nicht hinreichend berücksichtigt werden. Die renormierte Bandstruktur-Rechnung berücksichtigt die Formierung schmaler Quasiteilchen-Bänder aufgrund der starken Korrelationen durch die Renormierung einzelner Parametern in der *ab-initio*-Bandstruktur. Diese Anpassung geschieht phänomenologisch anhand von experimentellen Befunden, etwa dem erhöhten Sommerfeld-Koeffizienten der spezifischen Wärme. Kohärenzeffekte, welche aus der Gitterperiodizität resultieren, sind in der Bandstruktur auf natürliche Weise enthalten. Daher liefert die renormierte Bandstruktur eine Beschreibung des Grundzustandes von Kondogitter-Systemen. Aussagen über angeregte Zustände sind allerdings nur sehr eingeschränkt möglich. In diesem Sinne ist der Vergleich der Tunnelleitfähigkeit zur renormierten Quasiteilchen-Zustandsdichte komplementär zu den NCA-Modellrechnungen.

In Abbildung 6.11a) sind die Zustandsdichten für $YbRh_2Si_2$ aus LDA+U-Rechnung und renormierter Bandstrukturrechnung gegenübergestellt (Prof. Dr. G. Zwicknagl in Ref. [Fri10]). Im erstem Fall tragen im Wesentlichen Rh4d- und Yb5d-Elektronen zur (vergleichsweise niedrigen) Zustandsdichte an der Fermienergie bei. Die f-Zustände werden als „ionische" Niveaus berücksichtigt, womit dieser Fall dem Regime lokaler Momente bei hohen Temperaturen entspricht. Dahingegen zeigt die renormierte Rechnung ein hohes spektrales Gewicht nahe E_F, welches auf die schmalen Quasiteilchenbänder mit f-Charakter im Schwere-Fermionen-Zustand zurückzuführen ist. Die tiefste Temperatur, bei welcher RTS-Messungen an $YbRh_2Si_2$ durchgeführt wurden, lag bei $T = 4.6\,\mathrm{K}$. Dies ist deutlich unterhalb der Grundzustands-Kondotemperatur T_K, so dass die Ausbildung kohärenter Quasiteilchen zu erwarten ist. Auf der anderen Seite ist diese Temperatur jedoch hoch gegenüber der Temperatur $T_N = 70\,\mathrm{mK}$, bei welcher das System zur (der Formierung des Kondosingulett-Zustandes entgegenwirkenden) magnetischen Ordnung übergeht. Daher ist es möglich, die Tunnelspektren bei tiefer Temperatur mit den Ergebnissen der renormierten Bandstruktur-Rechnung zu vergleichen.

Abbildung 6.11b) zeigt die renormierte Quasiteilchen-Zustandsdichte in einem Energiebereich nahe E_F [Fri10]. Deutlich sind in der Zustandsdichte Signaturen bei Energien unterhalb des Ferminiveaus zu erkennen, welche denen der KEF-Anregungen entsprechen[6]. Das Auftreten der KEF-Anregungen in der renomalisierten Bandstruktur untermauert die Zuordnung der entsprechenden Signaturen in den Tunnelspektren bei tiefen Temperatu-

[6]Es zeigen sich deutliche Maxima bei $|E - E_F| = 18$ und $43\,\mathrm{meV}$, sowie ein weniger stark ausgeprägtes bei $26\,\mathrm{meV}$.

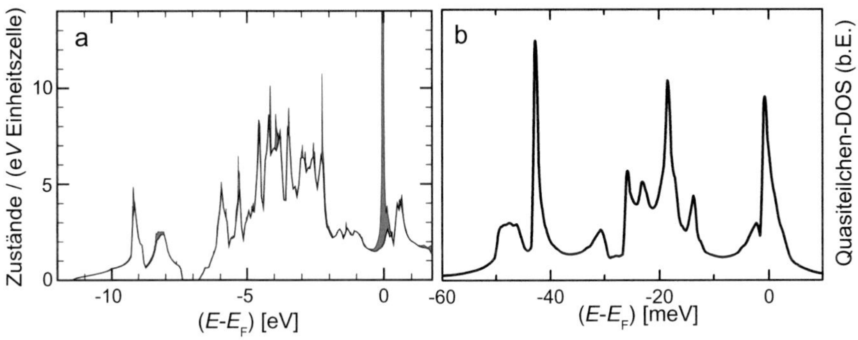

Abbildung 6.11: **Elektronische Struktur von $YbRh_2Si_2$. a)** Vergleich der totalen Zustandsdichte aus LDA+U-Rechnung (schwarze durchgezogene Linie) und renormierter Bandstruktur-Rechnung (unterlegtes Gebiet). **b)** Quasiteilchen-Zustandsdichte aus renormierter Rechnung für Energien nahe E_F. Abbildungen aus Ref. [Fri10]

ren. Die zusätzliche Vielteilchen-Resonanz bei E_F, eine Signatur des *räumlich kohärenten* Kondogitters, wird im folgenden Abschnitt näher behandelt.

6.3.4 Kondogitter-Maximum

In den vorangegangenen Abschnitten wurden die Ursachen des V-förmigen Zero-Bias Gaps um $U = 0$ und der drei Maxima bei $U = -17, \ -27$ und $- \ 43\,\mathrm{mV}$ identifiziert. Bisher nicht zugeordnet ist das schmale Maximum um $U = -6\,\mathrm{mV}$, welches bei tiefen Temperaturen in der differentiellen Leitfähigkeit auftritt, siehe Abbildung 6.4. Diese Signatur kann weder durch KEF-Anregungen erklärt werden, noch taucht sie im Bild des Einzelionen-Kondoeffektes auf. Wie im Folgenden gezeigt wird, setzt sich der $U = -6\,\mathrm{mV}$-Peak zudem durch seine starke Temperaturabhängigkeit von den anderen beobachteten Signaturen in $g(U, T)$ ab. Eine mögliche Interpretation ist, dass es sich bei besagtem Maximum um eine Signatur des räumlich kohärenten Tieftemperatur-Zustandes des Kondogitters handelt. Die vergrößerte Darstellung der renormierten Quasiteilchen-Zustandsdichte von $YbRh_2Si_2$ in Abb. 6.12d) zeigt eine Vielteilchen-Resonanz an der Fermikante. Von der lokalen ASR in der NCA-Zustandsdichte (vgl. Abb. 6.8b) unterscheidet sich diese vor allem im Auftreten einer schmalen Hybridisierungslücke nahe unterhalb E_F. Eine solche Lücke ist charakteristisch für ein kohärentes Kondogitter [Mar82], wobei in realen Kondogitter-Systemen nicht in jedem Fall eine vollständig ausgeprägte Lücke zu erwarten ist. Da die f-Schale in $YbRh_2Si_2$ mit etwas mehr als 13 Elektronen (bzw. etwas weniger als einem Loch) besetzt ist[7], bedingt die Luttinger'sche Summenregel, dass die die Hybridisierungslücke geringfügig unterhalb der Fermienergie liegt [Hew97, Fri10]. Aufgrund der Kopplung zwischen Leitungs- und f-Elektronen ist zu erwarten, dass eine entsprechende Signatur der kohärenten Quasiteilchenbänder auch in der Tunnelleitfähigkeit auftritt [Mal09, Fig10].

Abbildung 6.12a) zeigt eine vergrößerte Darstellung der Spektren im Bereich um $U = 0$. Die Auswertung des −6 mV-Peaks wird wiederum durch die Tatsache kompliziert, dass dieser dem nichtlinearen und temperaturabhängigen Verlauf des Zero-Bias Gap überlagert ist. Um diesen Hintergrund zu korrigieren, wurde zunächst diejenige Temperatur bestimmt, bei welcher der Peak innerhalb der experimentellen Auflösung nicht mehr in den $g(U,T)$-Kurven beobachtbar ist. Mit steigender Temperatur ist der Peak immer schwächer ausgeprägt und so angesichts der starken Spannungsabhängigkeit des Zero-Bias Gap in diesem Bereich nicht mehr als klares Maximum zu erkennen. Besser auszuwerten sind die Wendepunkte in den Spektren, welche in der Ableitung dg/dU als Extrema auftreten. Die Messkurven weisen für alle Temperaturen im Bereich *positiver* Spannungen nur einen Wendepunkt bei etwa $U = 5\,\text{mV}$ auf (siehe entsprechender Pfeil in Abbildung 6.12b)). Dieser Wendepunkt resultiert aus dem charakteristischen Verlauf des Zero-Bias Gaps. Demgegenüber zeigen die Kurven auf der Seite der negativen Spannungen bei tiefer Temperatur weitere Wendepunkte, welche durch die zusätzlichen Signaturen hervorgerufen werden: In der dg/dU-Kurve bei $T = 4.6\,\text{K}$ erkennt man ein Minimum bei etwa -15 mV, ein Maximum bei etwa -10 mV und ein weiteres deutliches Minimum bei etwa -3 mV, siehe Pfeile in Abb.6.12b. Die erste der entsprechenden Wendepunkte in $g(U)$ entsteht durch die Signatur der niedrigsten KEF-Anregung bei -17 mV. Der Wendepunkt bei $U \lesssim 5\,\text{mV}$ tritt etwa symmetrisch zu dem Wendepunkt bei $U \approx +5\,\text{mV}$ auf und ist charakteristisch für die Überlagerung des Zero-Bias Gap und dem Peak nahe -6 mV. Der Wendepunkt nahe $U \approx -10\,\text{mV}$ entsteht als Folge des -6 mV-Peaks und markiert dessen „linken Flanke“. Die Tatsache, dass die im Rahmen der NCA berechneten Spektren (vgl. Abb. 6.9 und 6.10) nahezu symmetrisch sind und auf der Seite positiver und negativer Spannungen jeweils nur einem Wendepunkt aufweisen, legt es nahe, dass auch die experimentellen Messkurven nur einen Wendepunkt bei negativen Spannungen aufweisen sollten, sobald der zusätzliche −6 mV-Peak bei hinreichend hoher Temperatur vollständig unterdrückt ist. Als Kriterium für das Verschwinden des −6 mV-Peaks wurde also verwendet, dass die numerische Ableitung dg/dU im Bereich $U = [-15\,\text{mV},\ -5\,\text{mV}]$ monoton fällt, d.h. das bei tiefen Temperaturen vorhandene Maximum in dg/dU nahe $U = -10\,\text{mV}$ verschwunden ist[8]. Innerhalb der experimentellen Auflösung ist dies bei $T \geq 30\,\text{K}$ der Fall. Dementsprechend kann angenommen werden, dass die bei $T = 30\,\text{K}$ gemessene Kurve den Verlauf des Zero-Bias Gap auch für negative Spannungen im Bereich $(-15\,\text{mV} \lesssim U \lesssim 0)$ beschreibt. Setzt man voraus, dass sich, abgesehen

[7]Die mittlere Valenz von $YbRh_2Si_2$ beträgt etwa 2.9 [Dan07], d.h. es liegt eine Konfiguration zwischen Yb^{3+} und Yb^{2+} vor

[8]Ein ähnliches Kriterium wurde z.B. in Ref. [Gom07b] verwendet.

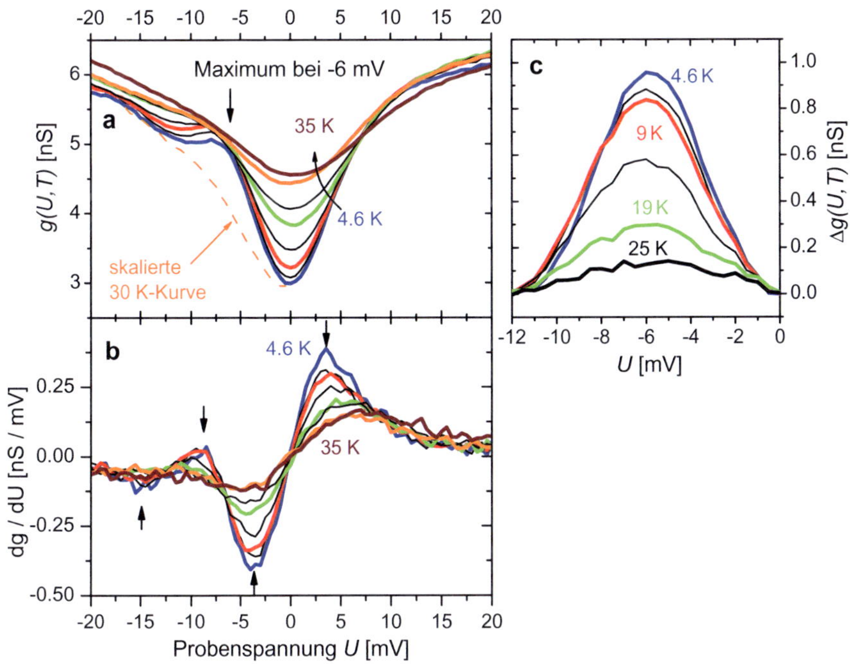

Abbildung 6.12: **Signatur der Kondogitter-Resonanz in der Leitfähigkeit.** **a)** Vergrößerte Darstellung der Spektren aus Abb. 6.4 im Bereich des zusätzlichen Maximums nahe $U = -6\,\mathrm{mV}$ für verschiedene Temperaturen. Die unterbrochene Linie zeigt die skalierte 30 K-Kurve, welche für $T = 4.6\,\mathrm{K}$ als Hintergrund verwendet wurde (siehe Text). **b)** Numerische Ableitungen der Kurven aus Teilbild a). Die Pfeile markieren die Maxima in $dg(U)/dU$ für $T = 4.6\,\mathrm{K}$ (siehe Text). **c)** Spektren aus a) für $T < 30\,K$, von denen die skalierte 30 K-Kurve als Hintergrund subtrahiert wurde: $\Delta g(U,T) = g(U,T) - \alpha(T)\,g(U,T = 30\,\mathrm{K})$ (siehe Text).

von der Gap-Tiefe, die Kurvenform des Zero-Bias Gap zwischen 4.6 K und 30 K nur wenig ändert, kann die 30 K-Kurve bei entsprechender Skalierung als Hintergrund subtrahiert werden. Ein Skalierungsfaktor $\alpha(T)$ wurde so bestimmt, dass die beiden entsprechenden Kurven für $U = 0$ übereinstimmen:

$$g(U = 0, T) = \alpha(T)g(U = 0, T = 30\,\mathrm{K})\,. \tag{6.8}$$

Für das Spektrum $g(U, T = 4.6\,\mathrm{K})$ ist die skalierte 30 K-Kurve in Abbildung 6.12a) mit eingetragen. Es sei betont, dass die Resultate der nachfolgenden Analyse nur unwesentlich davon abhängen, welche Kurve für $T \geq 30\,\mathrm{K}$ als Hintergrund verwendet wird. Die in Abbildung 6.12c) dargestellten Spektren nach Abziehen des Hintergrundes zeigen einen symmetrischen Peak, dessen Scheitelstelle temperaturunabhängig bei $U = -6\,\mathrm{mV}$ liegt. Die Form des Peaks kann für die jeweiligen Temperaturen sehr gut durch Lorentz-Kurven gefittet werden. Abbildung 6.13c) zeigt dies exemplarisch für $T = 4.6\,\mathrm{K}$. (Gauss-Funktionen liefern vergleichbar gute Ergebnisse.) Die Temperaturabhängigkeit der Peakhöhe $h(T)$ ist in Abbildung 6.13b) dargestellt. Der Vergleich mit der Höhe des KEF-Peaks bei $-43\,\mathrm{mV}$ zeigt, dass der bei $-6\,\mathrm{mV}$ wesentlich stärker von der Temperatur abhängt. Eine Extrapolation der Höhe zu $h = 0$ ergibt eine Temperatur von etwa 27 K, bei welcher der Peak vollständig unterdrückt sein sollte.

Durch das Fitten mit Lorentz-Kurven kann die Breite des Peaks sehr genau ausgewertet werden. In Teilbild 6.13a) ist die Peakbreite w (FWHM) über der jeweiligen Temperatur aufgetragen. Spekuliert man, dass es sich bei dem Peak bei $-6\,\mathrm{mV}$ um eine Signatur der Kondogitter-Resonanz handelt, hat dies Implikationen für die Temperaturabhängigkeit der Peakbreite $w(T)$: Für einzelne Kondoionen wurde experimentell verifiziert, dass mit steigender Temperatur die zunehmende thermische Verschmierung zu einer Verbreiterung der Fanoresonanz in der Tunnelleitfähigkeit gemäß Gleichung (6.2) führt. Die zu $T = 0$ extrapolierte Breite entspricht, bis auf Vorfaktoren, der Kondotemperatur. Im Einzelionen-Kondoeffekt hängt diese gemäß Gleichung (2.10) aus Abschnitt 2.2 exponentiell vom Hybridisierungsparameter $\mathcal{J}$ und der lokalen Zustandsdichte an der Fermienergie $\rho(E_\mathrm{F})$ ab. Da dies Ausdruck des Vielteilchen-Charakters der Kondoresonanz ist, lässt sich eine analoge Abhängigkeit auch im Kondogitter erwarten. Daher scheint es gerechtfertigt, für die Breite w des –6 mV-Peaks in $g(U, T)$ von $YbRh_2Si_2$ eine zu Gleichung (6.2) analoge Temperaturabhängigkeit anzusetzen. Die Linie in Abbildung 6.12a) ist ein Fit der aus den Messkurven bestimmten Breiten w mit der Funktion

$$w = 2\sqrt{(\pi k_B T)^2 + 2(k_B \theta)^2} \tag{6.9}$$

Der einzige freie Fitparameter, die „charakteristische Temperatur“ des Peaks, beträgt $\theta = (27 \pm 5)\,\mathrm{K}$. Dies ist auch die Temperatur, bei welcher die Höhe des Peaks zu Null extrapoliert wurde. Noch bemerkenswerter ist jedoch, dass θ der Kondotemperatur T_K des

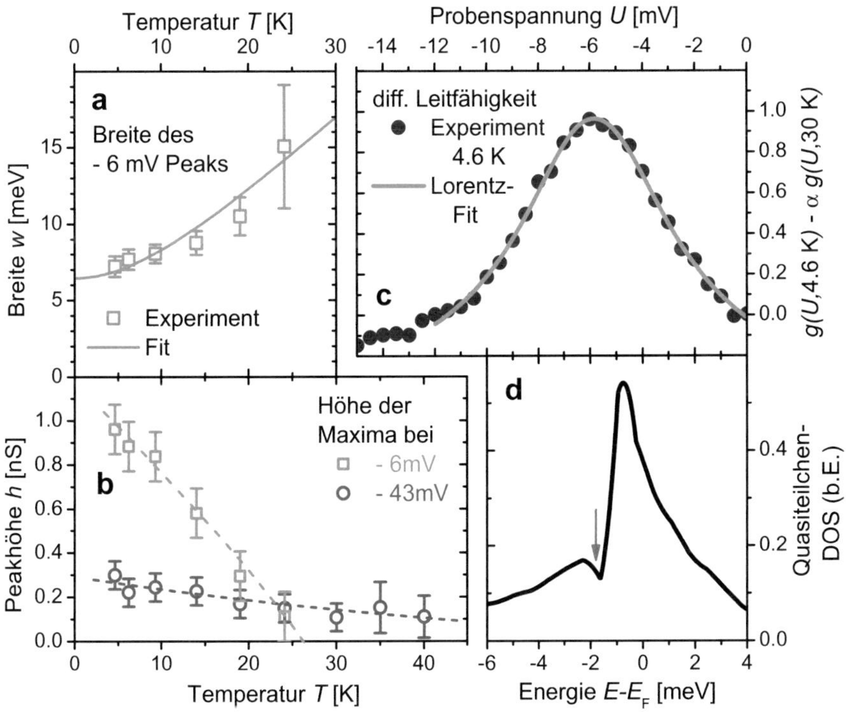

Abbildung 6.13: Signatur der Kondogitter-Resonanz. Temperaturverlauf **a)** der Breite w und **b)** der Höhe h des Peaks bei $U = -6\,\mathrm{mV}$, bestimmt aus dem Lorentz-Fit bei der jeweiligen Temperatur. Der Fit ist in **c)** exemplarisch für $T = 4.6\,\mathrm{K}$ dargestellt. Die Linie in a) ist ein Fit an die experimentellen Werte $w(T)$. in b) ist zum Vergleich der Temperaturverlauf des KEF-Peaks bei $U = -43\,\mathrm{mV}$ aus Abb. 6.5c) eingetragen. Die unterbrochenen Linien dienen jeweils der optischen Führung. **c)** zeigt eine vergrößerte Darstellung der renormierten Quasiteilchen-Zustandsdichte aus Abb 6.11 im Bereich um E_F. Der Pfeil markiert die Hybridisierungslücke

Grundzustands-Dubletts in $YbRh_2Si_2$ entspricht. Dies ist in Übereinstimmung mit der Interpretation dieses Peaks in $g(U)$ als Signatur der Hybridisierungslücke in der Vielteilchenresonanz des kohärenten Kondogitters.

In den Leitfähigkeits-Spektren $g(U)$ beobachtet man das breite, V-förmige Zero-Bias Gap um $U = 0$, und, bei tiefen Temperaturen diesem überlagert, das zusätzliche Maximum bei $U = -6\,\text{mV}$, also ebenfalls unterhalb der Fermienergie. Das Zero-Bias Gap mit einer charakteristischen Temperatur $T_K^h \approx 100\,\text{K}$ reflektiert die Minderung der Zahl der für den Tunnelprozess verfügbaren Elektronen *im Leitungsband* aufgrund der lokalen Kondostreuung am Yb^{3+}-Multiplett. Mit sinkender Temperatur werden die angeregten KEF-Zustände zunehmend entvölkert. Vollständige Kondo-Abschirmung stellt sich unterhalb $T_K \approx 30\text{K}$ ein [Cor72], wenn sich alle f-Elektronen im Grundzustand befinden. Erst dann kann sich ein räumlich kohärenter quantenmechanischer Zustand herausbilden. Die Hybridisierung der entstehenden Quasiteilchenbänder mit den Leitungselektronen führt dabei zur charakteristischen Lücke im *Quasiteilchen*-Spektrum. Die vergrößerte Darstellung der Gitterresonanz in der renormierten Quasiteilchen-Zustandsdichte in Abbildung 6.13d) zeigt eine Hybridisierungslücke bei $E - E_F \approx -2\,\text{meV}$ (Pfeil in der Abbildung). So wie sich die lokale Kondostreuung in einer Absenkung der Zustandsdichte im Leitungsband niederschlägt, führt möglicherweise die Hybridisierung zu zusätzlichen Zuständen im Leitungsband. Dieses zusätzliche spektrale Gewicht könnte ausschlaggebend für die Ausbildung des Peaks bei $-6\,\text{mV}$ sein. Warum Position und Breite dieses Peaks von denen der Hybridisierungslücke in der renormierten Bandstruktur abweichen, ist derzeit eine ungeklärte Frage. So könnte der Fano-Effekt bewirken, dass die Signaturen in $g(U)$ *nicht* eins zu eins der Zustandsdichte entsprechen. Für die Lage der Hybridisierungslücke relativ zu E_F stellt die T_K^h als Breite der Kondoresonanz eine obere Grenze dar [Mar82]. Mit $T_K^h = 112\,\text{K}$ aus den NCA-Rechnungen ist $k_B T_K^h/e \approx 9\,\text{mV}$, womit das Maximum des Peaks bei $-6\,\text{mV}$ innerhalb dieser Grenze liegt.

Um eine eventuelle räumliche Variation des Peaks in $g(U,T)$ bei $U = -6\,\text{mV}$ zu untersuchen, wurde ortsaufgelöste RTS bei $T = 4.6\,\text{K}$ im Spannungsbereich $-15\,\text{mV} \leq U \leq +7\,\text{mV}$ durchgeführt. Der Scanbereich von $8.0 \times 7.2\,\text{Å}^2$ und die laterale Schrittweite von etwa $0.1\,\text{Å}$ wurden so gewählt, dass Variationen in $g(U)$ innerhalb einer Einheitszelle beobachtbar sein sollten (die Gitterkonstante von $YbRh_2Si_2$ entlang der *ab*-Ebene ist $4.01\,\text{Å}$). Abbildung 6.14a) und b) zeigen Spektroskopiekarten der differentiellen Leitfähigkeit beim Maximum des Kondogitter-Peaks ($U = -6\,\text{mV}$) und seitlich neben diesem Peak ($U = -12\,\text{mV}$), siehe repräsentatives Spektrum in Teilbild c). Da sich die Werte der Leitfähigkeit bei $-6\,\text{mV}$ und $-12\,\text{mV}$ unterscheiden, wurde zur besseren Vergleichbarkeit in den Spektroskopiekarten die Abweichung der $g(U;\mathbf{r})$ vom Flächenmittel $\langle g \rangle_\mathbf{r}$ bei der jeweiligen

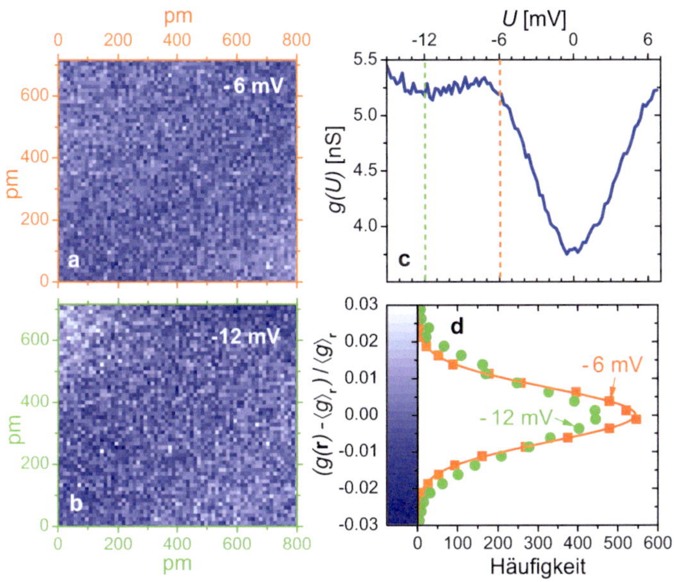

Abbildung 6.14: **Ortsaufgelöste RTS** im Spannungsbereich von −15 mV bis +7 mV über ein Gebiet der Größe $800 \times 720\,\mathrm{pm}^2$, d.h. etwa vier Einheitszellen in der Si-Ebene. **a)** und **b)** zeigen Schnitte durch das Spektroskopiefeld $g(U;\mathbf{r})$ bei konstanten Spannungen von $U = -6\mathrm{mV}$ und $-12\,\mathrm{mV}$, aufgenommen bei $T = 4.6\,\mathrm{K}$. Dargestellt sind jeweils die relativen Abweichungen vom Flächenmittel $\langle g(U)\rangle_{\mathbf{r}}$, normiert auf $\langle g(U)\rangle_{\mathbf{r}}$. Die Schrittweite des Rasters beträgt 12 pm. Die verwendete Farbskala ist in Teilbild d) dargestellt. **c)** zeigt eine $g(U,T)$-Kurve des Spektroskopiefeldes an einem festen Ort $\mathbf{r}$ (vgl. z.B die 4.6 K-Kurve in Abbildung 6.12. Die unterbrochenen Linien markieren die in a) und b) dargestellten Spannungsschnitte: Die Spannungen wurden so gewählt, dass sie in a) genau auf dem −6 mV-Peak liegen, in b) außerhalb des −6 mV-Peaks und dem KEF-Peak bei −17 mV. Im Histogramm **d)** sind die Häufigkeitsverteilungen der Spektroskopiekarten a) und b) aufgetragen. Die Linie ist der Fit der −6 mV-Datenpunkte mit einer Gaußfunktion. Deren Halbwertsbreite ist vergleichbar mit dem Rauschniveau im Tunnelspektrum in c).

Spannung, normiert auf $\langle g \rangle_{\mathbf{r}}$, dargestellt:

$$\frac{g(U;\mathbf{r}) - \langle g(U) \rangle_{\mathbf{r}}}{\langle g(U) \rangle_{\mathbf{r}}} \tag{6.10}$$

Aus den Spektroskopiekarten ist innerhalb der Fehlergrenzen keinerlei räumliche Variation der Leitfähigkeit ersichtlich. Vielmehr belegen die Histogramme der Spektroskopiekarten in Teilbild d), dass die relativen Abweichungen der Leitfähigkeit von deren Flächenmittelwert innerhalb der Karten gaußverteilt sind. Die für $U = -6\,\mathrm{mV}$ angefittete Gaußfunktion weist eine volle Halbwertsbreite von 0.017% auf, d.h. die Abweichungen der Leitfähigkeit vom Mittelwert ist sehr gering und entsprechen der Streuung der Datenpunkte in den einzelnen Spektroskopiekurven ($\sim 0.1\,\mathrm{nS} \approx 0.02\,\langle g(-6\,\mathrm{mV}) \rangle_{\mathbf{r}}$, vgl. Teilbild c)). Diese Homogenität der $g(U)$-Kennlinien auf der Probenoberfläche könnte durch zwei Faktoren bedingt sein: Zum einen befinden sich bei einer Si-terminierte Oberfläche die Yb-Momente in der vierten Atomlage von der Oberfläche, so dass man davon ausgehen kann, dass zum Tunnelprozess vorrangig Elektronen aus dem Leitungsbandkontinuum beitragen. Aufgrund deren itinerantem, räumlich ausgedehntem Charakter wären eventuell vorhandene Variationen in der lokalen Zustandsdichte in $g(U)$ u.U. nicht detektierbar. Zum anderen ist fraglich, ob im Hinblick auf die hohe renormierte Masse in $YbRh_2Si_2$ und die dadurch gegenüber den Gitterabständen vergleichsweise große Kohärenzlänge der Kondowechselwirkung eine Variation der Signaturen des Kondoeffektes innerhalb der Einheitszelle überhaupt zu erwarten ist – insbesondere dann, wenn sich das Kondogitter im Tieftemperatur-Zustand mit räumlich kohärenten Quasiteilchen befindet. Die räumliche Ausdehnung der Kondo-Abschirmung (sog. Kondo-Wolke) ist eine aus theoretische und experimenteller Sicht ungeklärte Frage [Újs05, Ber08, Büs10]. Für den Fall einzelner magnetischer Ionen wurden langreichweitige Signaturen des Kondoeffektes mittels RTS experimentell nachgewiesen [Prü11]. Nimmt man an, dass die durch die Kondostreuung erzeugten Quasiteilchen eine mittlere Lebensdauer von $\tau_\mathrm{K} = \hbar/k_\mathrm{B}T_\mathrm{K}$ besitzen und sich mit einer gegenüber der Fermienergie renormierten Geschwindigkeit v_F^* bewegen, ergibt sich eine Abschätzung der Kondo-Kohärenzlänge ξ_K [Sør96]

$$\xi_\mathrm{K} = \frac{\hbar v_\mathrm{F}^*}{k_\mathrm{B}T_\mathrm{K}} \tag{6.11}$$

Damit ist ξ_K für einb Kondogitter größer als, aber vergleichbar mit den interatomaren Abständen [Bra84].

Die Homogenität der Tunnelspektren in $YbRh_2Si_2$ steht nicht im Gegensatz zu der in Ref [Ayn10a] beobachteten Modulation der Leitfähigkeit in den RTS-Daten von URu_2Si_2: Die betreffenden Spektren entstanden auf einer U-terminierten Oberfläche. Dadurch gibt es eine höhere Wahrscheinlichkeit, direkt in die $5f$-Zustände des U zu tunneln. Dies drückt sich auch in der ausgeprägteren Asymmetrie der Fanoresonanz aus [Fig10]. Aufgrund der Form und Orientierung der f-Orbitale weist auch die Fano-Resonanz in der Leitfähigkeit eine Ortsabhängigkeit auf.

6.3.5 Experimentelle Details

Tunnelspektroskopie wurde an insgesamt zwei unter Normalatmosphäre gespaltenen und acht unter UHV-Bedingungen gespaltenen hochreinen $YbRh_2Si_2$-Einkristallen verschiedener Züchtungen (63109, 63129 und 63131, hergestellt durch Dr. C. Krellner am MPI CPfS) durchgeführt. Von den *in-situ* präparierten wurden zwei bei Raumtemperatur im Kryogenen RTM gespalten, die restlichen sechs bei etwa 20 K im TT-RTM (siehe Abschnitt 3.3). Das Spalten bei tiefer Temperatur wurde notwendig, da die Tunnelexperimente an den bei Raumtemperatur präparierten Oberflächen keine zufriedenstellenden Ergebnisse lieferten, weder in der Topographie (vgl. Abschnitt 4.4.2) noch in der Spektroskopie. Ein entsprechendes Spaltwerkzeug war zum Zeitpunkt der Fertigstellung dieser Arbeit nur im TT-RTM vorhanden (vgl. Abschnitt 4.2.2). Durch das Spalten der hochwertigen Einkristalle bei tiefer Temperatur entstanden ausgedehnte Gebiete mit flacher, atomar geordneter Oberfläche mit niedriger Dichte von Störstellen, vgl. Abschnitt 4.4. Vor dem Durchführen spektroskopischer Messungen wurde jeweils die Qualität der Oberflächentopographie überprüft, um einen möglichen Einfluss von Kontaminationen oder Defekten auf die Messdaten auszuschließen. Darüber hinaus handelt es sich bei den in diesem Abschnitt abgebildeten Tunnelspektren, falls nicht anders vermerkt, um über die untersuchte Oberfläche gemittelte Daten. Dafür wurden jeweils in einem geeigneten Gebiet auf der Probenoberfläche (Größe $\sim 1\,\mathrm{nm}^2$) eine größere Anzahl von Spektren (~ 50) entlang eines Rasters aufgenommen, und diese dann gemittelt. Da innerhalb der experimentellen Auflösung auf einem „ungestörten“ Gebiet keine Ortsabhängigkeit der Spektren festgestellt wurde, bedeutet diese Flächenmittelung gleichzeitig eine *zeitliche* Mittelung mehrerer Messkurven, wodurch das Signal-zu-Rausch-Verhältnis verbessert und der Einfluss evtl. vorhandener (äußerer) Störungen minimiert werden konnte. Aufgrund der begrenzten (thermischen und mechanischen) Stabilität des Tunnelkontaktes ist es meist günstiger, zur Verbesserung der Messstatistik über mehrere gleichartige Spektren zu mitteln als eine einzige Kurve über eine entsprechend lange Zeit aufzunehmen, da zwischen den Einzelkurven die Rückkopplungsschleife kurzzeitig geschlossen werden kann. Je nach Temperatur (und der damit verbundenen thermischen Drift des RTM-Scanners) und verwendetem Spannungsintervall betrug die Messzeit pro Spektroskopiekurve zwischen 20 und 60 Sekunden. Die differentielle Leitfähigkeit wurde mittels eines Lockin-Verstärkers gemessen. Es wurde RTS im Temperaturbereich von 4.6 K bis zu 120 K durchgeführt, bei hohen Temperaturen $T \geq 40\,\mathrm{K}$ aufgrund des größeren experimentellen Aufwandes nur an einer Probe.

Die auf verschiedenen Proben aufgenommenen Spektren unterschieden sich teilweise im asymptotischen Verhalten für hohe Anregungsspannungen. Das Auftreten eines veränderlichen, teilweise nichtlinearen und stark spannungsabhängigen Hintergrundsignals in den Spektren kann seine Ursache in den konkreten Messbedingungenn haben, etwa in thermischer Drift oder dem Einfluss von Form und chemischer Identität der Tunnelspitze [Ren95,

Ayn10a]. Die zentralen experimentellen Befunde der RTS-Daten, welche in den vorangegengenen Abschnitten diskutiert wurden, traten jedoch reproduzierbar auf. Die Ausprägung der Signaturen variierte im Verlauf der Messungen (z.T. auch innerhalb der selben Probe), wobei jedoch keine Zuordnung zur Qualität der Probe (Restwiderstandsverhältnis der jeweiligen Züchtung) oder zur Beschaffenheit der Probenoberfläche hergestellt werden konnte. Selten wurde auch eine Verschiebung der spektralen Signaturen (inkl. des Minimum des Zero-Bias Gap) um wenige mV entlang der U-Achse beobachtet, es könnte sich hierbei jedoch um einen Artefakt der Messung handeln.

6.4 Zusammenfassung und Ausblick

Es wurden ausführliche Messungen der differentiellen Tunnelleitfähigkeit an YbRh$_2$Si$_2$ durchgeführt. Diese Experimente über einen weiten Temperaturbereich gewähren Einblicke in die thermische Entwicklung des Kondoeffektes in diesem prototypischen Kondogitter-System.

Die Kennlinien werden bei hohen Temperaturen bestimmt durch eine V-förmige, nahezu symmetrische Lücke mit Minimum nahe $U = 0$. Die Lücke öffnet sich kontinuierlich mit sinkender Temperatur unterhalb von etwa 100 K. Form und Temperaturabhängigkeit können gut durch Modellrechnungen beschrieben werden. Diese Rechnungen simulieren das Tunneln von Elektronen in Leitungsbandzustände des Kondogitters unter Berücksichtigung der lokalen Kondowechselwirkung mit den Yb^{3+}-Momenten. Die lokale quantenmechanische Verschränkung aufgrund des Kondoeffektes umfasst das gesamte KEF-Multiplett der $4f$-Zustände. Die charakteristische Temperaturskala der Lücke in der Leitfähigkeit stimmt gut mit der Kondotemperatur von 112 K überein, welche aus der berechneten Zustandsdichte ermittelt wurde. Zudem ist sie konsistent mit der Einzelionen-Kondotemperatur T_K^h, auf welche Messungen des elektrischen [Tro00a] und thermischen [Köh08] Transportes hindeuten.

Mit sinkender Temperatur werden die thermisch angeregten KEF-Niveaus entvölkert, und die f-Elektronen besetzen zunehmend das Grundzustands-Dublett. Dies ist Voraussetzung für die Ausbildung räumlicher Quantenkohärenz des Kondogitters. In der renormierten Zustandsdichte manifestiert sich die Formierung von Quasiteilchenbändern in einer Hybridisierungslücke innerhalb der Vielteilchenresonanz. In der Tunnelleitfähigkeit beobachtet man ein zusätzliches schmales Maximum bei $U = -6\,\text{mV}$, welches möglicherweise mit Effekten der Gitterkohärenz in Verbindung steht. Die Lage dieser Signatur bzgl. der Fermienergie wird bestimmt durch die lokale Kondotemperatur T_K^h. Das zusätzliche Maximum entwickelt sich unterhalb von etwa 30 K. Diese Temperatur ist in bemerkenswerter Übereinstimmung mit der Einzelionen-Kondoskale T_K des Grundzustandes. Ob T_K somit als „Gitterkohärenz-Temperatur“ [Bur00, Yan08] interpretiert werden kann, ist bislang spekulativ.

Das Auftreten von Signaturen der KEF-Anregungen des $4f$-Zustandes bei negativen Anregungsspannungen liefert einen weiteren starken Hinweis darauf, dass sich die Kondowechselwirkung in der differentiellen Leitfähigkeit niederschlägt. Besonders wichtig für die

Interpretation der RTS-Daten erscheint es, dass die KEF-Maxima genau bei den Spannungen liegen, welche den KEF-Anregungen in den Daten der (volumensensitiven) inelastischen Neutronenstreuung [Sto06b] entsprechen. Es kann somit davon ausgegangen werden, dass die Tunnelspektren die Volumeneigenschaften von $YbRh_2Si_2$ reflektieren.

Einige Fragestellungen konnten innerhalb dieser Arbeit bislang nicht untersucht werden und bedürfen somit weiterer Experimente. Um den Zusammenhang der Signaturen in der Leitfähigkeit mit dem Kondoeffekt zu verifizieren, sollten vergleichbare Messungen an dotierten $YbRh_2Si_2$-Einkristallen durchgeführt werden. Dafür kommen z.B. die Substitution von Yb durch Lu, von Si durch Ge oder Rh durch Ir oder Co in Frage, siehe Abschnitt 6.1. Insbesondere bietet Ge-Substitution den Vorteil, dass zum einen Einfluß auf die Hybridisierungsstärke genommen werden kann, zum anderen Ge-Atome bei einer Si-terminierten Oberfläche direkt in der RTM-Topographie sichtbar wären, wodurch die Identifikation der Oberflächenbeschaffenheit bestätigt werden könnte. Vorläufige RTM-Ergebnisse zeigen dass sich durch Spalten bei tiefer Temperatur von $Yb(Rh_{0.88}Co_{0.12})_2Si_2$-Einkristallen ähnlich hochwertige Oberflächen herstellen lassen wie in undotierten Proben. Schlüssige Spektroskopie-Messungen wurden jedoch bislang nicht erreicht.

Eine natürliche Weiterführung der hier gezeigten Experimente liegt in der Verwendung des Kryogenen RTM, siehe Abschnitt 3.3. Durch die niedrigere Basistemperatur könnte die spektrale Auflösung verbessert und der untersuchte Temperaturbereich erweitert werden. Zusätzlich bietet das Kryogene RTM die Möglichkeit, Experimente im äußeren Magnetfeld durchzuführen, wodurch sich ein weiterer Kontrollparameter bietet. So könnte beispielsweise untersucht werden, ob es zu einer Zeeman-Aufspaltung der Kondoresonanz kommt, wie es z.B. zur Erklärung der Magnetfeldabhängigkeit im Modell der resonanten Niveaus [Sch75] angesetzt wird, und ob sich in der Leitfähigkeit Signaturen beim Überschreiten der T^*-Linie zeigen.

7 Zusammenfassung

Im Zuge dieser Arbeit wurden verschiedene Schwere-Fermionen-Systeme mittels Rastertunnel-Mikroskopie und -Spektroskopie untersucht. Die dargestellten Resultate demonstrieren das Potential, welche die Rastertunnel-Spektroskopie für die weitere Erforschung der Korrelationseffekte in Schwere-Fermionen-Systemen bietet.

Bei den Experimenten gab es zwei Schwerpunkte: zum einen die Schwere-Fermionen-Supraleitung in den Verbindungen $CeCu_2Si_2$, $CeCoIn_5$ und $CeIrIn_5$, und zum anderen der Kondoeffekt im Kondogitter-System $YbRh_2Si_2$. Eine der wichtigen Erkenntnisse dieser Arbeit ist, dass im Fall von Schwere-Fermionen-Systemen die Präparation der Probenoberflächen von zentraler Bedeutung ist. Eine Oberfläche, welche strukturell dem Bulk entspricht, ist eine Voraussetzung dafür, dass auch in der Tunnelspektroskopie Bulkeigenschaften gemessen werden können. Die großflächig atomar aufgelösten Topographiedaten an Tieftemperatur-gespaltenem $YbRh_2Si_2$ belegen eine nahezu ungestörte Oberfläche. Das Auftreten der Bulk-Kristallfeldanregungen in den Spektren der Tunnelleitfähigkeit ist ein deutlicher Hinweis darauf, dass die RTS-Daten Bulkeigenschaften reflektieren. Zudem indiziert das Auftreten von Signaturen der KEF-Anregungen nahe der Fermienergie, dass sich der Kondoeffekt der Yb^{3+}-Ionen in der differentiellen Leitfähigkeit niederschlägt [Kro03]. Die Hybridisierung der $4f$-Elektronen des Yb mit den Leitungselektronen führt zur Bildung einer V-förmigen Lücke in der Leitfähigkeit nahe der Fermienergie. Der funktionale Verlauf und die Temperaturabhängigkeit der Lücke können gut durch Modellrechnungen im Rahmen der NCA-Methode beschrieben werden, in welchen Tunnelprozesse in das Leitungsband unter Anwesenheit lokaler Kondowechselwirkung mit den Yb^{3+}-Ionen berücksichtigt werden. Die charakteristische Temperaturskala der Lücke in der Leitfähigkeit ist konsistent mit der Einzelionen-Kondotemperatur $T_K^{th} \approx 80$–$100\,K$, auf welche Messungen des elektronischen [Tro00a] und thermischen [Köh08] Transportes in $YbRh_2Si_2$ hindeuten, und welche die lokale Kondowechselwirkung auch mit den angeregten KEF-Zuständen umfasst [Cor72].

Mit sinkender Temperatur werden die angeregten Zustände zunehmend entvölkert. Unterhalb $T_K \approx 30\,K$ befinden sich die f-Elektronen im Wesentlichen im Grundzustand. Die gitterperiodische Anordnung der Yb-Momente erlaubt dann die Ausbildung von räumlicher Kohärenz. Diese manifestiert sich in der renormierten Zustandsdichte in einer Hybridisierungslücke in der Vielteilchenresonanz nahe der Fermienergie [Fri10]. In der differentiellen

Leitfähigkeit beobachtet man unterhalb T_K die Ausbildung eines zusätzlichen Maximums nahe der Fermienergie, welches möglicherweise eine Signatur des kohärenten Tieftemperaturzustandes des Kondogitters ist. Diese Resultate gewähren wichtige Einblicke in die thermische Entwicklung des Kondoeffektes in $YbRh_2Si_2$.

Im Schwere Fermionen-Supraleiter $CeCoIn_5$ ist es gelungen, die supraleitende Energielücke im Anregungsspektrum zu messen. Die Tunnelspektren können über einen weiten Temperaturbereich im Rahmen der BCS-Theorie für d-Wellen-Supraleitung beschrieben werden. Die aus den entsprechenden Fits ermittelte Temperaturabhängigkeit des Maximalwertes Δ_0 der Energielücke folgt wiederum dem gemäß der BCS-Theorie erwarteten Verlauf. Der zu $T = 0$ extrapolierte Wert der Energielücke ist konsistent mit starker Paarkopplung in $CeCoIn_5$. Insofern sind die Tunneldaten konsistent sowohl in sich als auch mit anderen experimentellen Befunden. Bemerkenswert ist, dass die Energielücke bei der Sprungtemperatur T_c nicht geschlossen ist, sondern vielmehr bis zu einer Temperatur $T^* > T_c$ besteht. Diese Beobachtung ist in Übereinstimmung mit früheren experimentellen Hinweisen auf einen der Supraleitung vorausgehenden sog. Precursor-Zustand in den 1:1:5-Verbindungen [Sid02, Nai08], möglicherweise ähnlich dem Pseudogap in den Kuprat-Supraleitern. Die kontinuierliche Entwicklung der Energielücke bei T_c sowie die Beschreibbarkeit durch einen BCS-Ordnungsparameter bestätigen möglicherweise die experimentellen Hinweise auf eine gemeinsame Ursache von supraleitendem und Precursor-Zustand [Iza01, Nai08]. Über die mikroskopische Natur der dem Precursor-Zustand in $CeCoIn_5$ zugrundeliegenden elektronischen Anregungsprozesse kann derzeit nur spekuliert werden.

Sowohl die Daten der Topographie als auch der Spektroskopie deuten darauf hin, dass die Probenoberflächen Inhomogenitäten aufweisen. Atomar aufgelöste Topographiedaten an $CeIrIn_5$ zeigen eine unebene Oberfläche, welche durch eine Abfolge mikroskopischer Spaltebenen niedriger Indizierung charakterisiert ist. $CeIrIn_5$ stellt sich demnach nicht als Schichtmaterial dar – in Übereinstimmung mit den chemischen Bindungsverhältnissen in den 1:1:5-Verbindungen. Eine Analyse der Anordnung der Oberflächenatome innerhalb der Spaltebenen in Verbindung mit Ergebnissen der Einkristall-Röntgendiffraktion ergibt, dass die beobachtete Struktur der Oberflächen offenbar intrinsische Eigenschaften des Probenmaterials reflektieren. Die supraleitende Energielücke von $CeIrIn_5$ wurde dennoch nicht experimentell beobachtet – möglicherweise aufgrund des wesentlich niedrigeren T_c.

Anzeichen auf Inhomogenitäten auf der Probenoberfläche finden sich auch bei Raumtemperatur-gespaltenen $CeCu_2Si_2$-Einkristallen. Diese sind möglicherweise die Ursache dafür, dass die supraleitende Energielücke von $CeCu_2Si_2$ nicht gemessen werden konnte. Eine potentielle Weiterentwicklung der Oberflächenpräparation ist das Spalten bei tiefen Temperaturen, wie es im Fall von $YbRh_2Si_2$ erfolgreich angewendet wurde. Als weitere mögliche Ursachen für das Fehlen von Anzeichen der Supraleitung in den Tunnelspektren wurden die niedrige Sprungtemperatur T_c sowie ein möglicher Einfluss der Symmetrie des Ordnungsparameters diskutiert.

Literaturverzeichnis

[Aar94] J. Aarts, A. P. Volodin, A. A. Menovsky, G. J. Nieuwenhuys und J. A. Mydosh. *Europhys. Lett.* **26**, 203 (1994).

[Abe99] Y. Abe, K. Segawa und Y. Ando. *Phys. Rev. B* **60**, R15055 (1999).

[Abr65a] A. A. Abrikosov. *Physics* **2**, 5 (1965).

[Abr65b] A. A. Abrikosov. *Sov. Phys. JETP* **21**, 660 (1965).

[Alb94] O. Albrektsen, H. W. M. Salemink, K. A. Mørch und A. R. Thölen. *J. Vac. Sci. Technol.* **12**, 3187 (1994).

[An10] K. An, T. Sakakibara, R. Settai, Y. Onuki, M. Hiragi, M. Ichioka und K. Machida. *Phys. Rev. Lett.* **104**, 037002 (2010).

[And61] P. W. Anderson. *Phys. Rev.* **124**, 41 (1961).

[And75] K. Andres, J. E. Graebner und H. R. Ott. *Phys. Rev. Lett.* **35**, 1779 (1975).

[App69] J. A. Appelbaum und W. F. Brinkman. *Phys. Rev.* **186**, 464 (1969).

[Arn10] J. Arndt. *Wechselspiel von Magnetismus und Supraleitung im Schwere-Fermionen-System $CeCu_2Si_2$.* Dissertation, Technische Universität Dresden (2010).

[Ash76] N. W. Ashcroft und N. D. Mermin. *Solid State Physics.* Saunders College, erste Aufl. (1976).

[Aue86] A. Auerbach und K. Levin. *Phys. Rev. Lett.* **57**, 877 (1986).

[Ayn10a] P. Aynajian, E. H. da Silva Neto, C. V. Parker, Y. Huang, A. Pasupathy, J. Mydosh und A. Yazdani. *P. Natl. Acad. Sci.* **107**, 10383 (2010).

[Ayn10b] P. Aynajian et al. Supprorting Information zu Ref. [Ayn10a]: „Visualizing the formation of the Kondo lattice and the hidden order in URu_2Si_2“ (2010).

[Bae] S.-H. Baek, H.-J. Grafe, F. Hammerath, M. Fuchs, L. Harnagea, S. Wurmehl, J. van den Brink und B. Büchner. Unveröffentlichte Resultate.

[Bai95] C. Bai. *Scanning Tunneling Microscopy and its Application*, Bd. 32 von *Springer Series in Surface Sciences*. Springer (1995).

[Ban65] Z. Ban und M. Sikirica. *Acta Crystallogr.* **18**, 594 (1965).

[Bar50] J. Bardeen. *Phys. Rev.* **80**, 567 (1950).

[Bar57] J. Bardeen, L. N. Cooper und J. R. Schrieffer. *Phys. Rev.* **108**, 1175 (1957).

[Bar61] J. Bardeen. *Phys. Rev. Lett.* **6**, 57 (1961).

[Bed86] J. G. Bednorz und K. A. Müller. *Z. Phys B - Con. Mat.* **64** (1986).

[Bel04] R. Bel, K. Behnia, Y. Nakajima, K. Izawa, Y. Matsuda, H. Shishido, R. Settai und Y. Onuki. *Phys. Rev. Lett.* **92**, 217002 (2004).

[Ber08] G. Bergmann. *Phys. Rev. B* **77**, 104401 (2008).

[Bet09] A. Bettac. Omicron NanoTechnology GmbH. Mündliche Mitteilung (2009).

[Beu81] G. Beuermann. *Z. Phys. B - Con. Mat.* **44**, 29 (1981).

[Bia01] A. Bianchi, R. Movshovich, M. Jaime, J. D. Thompson, P. G. Pagliuso und J. L. Sarrao. *Phys. Rev. B* **64**, 220504 (2001).

[Bia03] A. Bianchi, R. Movshovich, I. Vekhter, P. G. Pagliuso und J. L. Sarrao. *Phys. Rev. Lett.* **91**, 257001 (2003).

[Bin82a] G. Binnig und H. Rohrer. *Helv. Phys. Acta* **55**, 726 (1982).

[Bin82b] G. Binnig, H. Rohrer, C. Gerber und E. Weibel. *Appl. Phys. Lett.* **40**, 178 (1982).

[Bin86] G. Binnig, H. Fuchs, C. Gerber, H. Rohrer, E. Stoll und E. Toscatti. *Europhys. Lett.* **1**, 31 (1986).

[Bin87] G. Binnig und H. Rohrer. *Rev. Mod. Phys.* **59**, 615 (1987).

[Blo82] G. E. Blonder, M. Tinkham und T. M. Klapwijk. *Phys. Rev. B* **25**, 4515 (1982).

[Bod66] O. I. Bodak, E. I. Gladyshevskii und P. I. Kripyakevich. *Inorg. Mater.* **2**, 1861 (1966).

[Bon93a] D. A. Bonnell. *Microscope Design and Operation*, Kap. 2. In Bonnell [Bon93b] (1993).

[Bon93b] D. A. Bonnell (Hg.). *Scanning Tunneling Microscopy and Spectroscopy: Theory, Techniques and Applications.* VCH Publishers, Inc., New York (1993).

[Boy08] M. C. Boyer, K. Chatterjee, W. D. Wise, G. F. Chen, J. L. Luo, N. L. Wang und E. W. Hudson. *ArXiv e-prints* (2008), 0806.4400.

[Bra84] N. B. Brandt und V. V. Moshchalkov. *Adv. Phys.* **33**, 373 (1984).

[Bri26] L. Brillouin. *Comptes Rendus* **183**, 24 (1926).

[Bro08] D. M. Broun. *Nat. Phys.* **4**, 170 (2008).

[Bry11] P. M. R. Brydon, M. Daghofer, C. Timm und J. van den Brink. *Phys. Rev. B* **83**, 060501 (2011).

[Buc04] W. Buckel und R. Kleiner. *Superconductivity. Fundamentals and Applications.* WILEY-VCH Verlag, Weinheim, zweite Aufl. (2004).

[Bue] Buehler GmbH. IsoMet Niedertourentrenner. Online-Dokument. Url: http://www.buehler-met.de/; besucht am 23. November 2010.

[Bur00] S. Burdin, A. Georges und D. R. Grempel. *Phys. Rev. Lett.* **85**, 1048 (2000).

[Büs10] C. A. Büsser, G. B. Martins, L. Costa Ribeiro, E. Vernek, E. V. Anda und E. Dagotto. *Phys. Rev. B* **81**, 045111 (2010).

[Can92] P. C. Canfield und Z. Fisk. *Phil. Mag. B* **65**, 1117 (1992).

[Cap04] C. Capan, A. Bianchi, F. Ronning, A. Lacerda, J. D. Thompson, M. F. Hundley, P. G. Pagliuso, J. L. Sarrao und R. Movshovich. *Phys. Rev. B* **70**, 180502 (2004).

[Car68] G. Carter und J. S. Colligon. *Ion Bombardment of Solids.* Elsevier, New York (1968).

[Car71] C. Caroli, R. Combescot, P. Nozieres und D. Saint-James. *J. Phys. C: Solid State* **4**, 916 (1971).

[Cas93] R. Caspary, P. Hellmann, M. Keller, G. Sparn, C. Wassilew, R. Köhler, C. Geibel, C. Schank, F. Steglich und N. E. Phillips. *Phys. Rev. Lett.* **71**, 2146 (1993).

[Che90a] C. J. CHEN. *Phys. Rev. Lett.* **65**, 448 (1990).

[Che90b] C. J. CHEN. *Phys. Rev. B* **42**, 8841 (1990).

[Chu93] C. W. CHU, L. GAO, F. CHEN, Z. J. HUANG, R. L. MENG und Y. Y. XUE. *Nature* **365** (1993).

[Chu10] T. M. CHUANG, M. P. ALLAN, J. LEE, Y. XIE, N. NI, S. L. BUD'KO, G. S. BOEBINGER, P. C. CANFIELD und J. C. DAVIS. *Science* **327**, 181 (2010).

[Col84] P. COLEMAN. *Phys. Rev. B* **29**, 3035 (1984).

[Col85] R. V. COLEMAN, B. DRAKE, P. K. HANSMA und G. SLOUGH. *Phys. Rev. Lett.* **55**, 394 (1985).

[Col87] P. COLEMAN. *Phys. Rev. Lett.* **59**, 1026 (1987).

[Col02a] P. COLEMAN. In F. MANCINI (Hg.), *American Institute of Physics Conference Series*, Bd. 629, Seiten 79–160 (2002). doi:10.1063/1.1509142. 0206003.

[Col02b] P. COLEMAN und C. PÉPIN. *Physica B* **312-313**, 383 (2002).

[Coo56] L. N. COOPER. *Phys. Rev.* **104**, 1189 (1956).

[Coo86] J. H. COOMBS und J. B. PETHICA. *IBM J. Res. Dev.* **30**, 455 (1986).

[Coq69] B. COQBLIN und J. R. SCHRIEFFER. *Phys. Rev.* **185**, 847 (1969).

[Cor72] B. CORNUT und B. COQBLIN. *Phys. Rev. B* **5**, 4541 (1972).

[Cor99] J. CORSON, R. MALLOZZI, J. ORENSTEIN, J. N. ECKSTEIN und I. BOZOVIC. *Nature* **398**, 221 (1999).

[Cor00] A. L. CORNELIUS, A. J. ARKO, J. L. SARRAO, M. F. HUNDLEY und Z. FISK. *Phys. Rev. B* **62**, 14181 (2000).

[Cos00] T. A. COSTI. *Phys. Rev. Lett.* **85**, 1504 (2000).

[Cox88] D. L. COX und N. GREWE. *Z. Phys. B - Con. Mat.* **71**, 321 (1988), 10.1007/BF01312492.

[Cox98] D. L. COX und A. ZAWADOWSKI. *Adv. Phys.* **47**, 599 (1998).

[Cre06] M. CRESPO, H. SUDEROW, S. VIEIRA, S. BUD'KO und P. C. CANFIELD. *Phys. Rev. Lett.* **96**, 027003 (2006).

[Cur05] N. CURRO, T. CALDWELL, E. BAUER, L. MORALES, M. GRAF, Y. BANG, A. BALATSKY, J. THOMPSON und J. SARRAO. *Nature* **434**, 622 (2005).

[Cus03] J. Custers, P. Gegenwart, H. Wilhelm, K. Neumaier, Y. Tokiwa, O. Trovarelli, C. Geibel, F. Steglich, C. P'epin und P. Coleman. *Nature* **424**, 524 (2003).

[Cus04] J. Custers. *Quantum-Critical behavior in the Heavy-Fermion compounds $YbRh_2Si_2$ and $CeIn_{3-x}Sn_x$*. Dissertation, Technische Universität Dresden (2004).

[Dah95] T. Dahm und L. Tewordt. *Phys. Rev. B* **52**, 1297 (1995).

[Dam00] A. Damascelli, D. H. Lu, K. M. Shen, N. P. Armitage, F. Ronning, D. L. Feng, C. Kim, Z.-X. Shen, T. Kimura, Y. Tokura, Z. Q. Mao und Y. Maeno. *Phys. Rev. Lett.* **85**, 5194 (2000).

[Dam03] A. Damascelli, Z. Hussain und Z.-X. Shen. *Rev. Mod. Phys.* **75**, 473 (2003).

[Dan07] S. Danzenbächer, Y. Kucherenko, D. V. Vyalikh, M. Holder, C. Laubschat, A. N. Yaresko, C. Krellner, Z. Hossain, C. Geibel, X. J. Zhou, W. L. Yang, N. Mannella, Z. Hussain, Z.-X. Shen, M. Shi, L. Patthey und S. L. Molodtsov. *Phys. Rev. B* **75**, 045109 (2007).

[Dep04] M. Deppe. *Einkristallzüchtung und Untersuchungen der magnetischen Eigenschaften des Schwere-Fermion-Systems $CeCu_2(Si_{1-x}Ge_x)_2$*. Dissertation, Technische Universität Dresden (2004).

[Des96] M.-C. Desjonquéres und D. Spanjaard. *Conepts in Surface Physics*. Springer, zweite Aufl. (1996).

[Deu99] G. Deutscher. *Nature* **397**, 410 (1999).

[DeW94] Y. DeWilde, J. Heil, A. G. M. Jansen, P. Wyder, R. Deltour, W. Assmus, A. Menovsky, W. Sun und L. Taillefer. *Phys. Rev. Lett.* **72**, 2278 (1994).

[DeW98] Y. DeWilde, N. Miyakawa, P. Guptasarma, M. Iavarone, L. Ozyuzer, J. F. Zasadzinski, P. Romano, D. G. Hinks, C. Kendziora, G. W. Crabtree und K. E. Gray. *Phys. Rev. Lett.* **80**, 153 (1998).

[Din96] H. Ding, T. Yokoya, J. Campuzano, T. Takahashi, M. Randeria, M. Norman, T. Mochiku, K. Kadowaki und J. Giapintzakis. *Nature* **382**, 51 (1996).

[Dio06] G. A. Dionicio. *Electrical resistivity of $YbRh_2Si_2$ and EuT_2Ge_2 (T = Co, Cu) at extreme conditions of pressure and temperature*. Dissertation, Technische Universität Dresden (2006).

[Don77] S. Doniach. *Physica* **91B**, 231 (1977).

[Dór01] B. Dóra und A. Virosztek. *Eur. Phys. J. B* **22**, 167 (2001).

[Dow07] N. E. Dowling. *Mechanical Behavior of Materials.* Pearson Education, dritte Aufl. (2007).

[Duf00] J. A. Duffy, S. M. Hayden, Y. Maeno, Z. Mao, J. Kulda und G. J. McIntyre. *Phys. Rev. Lett.* **85**, 5412 (2000).

[Dyn78] R. C. Dynes, V. Narayanamurti und J. P. Garno. *Phys. Rev. Lett.* **41**, 1509 (1978).

[Eig90] D. M. Eigler und E. K. Schweizer. *Nature* **344**, 524 (1990).

[Eki96] T. Ekino, H. Fujii, M. Kosugi, Y. Zenitani und J. Akimitsu. *Phys. Rev. B* **53**, 5640 (1996).

[Ekv99] I. Ekvall, E. Wahlström, D. Claesson, H. Olin und E. Olsson. *Meas. Sci. Technol.* **10**, 11 (1999).

[Eme95] V. J. Emery und S. A. Kievelson. *Nature* **374**, 434 (1995).

[Epo] Epoxy Technology, Inc., 14 Fortune Drive, Billerica, MA 01821, USA.

[Ere08] I. Eremin, G. Zwicknagl, P. Thalmeier und P. Fulde. *Phys. Rev. Lett.* **101**, 187001 (2008).

[Ern06] S. Ernst. *Optimisation of the preparation process for tips used in scanning tunneling microscopy.* Diplomarbeit, Technische Universität Dresden (2006).

[Ern07] S. Ernst, S. Wirth, M. Rams, V. Dolocan und F. Steglich. *Sci. Technol. Adv. Mater.* **8**, 347 (2007).

[Ern10] S. Ernst, S. Wirth, F. Steglich, Z. Fisk, J. L. Sarrao und J. D. Thompson. *Phys. Stat. Sol. B* **247**, 624 (2010), international Conference on Quantum Criticality and Novel Phases, Dresden, GERMANY, AUG 02-05, 2009.

[Ern11] S. Ernst, S. Kirchner, C. Krellner, C. Geibel, G. Zwicknagl, F. Steglich und S. Wirth. *Nature* **474**, 362 (2011).

[Esa58] L. Esaki. *Phys. Rev.* **109**, 603 (1958).

[Fan61] U. Fano. *Phys. Rev.* **124**, 1866 (1961).

[Fee87] R. M. Feenstra und J. A. Stroscio. *J. Vac. Sci. Technol B* **5**, 923 (1987).

[Fer07] J. FERSTL. *New Yb-based systems: From an intermediate-valence to a magnetically ordered state.* Dissertation, Technische Universität Dresden (2007).

[Fey94] R. FEYERHERM, A. AMATO, F. N. GYGAX, A. SCHENCK, C. GEIBEL, F. STEGLICH, N. SATO und T. KOMATSUBARA. *Phys. Rev. Lett.* **73**, 1849 (1994).

[Fey97] R. FEYERHERM, A. AMATO, C. GEIBEL, F. N. GYGAX, P. HELLMANN, R. H. HEFFNER, D. E. MACLAUGHLIN, R. MÜLLER-REISENER, G. J. NIEUWENHUYS, A. SCHENCK und F. STEGLICH. *Phys. Rev. B* **56**, 699 (1997).

[Fig10] J. FIGGINS und D. K. MORR. *Phys. Rev. Lett.* **104**, 187202 (2010).

[Fis07] Ø. FISCHER, M. KUGLER, I. MAGGIO-APRILE, C. BERTHOD und C. RENNER. *Rev. Mod. Phys.* **79**, 353 (2007).

[Fog10] M. FOGELSTRÖM, W. K. PARK, L. H. GREENE, G. GOLL und M. J. GRAF. *Phys. Rev. B* **82**, 014527 (2010).

[Fow28] R. H. FOWLER und L. NORDHEIM. *Proc. R. Soc. Lond. Ser. A* **119**, 173 (1928).

[Fra78] W. FRANZ, A. GRIESSEL, F. STEGLICH und D. WOHLLEBEN. *Z. Phys. B - Con. Mat.* **31**, 7 (1978), 10.1007/BF01320122.

[Fri10] S. FRIEDEMANN, S. WIRTH, N. OESCHLER, C. KRELLNER, C. GEIBEL, F. STEGLICH, S. MAQUILON, Z. FISK, S. PASCHEN und G. ZWICKNAGL. *Phys. Rev. B* **82**, 035103 (2010).

[Frö50] H. FRÖHLICH. *Phys. Rev.* **79**, 845 (1950).

[Gam28] G. GAMOW. *Z. Phys.* **51**, 204 (1928).

[Gao93] L. GAO, Z. HUANG, R. MENG, J. LIN, F. CHEN, L. BEAUVAIS, Y. SUN, Y. XUE und C. CHU. *Physica Cy* **213**, 261 (1993).

[Gar86] N. GARCIA. *IBM J. Res. Dev.* **30**, 533 (1986).

[Gaw08] H. GAWRONSKI, M. MEHLHORN und K. MORGENSTERN. *Science* **319**, 930 (2008).

[Gee07] J. GEERK und H. V. LÖHNEYSEN. *Phys. Rev. Lett.* **99**, 257005 (2007).

[Geg98] P. GEGENWART, C. LANGHAMMER, C. GEIBEL, R. HELFRICH, M. LANG, G. SPARN, F. STEGLICH, R. HORN, L. DONNEVERT, A. LINK und W. ASSMUS. *Phys. Rev. Lett.* **81**, 1501 (1998).

[Geg02] P. Gegenwart, J. Custers, C. Geibel, K. Neumaier, T. Tayama, K. Tenya, O. Trovarelli und F. Steglich. *Phys. Rev. Lett.* **89**, 056402 (2002).

[Geg07] P. Gegenwart, T. Westerkamp, C. Krellner, Y. Tokiwa, S. Paschen, C. Geibel, F. Steglich, E. Abrahams und Q. Si. *Science* **315**, 969 (2007).

[Geg08] P. Gegenwart, Q. Si und F. Steglich. *Nat. Phys.* **4**, 186 (2008).

[Gei91] C. Geibel, C. Schank, S. Thies, H. Kitazawa, C. D. Bredl, A. Böhm, M. Rau, A. Grauel, R. Caspary, R. Helfrich, U. Ahlheim, G. Weber und F. Steglich. *Z. Phys. B - Con. Mat.* **84**, 1 (1991), 10.1007/BF01453750.

[Gei96] C. Geibel. *Eine Systematik für die f-Hybridisierung in Ce- und U-Verbindungen.* Habilitationsschrift. Technische Hochschule Darmstadt (1996).

[Gei97] C. Geibel. *Phys. Blätter* **53**, 689 (1997).

[Gia60a] I. Giaever. *Phys. Rev. Lett.* **5**, 464 (1960).

[Gia60b] I. Giaever. *Phys. Rev. Lett.* **5**, 147 (1960).

[Gia61] I. Giaever und K. Megerle. *Phys. Rev.* **122**, 1101 (1961).

[Gia62] I. Giaever, H. R. Hart und K. Megerle. *Phys. Rev.* **126**, 941 (1962).

[Gia88] B. Giambattista, A. Johnson, R. V. Coleman, B. Drake und P. K. Hansma. *Phys. Rev. B* **37**, 2741 (1988).

[Gil59] E. Gillam. *J. Phys. Chem. Solids* **11**, 55 (1959).

[Gla06] A. Gladun, S. Singh, M. Rams, A. Bettac, S. Wirth und F. Steglich. *Forces exerted on a pendulum in an inhomogeneous magnetic field.* Unveröffentlichte Ergebnisse (2006).

[Gme] *Platin, Teil A, Systemnummer 68.* Gmelins Handbuch der Anorganischen Chemie. Gmelin-Institut für Anorganische Chemie und Grenzgebiete in der Max-Planck-Gesellschaft zur Förderung der Wissenschaften, 8. Aufl.

[Gol03] G. Goll, H. v. Loehneysen, V. S. Zapf, E. Bauer und M. Maple. *Acta Phys. Pol. B* **34**, 575 (2003).

[Gom07a] K. Gomes, A. Pasupathy, A. Pushp, S. Ono, Y. Ando und A. Yazdani. *Physica C* **460-462**, 212 (2007).

[Gom07b] K. K. Gomes, A. N. Pasupathy, A. Pushp, S. Ono, Y. Ando und A. Yazdani. *Nature* **447**, 569 (2007).

[Gor93] E. A. GOREMYCHKIN und R. OSBORN. *Phys. Rev. B* **47**, 14280 (1993).

[Gos96] R. GOSCHKE, K. GLOOS, C. GEIBEL, T. EKINO und F. STEGLICH. *Czech. J. Phys* **46**, 797 (1996).

[Gos97] R. A. GOSCHKE. *Rastertunnelmikroskopie und -spektroskopie bei tiefen Temperaturen und Untersuchungen an Vanadiumoxiden.* Dissertation, TU Darmstadt, Darmstadt (1997).

[Gri] Y. GRIN. Mündl. Mitteilung, Feb. 2011.

[Gri79] Y. GRIN', Y. P. YARMOLYUK und E. GLADYSHEVSKII. *Kristallografiya* **24**, 242 (1979).

[Gun87] O. GUNNARSON und K. SCHÖNHAMMER. *Many-body formulation of spectra of mixed valence systems*, Bd. 10 von *Handbook on the Physics and Chemistry of Rare Earths*, Seite 103. North Holland (1987).

[Haa36] W. J. DE HAAS und G. J. VAN DEN BERG. *Physica* **3**, 440 (1936).

[Hag01] Y. HAGA, Y. INADA, H. HARIMA, K. OIKAWA, M. MURAKAWA, H. NAKAWAKI, Y. TOKIWA, D. AOKI, H. SHISHIDO, S. IKEDA, N. WATANABE und Y. ŌNUKI. *Phys. Rev. B* **63**, 060503 (2001).

[Hal01a] D. HALL, E. C. PALM, T. P. MURPHY, S. W. TOZER, Z. FISK, U. ALVER, R. G. GOODRICH, J. L. SARRAO, P. G. PAGLIUSO und T. EBIHARA. *Phys. Rev. B* **64**, 212508 (2001).

[Hal01b] D. HALL, E. C. PALM, T. P. MURPHY, S. W. TOZER, C. PETROVIC, E. MILLER-RICCI, L. PEABODY, C. Q. H. LI, U. ALVER, R. G. GOODRICH, J. L. SARRAO, P. G. PAGLIUSO, J. M. WILLS und Z. FISK. *Phys. Rev. B* **64**, 064506 (2001).

[Ham89] R. J. HAMERS und U. K. KOHLER. *J. Vac. Sci. Technol. A* **7**, 2854 (1989).

[Ham93] R. J. HAMERS. *Methods of Tunneling Spectroscopy with the STM*, Kap. 4. In BONNELL [Bon93b] (1993).

[Han85] K. HANZAWA, K. YAMADA und K. YOSIDA. *J. Magn. Magn. Mater.* **47-48**, 357 (1985).

[Har10] S. HARTMANN, N. OESCHLER, C. KRELLNER, C. GEIBEL, S. PASCHEN und F. STEGLICH. *Phys. Rev. Lett.* **104**, 096401 (2010).

[Hau01] D. Haude. *Rastertunnelspektroskopie auf der InAs(110)-Oberfläche: Untersuchungen an drei-, zwei-, und nulldimensionalen Elektronensystemen im Magnetfeld.* Dissertation, Fachbereich Physik der Universität Hamburg (2001).

[Heg00] H. Hegger, C. Petrovic, E. G. Moshopoulou, M. F. Hundley, J. L. Sarrao, Z. Fisk und J. D. Thompson. *Phys. Rev. Lett.* **84**, 4986 (2000).

[Hei07] D. Heiland. Kurzbericht über Schwingungsmessungen am Omikron. Techn. Ber., Ingenieurbüros Structural Dynamics, Büro für Bautechnik, Stuttgart (2007). Auftraggeber Max–Planck–Institut für Chemische Physik fester Stoffe, Dresden.

[Her76] J. A. Hertz. *Phys. Rev. B* **14**, 1165 (1976).

[Hes89] H. F. Hess, R. B. Robinson, R. C. Dynes, J. M. Valles Jr. und J. V. Waszczak. *Phys. Rev. Lett.* **62**, 214 (1989).

[Hew97] A. C. Hewson. *The Kondo Problem to Heavy Fermions.* Cambridge University Press (1997).

[Hir97] M. Hiroi, M. Sera, N. Kobayashi, Y. Haga, E. Yamamoto und Y. Ōnuki. *J. Phys. Soc. Jpn.* **66**, 1595 (1997).

[Hir07] C. F. Hirjibehedin, C.-Y. Lin, A. F. Otte, M. Ternes, C. P. Lutz, B. A. Jones und A. J. Heinrich. *Science* **317**, 1199 (2007).

[Hof85] R. Hoffmann und C. Zheng. *J. Phys. Chem.* **89**, 4175 (1985).

[Hol03] A. Holmes, A. Demuer und D. Jaccard. *Act. Phys. Pol. B* **34**, 567 (2003).

[Hol04] A. T. Holmes, D. Jaccard und K. Miyake. *Phys. Rev. B* **69**, 024508 (2004).

[Hol07] A. T. Holmes, D. Jaccard und K. Miyake. *J. Phys Soc. Jpn.* **76**, 051002 (2007).

[Hos05a] W. F. Hosford. *Mechanical Behavior of Materials.* Cambridge University Press, erste Aufl. (2005).

[Hos05b] K. Hoshihara und K. Miyake. *J. Phys. Soc. Jpn.* **74**, 2679 (2005).

[Hos05c] Z. Hossain, C. Geibel, F. Weickert, T. Radu, Y. Tokiwa, H. Jeevan, P. Gegenwart und F. Steglich. *Phys. Rev. B* **72**, 094411 (2005).

[How01] C. Howald, P. Fournier und A. Kapitulnik. *Phys. Rev. B* **64**, 100504 (2001).

[IAC] Industrial Acoustics Company GmbH, 41372 Niederkrüchten, Deutschland.

[Ibe90] J. P. Ibe, P. P. Bey Jr., S. L. Brandow, R. A. Brizzolara, N. A. Burnham, D. P. DiLella, K. P. Lee, C. R. K. Marrian und R. J. Colton. *J. Vac. Sci. Technol. A* **8**, 3570 (1990).

[IDE] Integrated Dynamics Engineering, 65479 Raunheim, Deutschland.

[Ish98] K. Ishida, H. Mukuda, Y. Kitaoka, K. Asayama, Z. Q. Mao, Y. Mori und Y. Maeno. *Nature* **396** (1998).

[Ish99] K. Ishida, Y. Kawasaki, K. Tabuchi, K. Kashima, Y. Kitaoka, K. Asayama, C. Geibel und F. Steglich. *Phys. Rev. Lett.* **82**, 5353 (1999).

[Ish02] K. Ishida, K. Okamoto, Y. Kawasaki, Y. Kitaoka, O. Trovarelli, C. Geibel und F. Steglich. *Phys. Rev. Lett.* **89**, 107202 (2002).

[Iza01] K. Izawa, H. Yamaguchi, Y. Matsuda, H. Shishido, R. Settai und Y. Onuki. *Phys. Rev. Lett.* **87**, 057002 (2001).

[Jak66] R. C. Jaklevic und J. Lambe. *Phys. Rev. Lett.* **17**, 1139 (1966).

[Jan70] A. P. Jansen und J. P. Jones. *J. Phys. D: Appl. Phys.* **4**, 118 (1970).

[Jee10] H. S. Jeevan. *Crystal Growth and Investigation of $CeCu_2Si_2$ and $YbRu_2Ge_2$: Competition/Co-existence of Superconducting, Dipolar and Quadrupolar order.* Dissertation, Technische Universität Dresden (2010).

[Jef05] J. R. Jeffries, N. A. Frederick, E. D. Bauer, H. Kimura, V. S. Zapf, K.-D. Hof, T. A. Sayles und M. B. Maple. *Phys. Rev. B* **72**, 024551 (2005).

[Jér80] D. Jérome, A. Mazaud, M. Ribault und K. Bechgaard. *J. Physique Lett.* **41**, 95 (1980).

[Joh28] J. B. Johnson. *Phys. Rev.* **32**, 97 (1928).

[Jou99] M. Jourdan, M. Huth und H. Adrian. *Nature* **398**, 47 (1999).

[Kal89] Y. M. Kal'ichak, V. I. Zaremba, V. M. Baranyak, V. A. Bruskov und P. Y. Zavalii. *Izv. A. N. SSSR., Metal.* Seiten 213–215 (1989).

[Kam11] H. Kamerlingh Onnes. *Comm. Phys. Lab. Univ. Leiden* **120b** (1911).

[Kam10] S. Kambe, H. Sakai, Y. Tokunaga und R. E. Walstedt. *Phys. Rev. B* **82**, 144503 (2010).

[Kas56] T. Kasuya. *Prog. Theor. Phys.* **16**, 45 (1956).

[Kas09] Y. Kasahara, T. Iwasawa, Y. Shimizu, H. Shishido, T. Shibauchi, I. Vekhter und Y. Matsuda. *J. Phys.: Conf. Ser.* **150**, 052097 (2009).

[Kat09a] T. Kato, Y. Mizuguchi, H. Nakamura, T. Machida, H. Sakata und Y. Takano. *Phys. Rev. B* **80**, 180507 (2009).

[Kat09b] T. Kato, Y. Mizuguchi, H. Nakamura, T. Machida, H. Sakata und Y. Takano. *Phys. Rev. B* **80**, 180507 (2009).

[Kaw01] S. Kawasaki, T. Mito, G.-q. Zheng, C. Thessieu, Y. Kawasaki, K. Ishida, Y. Kitaoka, T. Muramatsu, T. C. Kobayashi, D. Aoki, S. Araki, Y. Haga, R. Settai und Y. Ōnuki. *Phys. Rev. B* **65**, 020504 (2001).

[Kel65] L. V. Keldysh. *Sov. Phys. - JETP* **20**, 1018 (1965).

[Kir] S. Kirchner et al. bisher unveröffentlicht.

[Kit87] C. Kittel. *Quantum Theory of Solids.* John Wiley & Sons, zweite Aufl. (1987).

[Kit88] C. Kittel. *Einführung in die Festkörperphysik.* R. Oldenbourg Verlag, 7. Aufl. (1988).

[Kli09] C. Klingner. *Entwicklung des antiferromagnetischen Zustandes in $Yb(Rh_{1-x}Co_x)_2Si_2$.* Diplomarbeit, Technische Universität Dresden (2009).

[Kli11] C. Klingner, C. Krellner, M. Brando, C. Geibel, F. Steglich, D. V. Vyalikh, K. Kummer, S. Danzenbächer, S. L. Molodtsov, C. Laubschat, T. Kinoshita, Y. Kato und T. Muro. *Phys. Rev. B* **83**, 144405 (2011).

[Kne04] G. Knebel, M.-A. Méasson, B. Salce, D. Aoki, D. Braithwaite, J. P. Brison und J. Flouquet. *J. Phys.: Condens. Matter* **16**, 8905 (2004).

[Koh01] Y. Kohori, Y. Yamato, Y. Iwamoto, T. Kohara, E. D. Bauer, M. B. Maple und J. L. Sarrao. *Phys. Rev. B* **64**, 134526 (2001).

[Köh07] U. Köhler. *Thermoelectric transport in rare-earth compounds.* Dissertation, Technische Universität Dresden (2007).

[Köh08] U. Köhler, N. Oeschler, F. Steglich, S. Maquilon und Z. Fisk. *Phys. Rev. B* **77**, 104412 (2008).

[Kol01] O. Y. Kolesnychenko, R. de Kort und H. van Kempen. *Surf. Sci.* **490**, L573 (2001).

[Kon64] J. Kondo. *Prog. Theor. Phys.* **32**, 37 (1964).

[Kra26] H. A. Kramers. *Z. Phys* **39**, 828 (1926).

[Kre09] C. Krellner. *Ferromagnetische Korrelationen in Kondo-Gittern: YbT_2Si_2 und CeTPO (T - Übergangsmetall).* Dissertation, Fakultät Mathematik und Naturwissenschaften der Technischen Universität Dresden (2009).

[Kro03] J. Kroha, S. Kirchner, G. Sellier, P. Wölfle, D. Ehm, F. Reinert, S. Hüfner und C. Geibel. *Physica E* **18**, 69 (2003), 23rd International Conference on Low Temperature Physics (LT23).

[Kug01] M. Kugler, O. Fischer, C. Renner, S. Ono und Y. Ando. *Phys. Rev. Lett.* **86**, 4911 (2001).

[Kum04] R. S. Kumar, A. L. Cornelius und J. L. Sarrao. *Phys. Rev. B* **70**, 214526 (2004).

[Lan91] M. Lannoo und P. Friedel. *Atomic and Electronic Structure of Surfaces - Theoretical Foundations*, Bd. 16 von *Springer Series in Surface Sciences*. Springer (1991).

[Lan02] K. M. Lang, V. Madhavan, J. E. Hoffman, E. W. Hudson, H. Eisaki, S. Uchida und J. C. Davis. *Nature* **415**, 412 (2002).

[Lav98] M. Lavagna und C. Pépin. *Acta Physica Polonica B* **29**, 3753 (1998).

[Law81] J. M. Lawrence, P. S. Riseborough und R. D. Parks. *Rep. Prog. Phys.* **44**, 1 (1981).

[Lee06a] J. Lee, K. Fujita, K. McElroy, J. A. Slezak, M. Wang, Y. Aiura, H. Bando, M. Ishikado, T. Masui, J. X. Zhu, A. V. Balatsky, H. Eisaki, S. Uchida und J. C. Davis. *Nature* **442**, 546 (2006).

[Lee06b] P. A. Lee, N. Nagaosa und X.-G. Wen. *Rev. Mod. Phys.* **78**, 17 (2006).

[Lee09a] J. Lee, M. P. Allan, M. A. Wang, J. Farrell, S. A. Grigera, F. Baumberger, J. C. Davis und A. P. Mackenzie. *Nat. Phys.* **5**, 800 (2009).

[Lee09b] J. Lee, K. Fujita, A. R. Schmidt, C. K. Kim, H. Eisaki, S. Uchida und J. C. Davis. *Science* **325**, 1099 (2009).

[Leg72] A. J. Leggett. *Phys. Rev. Lett.* **29**, 1227 (1972).

[Leg75] A. J. Leggett. *Rev. Mod. Phys.* **47**, 331 (1975).

[Leg06] A. J. Leggett. *Nat. Phys.* **2**, 134 (2006).

[Len] E. Lengyel. unveröffentlichte Resultate.

[Len09] E. Lengyel, M. Nicklas, H. S. Jeevan, G. Sparn, C. Geibel, F. Steglich, Y. Yoshioka und K. Miyake. *Phys. Rev. B* **80**, 140513 (2009).

[Lőf01] T. Lofwander, V. S. Shumeiko und G. Wendin. *Supercond. Sci. Technol.* **14**, R53 (2001).

[Li98] J. Li, W.-D. Schneider, R. Berndt und B. Delley. *Phys. Rev. Lett.* **80**, 2893 (1998).

[Lia77] Z. L. Liau, W. L. Brown, R. Homer und J. M. Poate. *Appl. Phys. Lett.* **30**, 626 (1977).

[Loe96] A. Loeser, Z. Shen, D. Dessau, D. Marshall, C. Park, P. Fournier und A. Kapitulnik. *Science* **273**, 325 (1996).

[Löh07] H. v. Löhneysen, A. Rosch, M. Vojta und P. Wölfle. *Rev. Mod. Phys.* **79**, 1015 (2007).

[Lup05] C. Lupien, S. K. Dutta, B. I. Barker, Y. Maeno und J. C. Davis. *ArXiv Condensed Matter e-prints* (2005), 0503317.

[Lut60a] J. M. Luttinger. *Phys. Rev.* **119**, 1153 (1960).

[Lut60b] J. M. Luttinger und J. C. Ward. *Phys. Rev.* **118**, 1417 (1960).

[Lüt95] H. Lüth. *Surfaces and Interfaces of Solid Materials*. Springer, dritte Aufl. (1995).

[Mac03] A. P. Mackenzie und Y. Maeno. *Rev. Mod. Phys.* **75**, 657 (2003).

[Mad98] V. Madhavan, W. Chen, T. Jamneala, M. F. Crommie und N. S. Wingreen. *Science* **280**, 567 (1998).

[Mad01] V. Madhavan, W. Chen, T. Jamneala, M. F. Crommie und N. S. Wingreen. *Phys. Rev. B* **64**, 165412 (2001).

[Mae94] Y. Maeno, H. Hashimoto, K. Yoshida, S. Nishizaki, T. Fujita, J. G. Bednorz und F. Lichtenberg. *Nature* **372** (1994).

[Mak96] K. Maki und H. Won. *J. Phys. I France* **6**, 2317 (1996).

[Mal09] M. Maltseva, M. Dzero und P. Coleman. *Phys. Rev. Lett.* **103**, 206402 (2009).

[Man00] H. C. Manoharan, C. P. Lutz und D. M. Eigler. *Nature* **403**, 512 (2000).

[Map86] M. B. MAPLE, J. W. CHEN, Y. DALICHAOUCH, T. KOHARA, C. ROSSEL, M. S. TORIKACHVILI, M. W. MCELFRESH und J. D. THOMPSON. *Phys. Rev. Lett.* **56**, 185 (1986).

[Mar82] R. M. MARTIN. *Phys. Rev. Lett.* **48**, 362 (1982).

[Mar03a] P. MARTÍNEZ-SAMPER, J. G. RODRIGO, G. RUBIO-BOLLINGER, H. SUDEROW, S. VIEIRA, S. LEE und S. TAJIMA. *Physica C* **385**, 233 (2003).

[Mar03b] P. MARTÍNEZ-SAMPER, H. SUDEROW, S. VIEIRA, J. P. BRISON, N. LUCHIER, P. LEJAY und P. C. CANFIELD. *Phys. Rev. B* **67**, 014526 (2003).

[Mat58] B. T. MATTHIAS, H. SUHL und E. CORENZWIT. *Phys. Rev. Lett.* **1**, 92 (1958).

[Mat97] K. MATSUDA, Y. KOHORI und T. KOHARA. *Phys. Rev. B* **55**, 15223 (1997).

[Mat98] N. D. MATHUR, F. M. GROSCHE, S. R. JULIAN, I. R. WALKER, D. M. FREYE, R. K. W. HASELWIMMER und G. G. LONZARICH. *Nature* **394**, 39 (1998).

[Mat06] Y. MATSUDA, K. IZAWA und I. VEKHTER. *J. Phys.: Condens. Matter* **18**, R705 (2006).

[McC57] J. W. MCCLURE. *Phys. Rev.* **108**, 612 (1957).

[McE93] M. MCELLISTREM, G. HAASE, D. CHEN und R. J. HAMERS. *Phys. Rev. Lett.* **70**, 2471 (1993).

[McE05] K. MCELROY, J. LEE, J. A. S. ANDD. H. LEE, H. EISAKI, S. UCHIDA und J. C. DAVIS. *Science* **309**, 1048 (2005).

[McH04] P. MCHALE, P. FULDE und P. THALMEIER. *Phys. Rev. B* **70**, 014513 (2004).

[McM65] W. L. MCMILLAN und J. M. ROWELL. *Phys. Rev. Lett.* **14**, 108 (1965).

[Med02] S. MEDERLE, R. BORTH, C. GEIBEL, F. M. GROSCHE, G. SPARN, O. TROVARELLI und F. STEGLICH. *J. Phys.: Condens. Matter* **14**, 10731 (2002).

[Mei33] W. MEISSNER und R. OCHSENFELD. *Naturwissensch.* **21**, 787 (1933).

[Met98] N. METOKI, Y. HAGA, Y. KOIKE und Y. ŌNUKI. *Phys. Rev. Lett.* **80**, 5417 (1998).

[Mez71] F. MEZEI und A. ZAWADOWSKI. *Phys. Rev. B* **3**, 167 (1971).

[Mil93] A. J. MILLIS. *Phys. Rev. B* **48**, 7183 (1993).

[Mil08] O. Millo, I. Asulin, O. Yuli, I. Felner, Z.-A. Ren, X.-L. Shen, G.-C. Che und Z.-X. Zhao. *Phys. Rev. B* **78**, 092505 (2008).

[Mis02] S. Misra, S. Oh, D. J. Hornbaker, T. DiLuccio, J. N. Eckstein und A. Yazdani. *Phys. Rev. B* **66**, 100510 (2002).

[Miy86] K. Miyake, S. Schmitt-Rink und C. M. Varma. *Phys. Rev. B* **34**, 6554 (1986).

[Mod84] A. Modinos. *Field, thermionic, and secondary electron emission spectroscopy.* Plenum Press (1984).

[Mod95] R. Modler, M. Lang, C. Geibel, C. Schank, R. Müller-Reisener, P. Hellmann, A. Link, G. Sparn, W. Assmus und F. Steglich. *Physica B* **206-207**, 586 (1995), proceedings of the International Conference on Strongly Correlated Electron Systems.

[Mon94] P. Monthoux und D. J. Scalapino. *Phys. Rev. Lett.* **72**, 1874 (1994).

[Mon01] P. Monthoux und G. G. Lonzarich. *Phys. Rev. B* **63**, 054529 (2001).

[Mon07] P. Monthoux, D. Pines und G. G. Lonzarich. *Nature* **450**, 1177 (2007).

[Mor95] T. Moriya und T. Takimoto. *J. Phys. Soc. Jpn.* **64**, 960 (1995).

[Mor00] M. Morgenstern, D. Haude, V. Gudmundsson, C. Wittneven, R. Dombrowski, C. Steinebach und R. Wiesendanger. *J. Electron Spectrosc.* **109**, 127 (2000).

[Mor03] M. Morgenstern. *Surf. Rev. Lett.* **10**, 933 (2003).

[Mov01] R. Movshovich, M. Jaime, J. D. Thompson, C. Petrovic, Z. Fisk, P. G. Pagliuso und J. L. Sarrao. *Phys. Rev. Lett.* **86**, 5152 (2001).

[Müh59] B. Mühlschlegel. *Z.Phys. A - Hadr. Nucl.* **155**, 313 (1959).

[Mur01] T. Muramatsu, N. Tateiwa, T. C. Kobayashi, K. Shimizu, K. Amaya, D. Aoki, H. Shishido, Y. Haga und Y. Ōnuki. *Journal of the Physical Society of Japan* **70**, 3362 (2001).

[Mus82] R. Musket, W. McLean, C. Colmenares, D. Makowiecki und W. Siekhaus. *Appl. Surf. Sci.* **10**, 143 (1982).

[Naa01] O. Naaman, W. Teizer und R. C. Dynes. *Phys. Rev. Lett.* **87**, 097004 (2001).

[Naa04] O. Naaman und R. C. Dynes. *Solid State Commun.* **129**, 299 (2004).

[Nag02] K. Nagaoka, T. Jamneala, M. Grobis und M. F. Crommie. *Phys. Rev. Lett.* **88**, 077205 (2002).

[Nai04] Y. G. Naidyuk und I. K. Yanson. *Point-Contact Spectroscopy*, Bd. 145 von *Springer Series in Solid-State Sciences*. Springer (2004).

[Nai08] S. Nair, S. Wirth, M. Nicklas, J. L. Sarrao, J. D. Thompson, Z. Fisk und F. Steglich. *Phys. Rev. Lett.* **100**, 137003 (2008).

[Nai09a] S. Nair, M. Nicklas, J. Sarrao, J. Thompson, F. Steglich und S. Wirth. *J. Supercond. Nov. Magn.* **22**, 195 (2009).

[Nai09b] S. Nair, M. Nicklas, J. Sarrao, J. Thompson, F. Steglich und S. Wirth. *J. Supercond. Nov. Magn.* **22**, 201 (2009).

[Nai10] S. Nair, O. Stockert, U. Witte, M. Nicklas, R. Schedler, K. Kiefer, J. D. Thompson, A. D. Bianchi, Z. Fisk, S. Wirth und F. Steglich. *P. Natl. Acad. Sci.* **107**, 9537 (2010).

[Nak98] T. Nakano, N. Momono, M. Oda und M. Ido. *J. Phys. Soc. Jpn.* **67**, 2622 (1998).

[Nak07] Y. Nakajima, H. Shishido, H. Nakai, T. Shibauchi, K. Behnia, K. Izawa, M. Hedo, Y. Uwatoko, T. Matsumoto, R. Settai, Y. Ōnuki, H. Kontani und Y. Matsuda. *J. Phys. Soc. Jpn.* **76**, 024703 (2007).

[Nes95] H. Ness und F. Gautier. *J. Phys.: Condens. Matter* **7**, 6625 (1995).

[New80] D. M. Newns und A. C. Hewson. *J. Phys. F: Metal Phys.* **10**, 2429 (1980).

[Nic] M. Nicklas, R. Borth, E. Lengyel, P. G. Pagliuso, J. L. Sarrao, V. A. Sidorov, G. Sparn, F. Steglich und J. D. Thompson. *J. Phys.: Condens. Matter* **13**, L905.

[Nic60] J. Nicol, S. Shapiro und P. H. Smith. *Phys. Rev. Lett.* **5**, 461 (1960).

[Nic10] M. Nicklas, M. E. Macovei, J. Ferstl, C. Krellner, C. Geibel und F. Steglich. *Phys. Stat. Sol. B* **247**, 727 (2010).

[Nog96] C. Noguera. *Spectroscopic Information in Scanning Tunneling Microscopy*, Kap. 4. In Wiesendanger und Güntherodt [Wie96] (1996).

[Nol86] W. Nolting. *Quantentheorie des Magnetismus, Teil 1: Grundlagen*. Teubner Studienbücher (1986).

[Nor28] L. Nordheim. *Proc. R. Soc. Lond., Ser. A* **121**, 626 (1928).

[Nor98] M. R. NORMAN, H. DING, M. RANDERIA, J. C. CAMPUZANO, T. YOKOYA, T. TAKEUCHI, T. TAKAHASHI, T. MOCHIKU, K. KADOWAKI, P. GUPTASARMA und D. G. HINKS. *Nature* **392**, 157 (1998).

[Nor05] M. R. NORMAN, D. PINES und C. KALLIN. *Adv. Phys.* **54**, 715 (2005).

[Nyq28] H. NYQUIST. *Phys. Rev.* **32**, 110 (1928).

[O'C92] D. J. O'CONNOR, B. A. SEXTON und R. S. C. SMART. *Surface Analysis Methods in Materials Science*, Bd. 23 von *Springer Series in Surface Sciences*. Springer (1992).

[Oda97] M. ODA, K. HOYA, R. KUBOTA, C. MANABE, N. MOMONO, T. NAKANO und M. IDO. *Physica C* **281**, 135 (1997).

[Oka11] R. OKAZAKI, T. SHIBAUCHI, H. J. SHI, Y. HAGA, T. D. MATSUDA, E. YAMAMOTO, Y. ONUKI, H. IKEDA und Y. MATSUDA. *Science* **331**, 439 (2011).

[Omia] OMICRON NANOTECHNOLOGY. LT–STM. Internetseite. Url: http://www.omicron.de/ltstm/STM.html; besucht am 18. August 2010.

[Omib] OMICRON NANOTECHNOLOGY GMBH. 65232 Taunusstein, Deutschland.

[Omi98] Omicron NanoTechnology, 65232 Taunusstein, Deutschland. *Tip Etching Kit User Manual* (1998). Version 1.1.

[Omi02] Omicron NanoTechnology, 65232 Taunusstein, Deutschland. *HRC–SPM User's Guide and Service Manual* (2002). Version 1.0.

[Omi03] Omicron NanoTechnology, 65232 Taunusstein, Deutschland. *Cryogenic STM Manual Addendum* (2003). Sonderversion zur Auftragsnummer 992411.

[Omi06] Omicron NanoTechnology, 65232 Taunusstein, Deutschland. *MATRIX Technical Reference* (2006). Version 1.1.

[Omi07] Omicron NanoTechnology, 65232 Taunusstein, Deutschland. *LT STM User's Guide* (2007). Version 3.0.

[Oni00] Y. ONISHI und K. MIYAKE. *J. Phys. Soc. Jpn.* **69**, 3955 (2000).

[Ōnu02] Y. ŌNUKI, R. SETTAI, D. AOKI, H. SHISHIDO, Y. HAGA, Y. TOKIWA und H. HARIMA. *Physica B* **312-313**, 13 (2002).

[Osh72a] D. D. OSHEROFF, W. J. GULLY, R. C. RICHARDSON und D. M. LEE. *Phys. Rev. Lett.* **29**, 920 (1972).

[Osh72b] D. D. OSHEROFF, R. C. RICHARDSON und D. M. LEE. *Phys. Rev. Lett.* **28**, 885 (1972).

[Ott08] A. F. OTTE, M. TERNES, S. LOTH, K. VON BERGMANN, H. BRUNE, C. P. LUTZ, C. F. HIRJIBEHEDIN und A. J. HEINRICH. *Nat. Phys.* **4**, 847 (2008).

[Oxf] OXFORD INSTRUMENTS. Stainless Steel Coaxial Cable. Internetseite. Url: http://www.oxinstdirect.com/; besucht am 10. September 2010.

[Oxf02] Oxford Instruments Superconductivity, Abingdon, Oxon, OX13 5QX, England. *Heliox^{UHV} ^{3}He Refrigeratior and Superconducting Magnet System. Operator's Handbook* (2002). Projekt-Nr. 5114.

[Pag02] P. G. PAGLIUSO, R. MOVSHOVICH, A. D. BIANCHI, M. NICKLAS, N. O. MORENO, J. D. THOMPSON, M. F. HUNDLEY, J. L. SARRAO und Z. FISK. *Physica B* **312-313**, 129 (2002).

[Pag03] J. PAGLIONE, M. A. TANATAR, D. G. HAWTHORN, E. BOAKNIN, R. W. HILL, F. RONNING, M. SUTHERLAND, L. TAILLEFER, C. PETROVIC und P. C. CANFIELD. *Phys. Rev. Lett.* **91**, 246405 (2003).

[Pal85] T. T. M. PALSTRA, A. A. MENOVSKY, J. V. D. BERG, A. J. DIRKMAAT, P. H. KES, G. J. NIEUWENHUYS und J. A. MYDOSH. *Phys. Rev. Lett.* **55**, 2727 (1985).

[Pan98] S. H. PAN, E. W. HUDSON und J. C. DAVIS. *Appl. Phys. Lett.* **73**, 2992 (1998).

[Pan99] S. H. PAN, E. W. HUDSON und J. C. DAVIS. *Rev. Sci. Instr.* **70**, 1459 (1999).

[Pan08] M. H. PAN, X. B. HE, G. R. LI, J. F. WENDELKEN, R. JIN, A. S. SEFAT, M. A. MCGUIRE, B. C. SALES, D. MANDRUS und E. W. PLUMMER. *ArXiv e-prints* (2008), 0808.0895.

[Par86] S.-I. PARK und C. F. QUATE. *Appl. Phys. Lett.* **48**, 112 (1986).

[Par05] W. K. PARK, L. H. GREENE, J. L. SARRAO und J. D. THOMPSON. *Phys. Rev. B* **72**, 052509 (2005).

[Par06] W. K. PARK und L. H. GREENE. *Phys. Rev. Lett.* **96**, 259702 (2006).

[Par07] D. PARKER und P. THALMEIER. *Phys. Rev. B* **75**, 184502 (2007).

[Par08] W. K. PARK, J. L. SARRAO, J. D. THOMPSON und L. H. GREENE. *Phys. Rev. Lett.* **100**, 177001 (2008).

[Par09] W. K. PARK und L. H. GREENE. *J. Phys.: Condens. Matter* **21**, 103203 (2009).

[Pas] A. Pasupathy. Vortrag am Max-Planck-Institut für Chemische Physik fester Stoffe, Dresden, Jan. 2009.

[Pas04] S. Paschen, T. Luhmann, S. Wirth, P. Gegenwart, O. Trovarelli, C. Geibel, F. Steglich, P. Coleman und Q. Si. *Nature* **432**, 881 (2004).

[Pen08] Y. Pennec, N. J. C. Ingle, I. S. Elfimov, E. Varene, Y. Maeno, A. Damascelli und J. V. Barth. *Phys. Rev. Lett.* **101**, 216103 (2008).

[Pet01a] C. Petrovic, R. Movshovich, M. Jaime, P. G. Pagliuso, M. F. Hundley, J. L. Sarrao, Z. Fisk und J. D. Thompson. *Europhys. Lett.* **53**, 354 (2001).

[Pet01b] C. Petrovic, P. G. Pagliuso, M. F. Hundley, R. Movshovich, J. L. Sarrao, J. D. Thompson, Z. Fisk und P. Monthoux. *J. Phys.: Condens. Matter* **13**, L337 (2001).

[Pfl09] C. Pfleiderer. *Rev. Mod. Phys.* **81**, 1551 (2009).

[Pha06] L. D. Pham, T. Park, S. Maquilon, J. D. Thompson und Z. Fisk. *Phys. Rev. Lett.* **97**, 056404 (2006).

[Piv83] J. C. Pivin. *J. Mater. Sci.* **18**, 1267 (1983), 10.1007/BF01111944.

[Pob96] F. Pobell. *Matter and Methods at Low Temperatures*. Springer Verlag, zweite Aufl. (1996).

[Prü11] H. Prüser, M. Wenderoth, P. E. Dargel, A. Weismann, R. Peters, T. Pruschke und R. G. Ulbrich. Long-range Kondo signature of a single magnetic impurity. *Nat. Phys.*, online publiziert (2011). doi:10.1038/nphys1876.

[Qua04] N. Quaas, M. Wenderoth, A. Weismann, R. G. Ulbrich und K. Schönhammer. *Phys. Rev. B* **69**, 201103 (2004).

[Raa99] G. J. de Raad, P. M. Koenraad und J. H. Wolter. *J. Vac. Sci. Technol.* **17**, 1946 (1999).

[Ran98] M. Randeria und N. Trivedi. *J. Phys. Chem. Sol.* **59**, 1754 (1998).

[Rau87] U. Rauchschwalbe, F. Steglich, A. de Visser und J. J. M. Franse. *J. Magn. Magn. Mater.* **63-64**, 347 (1987).

[Ren94] C. Renner und Ø. Fischer. *Physica C* **235-240**, 53 (1994).

[Ren95] C. Renner und Ø. Fischer. *Phys. Rev. B* **51**, 9208 (1995).

[Ren98] C. Renner, B. Revaz, J.-Y. Genoud, K. Kadowaki und Ø. Fischer. *Phys. Rev. Lett.* **80**, 149 (1998).

[Rod94] J. G. Rodrigo, N. Agraït, C. Sirvent und S. Vieira. *Phys. Rev. B* **50**, 12788 (1994).

[Rod04a] J. Rodrigo, H. Suderow und S. Vieira. *Eur. Phys. J. B* **40**, 483 (2004).

[Rod04b] J. G. Rodrigo, H. Suderow, S. Vieira, E. Bascones und F. Guinea. *J. Phys.: Condens. Matter* **16**, R1151 (2004).

[Roh93] H. Rohrer. *The Preparation of Tips and Sample Surfaces for STM Experiments*, Kap. 6, Seiten 155–187. In Bonnell [Bon93b] (1993).

[Ron05] F. Ronning, C. Capan, A. Bianchi, R. Movshovich, A. Lacerda, M. F. Hundley, J. D. Thompson, P. G. Pagliuso und J. L. Sarrao. *Phys. Rev. B* **71**, 104528 (2005).

[Ros79] D. Rossi, R. Marazza und R. Ferro. *J. Less-Common Met.* **66**, P17 (1979).

[Rot08] M. Rotter, M. Tegel und D. Johrendt. *Phys. Rev. Lett.* **101**, 107006 (2008).

[Rou05] P. M. C. Rourke, M. A. Tanatar, C. S. Turel, J. Berdeklis, C. Petrovic und J. Y. T. Wei. *Phys. Rev. Lett.* **94**, 107005 (2005).

[Row62] J. M. Rowell, A. G. Chynoweth und J. C. Phillips. *Phys. Rev. Lett.* **9**, 59 (1962).

[Rub01] G. Rubio-Bollinger, H. Suderow und S. Vieira. *Phys. Rev. Lett.* **86**, 5582 (2001).

[Rud54] M. A. Ruderman und C. Kittel. *Phys. Rev.* **96**, 99 (1954).

[Sac99] S. Sachdev. *Quantum Phase Transitions.* Cambridge University Press (1999).

[Sac10] S. Sachdev. *Phys Stat. Sol. B* **247**, 537 (2010), international Conference on Quantum Criticality and Novel Phases, Dresden, GERMANY, AUG 02 05, 2009.

[Sak94] T. Sakon, K. Imamura, N. Koga, N. Sato und T. Komatsubara. *Physica B* **199-200**, 154 (1994).

[Sal76] B. C. Sales und R. Viswanathan. *J. Low Temp. Phys.* **23**, 449 (1976), 10.1007/BF00116933.

[Sar07] J. L. Sarrao und J. D. Thompson. *J. Phys. Soc. Jpn.* **76**, 051013 (2007).

[Sas08] K. Sasmal, B. Lv, B. Lorenz, A. M. Guloy, F. Chen, Y.-Y. Xue und C.-W. Chu. *Phys. Rev. Lett.* **101**, 107007 (2008).

[Sat97] N. Sato, N. Aso, G. Lander, B. Roessli, T. Komatsubara und Y. Endoh. *J. Phys. Soc. Jpn.* **66**, 1884 (1997).

[Sat01] N. K. Sato, N. Aso, K. Miyake, R. Shiina, P. Thalmeier, G. Varelogiannis, C. Geibel, F. Steglich, P. Fulde und T. Komatsubara. *Nature* **410**, 340 (2001).

[Sca86] D. J. Scalapino, E. Loh und J. E. Hirsch. *Phys. Rev. B* **34**, 8190 (1986).

[Sca06] D. J. Scalapino. *Nat. Phys.* **2**, 593 (2006).

[Sch18] W. Schottky. *Ann. Phys.* **362**, 541 (1918).

[Sch63] J. R. Schrieffer, D. J. Scalapino und J. W. Wilkins. *Phys. Rev. Lett.* **10**, 336 (1963).

[Sch66] J. R. Schrieffer und P. A. Wolff. *Phys. Rev.* **149**, 491 (1966).

[Sch75] K. D. Schotte und U. Schotte. *Phys. Lett. A* **55**, 38 (1975).

[Sch95] C. Schiller, A. A. Koomans, T. L. van Rooy, C. Schönenberger und H. L. van Elswijk. *Surf. Sci.* **339**, L925 (1995).

[Sch00] A. Schiller und S. Hershfield. *Phys. Rev. B* **61**, 9036 (2000).

[Sch10] A. R. Schmidt, M. H. Hamidian, P. Wahl, F. Meier, A. V. Balatsky, J. D. Garrett, T. J. Williams, G. M. Luke und J. C. Davis. *Nature* **465**, 570 (2010).

[Seb10] S. E. Sebastian, N. Harrison, M. M. Altarawneh, C. H. Mielke, R. Liang, D. A. Bonn und G. G. Lonzarich. *P. Natl. Acad. Sci.* **107**, 6175 (2010).

[Sel85] A. Selloni, P. Carnevali, E. Tosatti und C. D. Chen. *Phys. Rev. B* **31**, 2602 (1985).

[Set01] R. Settai, H. Shishido, S. Ikeda, Y. Murakawa, M. Nakashima, D. Aoki, Y. Haga, H. Harima und Y. Ōnuki. *J. Phys.: Condens. Matter* **13**, L627 (2001).

[Sha60] R. W. Shaw, D. E. Mapother und D. C. Hopkins. *Phys. Rev.* **120**, 88 (1960).

[She06] G. Sheet und P. Raychaudhuri. *Phys. Rev. Lett.* **96**, 259701 (2006).

[Shi02] H. Shishido, R. Settai, D. Aoki, S. Ikeda, H. Nakawaki, N. Nakamura, T. Iizuka, Y. Inada, K. Sugiyama, T. Takeuchi, K. Kindo, T. C. Kobayashi, Y. Haga, H. Harima, Y. Aoki, T. Namiki, H. Sato und Y. Ōnuki. *J. Phys. Soc. Jpn.* **71**, 162 (2002).

[Shu01] Y. M. Shukrinov, A. Namiranian und A. Najafi. *Low Temp. Phys.* **27**, 10 (2001).

[Si01] Q. Si, S. Rabello, K. Ingersent und J. L. Smith. *Nature* **413**, 804 (2001).

[Si10] Q. Si und F. Steglich. *Science* **329**, 1161 (2010).

[Sid02] V. A. Sidorov, M. Nicklas, P. G. Pagliuso, J. L. Sarrao, Y. Bang, A. V. Balatsky und J. D. Thompson. *Phys. Rev. Lett.* **89**, 157004 (2002).

[Sig05] M. Sigrist. In A. Avella & F. Mancini (Hg.), *Lectures on the Physics of Highly Correlated Electron Systems IX*, Bd. 789 von *American Institute of Physics Conference Series*, Seiten 165–243 (2005). doi:10.1063/1.2080350.

[Sin07] S. Singh, C. Capan, M. Nicklas, M. Rams, A. Gladun, H. Lee, J. F. DiTusa, Z. Fisk, F. Steglich und S. Wirth. *Phys. Rev. Lett.* **98**, 057001 (2007).

[Son97] S. L. Sondhi, S. M. Girvin, J. P. Carini und D. Shahar. *Rev. Mod. Phys.* **69**, 315 (1997).

[Sør96] E. S. Sørensen und I. Affleck. *Phys. Rev. B* **53**, 9153 (1996).

[Spa98] G. Sparn, L. Donnevert, P. Hellmann, R. Horn, F. Laube, A. Link, S. Thomas, P. Gegenwart, B. Buschinger, C. Geibel, und F. Steglich. *Rev. High Pressure Sci. Technol.* **7**, 431 (1998).

[Spi83] H. Spille, U. Rauchschwalbe und F. Steglich. *Helv. Phys. Acta* **56**, 165 (1983).

[Ste79] F. Steglich, J. Aarts, C. D. Bredl, W. Lieke, D. Meschede, W. Franz und H. Schäfer. *Phys. Rev. Lett.* **43**, 1892 (1979).

[Ste83] G. R. Stewart, Z. Fisk und J. O. Willis. *Phys. Rev. B* **28**, 172 (1983).

[Ste84] G. R. Stewart. *Rev. Mod. Phys.* **56**, 755 (1984).

[Ste96] F. Steglich, P. Gegenwart, C. Geibel, R. Helfrich, P. Hellmann, M. Lang, A. Link, R. Modler, G. Sparn, N. Büttgen und A. Loidl. *Physica B* **223-224**, 1 (1996), proceedings of the International Conference on Strongly Correlated Electron Systems.

[Ste01] G. R. STEWART. *Rev. Mod. Phys.* **73**, 797 (2001).

[Ste08] F. STEGLICH, C. GEIBEL, F. GROSCHE, M. LOEWENHAUPT, O. STOCKERT, S. WIRTH und H. YUAN. *Physica B* **403**, 968 (2008), proceedings of the International Conference on Strongly Correlated Electron Systems.

[Ste10] F. STEGLICH, J. ARNDT, S. FRIEDEMANN, C. KRELLNER, Y. TOKIWA, T. WESTERKAMP, M. BRANDO, P. GEGENWART, C. GEIBEL, S. WIRTH und O. STOCKERT. *J. Phys.: Condens. Matter* **22**, 164202 (2010).

[Sto04] O. STOCKERT, E. FAULHABER, G. ZWICKNAGL, N. STÜSSER, H. S. JEEVAN, M. DEPPE, R. BORTH, R. KÜCHLER, M. LOEWENHAUPT, C. GEIBEL und F. STEGLICH. *Phys. Rev. Lett.* **92**, 136401 (2004).

[Sto06a] O. STOCKERT, D. ANDREICA, A. AMATO, H. JEEVAN, C. GEIBEL und F. STEGLICH. *Physica B* **374-375**, 167 (2006), proceedings of the Tenth International Conference on Muon Spin Rotation, Relaxation and Resonance.

[Sto06b] O. STOCKERT, M. KOZA, J. FERSTL, A. MURANI, C. GEIBEL und F. STEGLICH. *Physica B* **378-380**, 157 (2006), proceedings of the International Conference on Strongly Correlated Electron Systems - SCES 2005.

[Sto08] C. STOCK, C. BROHOLM, J. HUDIS, H. J. KANG und C. PETROVIC. *Phys. Rev. Lett.* **100**, 087001 (2008).

[Sto11] O. STOCKERT, J. ARNDT, E. FAULHABER, C. GEIBEL, H. S. JEEVAN, S. KIRCHNER, M. LOEWENHAUPT, K. SCHMALZL, W. SCHMIDT, Q. SI und F. STEGLICH. *Nat. Phys.* **7**, 119–124 (2011).

[Sud01] H. SUDEROW, P. MARTINEZ-SAMPER, N. LUCHIER, J. P. BRISON, S. VIEIRA und P. C. CANFIELD. *Phys. Rev. B* **64**, 020503 (2001).

[Sud02] H. SUDEROW, M. CRESPO, P. MARTINEZ-SAMPER, J. G. RODRIGO, G. RUBIO-BOLLINGER, S. VIEIRA, N. LUCHIER, J. P. BRISON und P. C. CANFIELD. *Physica C* **369**, 106 (2002).

[Sud04] H. SUDEROW, S. VIEIRA, J. D. STRAND, S. BUD'KO und P. C. CANFIELD. *Phys. Rev. B* **69**, 060504 (2004).

[Sud09] H. SUDEROW, V. CRESPO, I. GUILLAMON, S. VIEIRA, F. SERVANT, P. LEJAY, J. P. BRISON und J. FLOUQUET. *New J. Phys.* **11**, 093004 (2009).

[Suh65] H. SUHL. *Phys. Rev.* **138**, A515 (1965).

[Sum08] A. SUMIYAMA, R. ONUKI, Y. ODA, H. SHISHIDO, R. SETTAI und Y. ONUKI. *J. Phys. Chem. Solids* **69**, 3018 (2008), sNS2007, Spectroscopies in Novel Superconductors '07.

[Tak96] T. TAKAHASHI, N. SATO, T. YOKOYA, A. CHAINANI, T. MORIMOTO und T. KOMATSUBARA. *J. Phys. Soc. Jpn.* **65**, 156 (1996).

[Tal01] J. L. TALLON und J. W. LORAM. *Physica C* **349**, 53 (2001).

[Tan07] M. TANATAR, J. PAGLIONE, C. PETROVIC und L. TAILLEFER. *Science* **326**, 1320 (2007).

[Tay63] B. N. TAYLOR und E. BURSTEIN. *Phys. Rev. Lett.* **10**, 14 (1963).

[Ter83] J. TERSOFF und D. R. HAMANN. *Phys. Rev. Lett.* **50**, 1998 (1983).

[Ter85] J. TERSOFF und D. R. HAMANN. *Phys. Rev. B* **31**, 805 (1985).

[Ter09] M. TERNES, A. J. HEINRICH und W.-D. SCHNEIDER. *J. Phys.: Condens. Matter* **21**, 053001 (2009).

[Tha05] P. THALMEIER und G. ZWICKNAGL. *Unconventional Superconductivity and Magnetism in Lanthanide and Actinide Intermetallic Compounds*, Bd. 34 von *Handbook on the Physics and Chemistry of Rare Earths*. Elsevier (2005).

[Tha06] P. THALMEIER und P. MCHALE. *J. Phys. Chem. Solids* **67**, 329 (2006), spectroscopies in Novel Superconductors 2004.

[Tho93] F. THOMAS, J. THOMASSON, C. AYACHE, C. GEIBEL und F. STEGLICH. *Physica B* **186-188**, 303 (1993).

[Tim99] T. TIMUSK und B. STATT. *Rep. Prog. Phys.* **62**, 61 (1999).

[Tin96] M. TINKHAM. *Introduction to Superconductivity*. McGraw-Hill Inc., zweite Aufl. (1996).

[TMC08] TMC Technical Manufacturing Corporation, Peabody, MA 01960, USA. *Stacis® 2100 Piezoelectric Active Vibration Isolation System. Installation & Operation Manual* (2008). Dokument Nr. 96-28765-01 Rev. L.

[Tou95] H. TOU, Y. KITAOKA, K. ASAYAMA, C. GEIBEL, C. SCHANK und F. STEGLICH. *J. Phys. Soc. Jpn.* **64**, 725 (1995).

[Tro00a] O. TROVARELLI, C. GEIBEL, S. MEDERLE, C. LANGHAMMER, F. M. GROSCHE, P. GEGENWART, M. LANG, G. SPARN und F. STEGLICH. *Phys. Rev. Lett.* **85**, 626 (2000).

[Tro00b] O. Trovarelli, C. Geibel und F. Steglich. *Physica B* **284-288**, 1507 (2000).

[Tsu00] C. C. Tsuei und J. R. Kirtley. *Rev. Mod. Phys.* **72**, 969 (2000).

[Uem89] Y. J. Uemura, W. J. Kossler, X. H. Yu, H. E. Schone, J. R. Kempton, C. E. Stronach, S. Barth, F. N. Gygax, B. Hitti, A. Schenck, C. Baines, W. F. Lankford, Y. Ōnuki und T. Komatsubara. *Phys. Rev. B* **39**, 4726 (1989).

[UHU] UHU GmbH & Co. KG, Herrmannstraße 7, D-77815 Bühl/Baden, Deutschland.

[Újs00] O. Újsághy, J. Kroha, L. Szunyogh und A. Zawadowski. *Phys. Rev. Lett.* **85**, 2557 (2000).

[Újs05] O. Újsághy und A. Zawadowski. *J. Phys. Soc. Jpn.* **74**, 80 (2005).

[Upw02] M. D. Upward, L. P. Kouwenhoven, A. F. Morpurgo, N. Kikugawa, Z. Q. Mao und Y. Maeno. *Phys. Rev. B* **65**, 220512 (2002).

[Vie10] H. A. Vieyra, N. Oeschler, H. S. Jeevan, C. Geibel und F. Steglich. *Phys. Stat. Sol. B* **247**, 611 (2010).

[Vie11] H. A. Vieyra, N. Oeschler, S. Seiro, H. S. Jeevan, C. Geibel, D. Parker und F. Steglich. *Phys. Rev. Lett.* **106**, 207001 (2011).

[Vog97] H. Vogel. *Gerthsen Physik.* Springer, 19. Aufl. (1997).

[Vol90] D. Vollhardt und P. Wölfle. *The superfluid phases of ^{3}He.* Taylor and Francis (1990).

[Vor06] A. Vorontsov und I. Vekhter. *Phys. Rev. Lett.* **96**, 237001 (2006).

[Vya] D. Vyalikh. mündl. Mitteilung, 2009.

[Wac03] A. Wachowiak. *Aufbau einer 300 mK-Ultrahochvakuum-Rastertunnelmikroskopie-Anlage mit 14 T-Magnet und spinpolarisierte Rastertunnelspektroskopie an ferromagnetischen Fe-Inseln.* Dissertation, Fachbereich Physik der Universität Hamburg (2003).

[Wah04] P. Wahl, L. Diekhöner, M. A. Schneider, L. Vitali, G. Wittich und K. Kern. *Phys. Rev. Lett.* **93**, 176603 (2004).

[Wak07a] Y. Wakabayashi, M. Upton, S. Grenier, J. Hill, C. Nelson, H. Zheng und J. Mitchell. *Thin Solid Films* **515**, 5741 (2007).

[Wak07b] Y. Wakabayashi, M. H. Upton, S. Grenier, J. P. Hill, C. S. Nelson, J.-W. Kim, P. J. Ryan, A. I. Goldman, H. Zheng und J. F. Mitchell. *Nat. Mater.* **6**, 972 (2007).

[Wal97] I. R. Walker, F. M. Grosche, D. M. Freye und G. G. Lonzarich. *Physica C* **282-287**, 303 (1997).

[Wan05] Y. Wang, L. Li, M. J. Naughton, G. D. Gu, S. Uchida und N. P. Ong. *Phys. Rev. Lett.* **95**, 247002 (2005).

[Wan06] Y. Wang, L. Li und N. P. Ong. *Phys. Rev. B* **73**, 024510 (2006).

[Wen26] G. Wentzel. *Z. Phys.* **38**, 518 (1926).

[Wie94] R. Wiesendanger und H.-J. Güntherodt (Hg.). *Scanning Tunneling Microscopy I*, Bd. 20 von *Springer Series in Surface Sciences.* Springer, zweite Aufl. (1994).

[Wie95] R. Wiesendanger und H.-J. Güntherodt (Hg.). *Scanning Tunneling Microscopy II*, Bd. 28 von *Springer Series in Surface Sciences.* Springer, zweite Aufl. (1995).

[Wie96] R. Wiesendanger und H. Güntherodt (Hg.). *Scanning Tunneling Microscopy III*, Bd. 29 von *Springer Series in Surface Sciences.* Springer, zweite Aufl. (1996).

[Wie03] J. Wiebe. *Aufbau einer 300 mK-Ultrahochvakuum-Rastertunnelmikroskopie-Anlage mit 14 T-Magnet und Untersuchung eines stark ungeordneten zweidimensionalen Elektronensystems.* Dissertation, Fachbereich Physik der Universität Hamburg (2003).

[Wig07] G. A. Wigger, F. Baumberger, Z.-X. Shen, Z. P. Yin, W. E. Pickett, S. Maquilon und Z. Fisk. *Phys. Rev. B* **76**, 035106 (2007).

[Wil88] K. T. Wilke und J. Bohm. *Kristallzüchtung.* Harri Deutsch, zweite Aufl. (1988).

[Wol96] E. L. Wolf. *Principles of Electron Tunneling Spectroscopy.* McGraw-Hill Inc., zweite Aufl. (1996).

[Won94] H. Won und K. Maki. *Phys. Rev. B* **49**, 1397 (1994).

[Won04] H. Won, D. Parker, K. Maki, T. Watanabe, K. Izawa und Y. Matsuda. *Phys. Rev. B* **70**, 140509 (2004).

[Won05] H. Won, S. Haas, D. Parker, S. Telang, A. Ványolos und K. Maki. In A. Avella & F. Mancini (Hg.), *Lectures on the Physics of Highly Correlated Electron Systems IX*, Bd. 789 von *American Institute of Physics Conference Series*, Seiten 3–43 (2005). doi:10.1063/1.2080347. 0501463.

[Xu99] Z. A. Xu, Y. Zhang und N. P. Ong. *ArXiv Condensed Matter e-prints* (1999), 9903123.

[Xu00] Z. A. Xu, N. P. Ong, Y. Wang, T. Kakeshita und S. Uchida. *Nature* **406**, 486 (2000).

[Yan08] Y.-f. Yang, Z. Fisk, H.-O. Lee, J. D. Thompson und D. Pines. *Nature* **453**, 611 (2008).

[Yin09a] Y. Yin, M. Zech, T. Williams und J. Hoffman. *Physica C* **469**, 535 (2009).

[Yin09b] Y. Yin, M. Zech, T. L. Williams, X. F. Wang, G. Wu, X. H. Chen und J. E. Hoffman. *Phys. Rev. Lett.* **102**, 097002 (2009).

[Yos57] K. Yosida. *Phys. Rev.* **106**, 893 (1957).

[Yua03] H. Q. Yuan, F. M. Grosche, M. Deppe, C. Geibel, G. Sparn und F. Steglich. *Science* **302**, 2104 (2003).

[Yus98] Z. Yusof, J. F. Zasadzinski, L. Coffey und N. Miyakawa. *Phys. Rev. B* **58**, 514 (1998).

[Zas03] J. F. Zasadzinski, L. Coffey, P. Romano und Z. Yusof. *Phys. Rev. B* **68**, 180504 (2003).

[Zen51] C. Zener. *Phys. Rev.* **81**, 440 (1951).

[Zla05] V. Zlatić und R. Monnier. *Phys. Rev. B* **71**, 165109 (2005).

[Zwi92] G. Zwicknagl. *Advances in Phys.* **41**, 203 (1992).

[Zwi93] G. Zwicknagl und U. Pulst. *Physica B* **186-188**, 895 (1993).

[Zwi03] G. Zwicknagl und P. Fulde. *J. Phys.: Condens. Matter* **15**, S1911 (2003).

Danksagung

An dieser Stelle möchte ich meinen Dank an alle Personen zum Ausdruck bringen, die mich auf dem Weg zur Fertigstellung dieser Arbeit unterstützt haben.

An allererster Stelle bedanke ich mich bei meinem Doktorvater, Prof. Dr. Frank Steglich, der mir die Bearbeitung meiner Promotion am Max-Planck-Institut für Chemische Physik fester Stoffe ermöglicht hat.

Besonderer Dank gebührt meinem Betreuer Dr. Steffen Wirth, der mich geduldig durch die Höhen und Tiefen meiner Doktorandenzeit begleitete und mich stets durch seinen Rat unterstützt, aber oft auch durch seine konstruktive Kritik „auf den rechten Weg" zurückgebracht hat.

Die Qualität experimenteller Resultate beruht stets auf der verwendeten Experimentier-Technik – vielen Dank an Dr. Andreas Bettac und das Team der Firma Omicron NanoTechnology, mit denen gemeinsam für jedes technische Problem eine Lösung gefunden wurde.

Ebenso wichtig sind die verwendeten Probenmaterialien. Ich bedanke mich bei Prof. Andrea Bianchi, Prof. Zachary Fisk, Dr. John L. Sarrao und Dr. Joe D. Thompson für die Bereitstellung von Einkristallen der 1:1:5-Verbindungen. Dr. Hirale S. Jeevan danke ich für die $CeCu_2Si_2$-Einkristalle, sowie Dr. Cornelius Krellner für die $YbRh_2Si_2$-Proben und die hilfreichen Diskussionen. Dr. Christoph Geibel, dem Leiter der Gruppe „Materialentwicklung" am MPI CPfS gebührt mein Dank zum einen für die Bereitstellung der vielen Proben, und zum anderen für die unzähligen Hinweise und Diskusionen.

Den Kollegen meiner Arbeitsgruppe „Oberflächen und dünne Schichten" danke ich für die vielen Diskussionen, aufmunternden Worte und die vielen experimentellen Beiträge zu dieser Arbeit: Dr. Sahana Rößler, Dr. Silvia Seiro, Dr. Voicu Dolocan, Dr. Michal Rams, Dr. Sunil Nair, Dr. Vincent Dubost und ganz besonders Prof. Dr. Alexander Gladun

Bei Dr. Stefan Kirchner bedanke ich mich für die theoretische Unterstützung – in Form der von ihm durchgeführten Modellrechnungen, vor allem aber in Form von Antworten auf unzählige Fragen. Ebenso danke ich Prof. Dr. Gertrud Zwicknagl für ihre wichtigen Beiträge zum theoretischen Verständnis der RTS-Resultate.

Zu Beginn dieser Arbeit war es mir möglich, einen dreimonatigen Gastaufenthalt an der Universidad Autónoma de Madrid zu verbringen. Prof. Hermann Suderow, Prof. Sebastián Vieyra, Dr. Isabel Guillamón und den anderen Kollegen des Laboratorio de Bajas Temperaturas danke ich für die freundliche Aufnahme und die Unterstützung während meiner Zeit in Madrid – *¡muchas gracias para el tiempo bonito!*

Frau Petra Scheppan danke ich für das Durchführen der REM- und EDRS-Messungen. Des Weiteren danke ich Dr. Yurii Prots, Dr. Horst Borrmann, Dr. Raul Cardoso und Prof. Juri Grin für die Diskussionen über ihre Daten und Analyse der Einkristall-Röntgendiffraktometrie.

Dr. Oliver Stockert, Dr. Cornelius Krellner, Dr. Michael Nicklas, Dr. Silvia Seiro, Ariane Haase, Tobias Förster, Alexander Steppke, Stefan Lausberg und vor allem Dr. Steffen Wirth danke ich für die Anmerkungen zum Manuskript dieser Arbeit sowie zu meinem Verteidigungsvortrag.

Bei allen Mitarbeitern des MPI CPfS, insbesondere bei meinen Bürokollegen, möchte ich mich zusätzlich für das konstruktive und angenehme Arbeitsumfeld bedanken.

Einen wichtigen Anteil am zum Gelingen dieser Arbeit hatte auch mein persönliches Umfeld. Ganz besonders bedanke ich mich an dieser Stelle bei meinen Eltern, Heidrun Ernst und Dr. Peter Ernst, für ihre Liebe und rückhaltlose Unterstützung in jeder Lebenslage – und das seit bereits drei Jahrzehnten! Des gleichen gilt mein Dank meiner Familie, meinen Schwiegereltern und meinen Freunden, die mich allesamt auf meinem Weg begleitet haben. Meinem kleinen Sohn Simon verdanke ich unendlich viele glückliche Momente voll Lachen und Sonnenschein während der letzten zwei Jahre. Zu guter Letzt – an meine Frau Ina, vielen Dank für die unendliche Geduld, die vielen aufmunternden, tröstenden und manchmal auch dämpfenden Worte, für die Liebe, das Vertrauen und das unschätzbare Gefühl, zusammen alles zu meistern.

Versicherung

Hiermit versichere ich, dass ich die vorliegende Arbeit ohne unzulässige Hilfe Dritter und ohne Benutzung anderer als der angegebenen Hilfsmittel angefertigt habe; die aus fremden Quellen direkt oder indirekt übernommenen Gedanken sind als solche kenntlich gemacht. Die Arbeit wurde bisher weder im Inland noch im Ausland in gleicher oder ähnlicher Form einer anderen Prüfungsbehörde vorgelegt.

Die vorliegende Dissertation wurde in der Zeit von August 2006 bis März 2011 am Max-Planck-Institut für Chemische Physik fester Stoffe in Dresden unter Betreuung von Herrn Prof. Dr. Frank Steglich und Herrn PD Dr. Steffen Wirth angefertigt.

Ich erkenne die Promotionsordnung der Fakultät Mathematik und Naturwissenschaften der Technischen Universität Dresden an.

Stefan Ernst
Dresden, den 13. April 2011